ライブラリ 新物理学基礎テキスト **Q6**

レクチャー
量子力学

青木 一 著

サイエンス社

●編者のことば●

　私たち人間にはモノ・現象の背後にあるしくみを知りたいという知的好奇心があります．それらを体系的に整理・研究・発展させているのが自然科学や社会科学です．物理学はその自然科学の一分野であり，現象の普遍的な基礎原理・法則を数学的手段で解明します．新たな解明・発見はそれを踏まえた次の課題の解明を要求します．このような絶えざる営みによって新しい物理学も開拓され，そして自然の理解は深化していきます．

　物理学はいつの時代も科学・技術の基礎を与え続けてきました．AI，IoT，量子コンピュータ，宇宙への進出など，最近の科学・技術の進展は私たちの社会や世界観を急速に変えつつあり，現代は第4次産業革命の時代とも言われます．それらの根底には科学の基礎的な学問である物理学があります．

　このライブラリは物理学の基礎を確実に学ぶためのテキストとして編集されました．物理学は一部の特別な人だけが学ぶものではなく，広く多くの人に理解され，また応用されて，これからの新しい時代に適応する力となっていきます．その思いから，理工系の幅広い読者にわかりやすく説明する丁寧なテキストを目指し標準的な大学生が独力で理解出来るように工夫されています．経験豊かな著者によって，物理学の根幹となる「力学」，「振動・波動」，「熱・統計力学」，「電磁気学」，「量子力学」がライブラリとして著されています．また，高校と大学の接続を意識して，「物理学の学び方」という1冊も加えました．

　「物理学はむずかしい」と，理工系の学生であっても多くの人が感じているようです．しかし，物理学は実り豊かな学問であり，物理学自体の発展はもとより，他の学問分野にも強い刺激を与えています．化学や生物学への影響ばかりではなく，最近は情報理論や社会科学，脳科学などへも応用されています．物理学自体の「難問」の解明もさることながら，これからもいろいろな応用が発展していくでしょう．

　このライブラリによってまずしっかりと基礎固めを行い，それからより高度な学びに繋げてほしいと思います．そして新しい社会を創造する糧としてもらいたいと願っています．

2019年12月　　　　　　　　　　　　　　編者　本庄春雄　原田恒司

●序　　文●

　20世紀には，原子や分子などミクロな世界の理解が進み，それを記述する理論体系として量子力学が構築され，それを用いて半導体や計算機などが発明された．21世紀に入るとコンピュータは人々の生活の隅々まで浸透し，人工知能やビッグデータなどにより社会全体が大きく変わろうとしている．このように，近年では広い分野で量子力学の知識が必要とされるようになり，量子力学の学習は理学部物理学科の学生のみならず，より広い理工系の学生にとって必須のものとなりつつある．

　本書は，広く理工系の学生を対象に，量子力学の標準的な内容が書かれた教科書である．必要とされる予備知識は，大学初年次に学習する数学や物理の基礎的な知識で十分である．内容を絞り込み丁寧に説明することにより，学生が容易に短時間で量子力学を学習できるように配慮した．量子力学の基礎的内容を理解し，初歩的問題を計算する能力を習得することを目指している．

　一般に量子力学を初めて学ぶ際に直面する主な困難は2つある．1つは，波動関数という得体の知れないものが登場し，確率解釈や波束の収縮という妙な概念が導入されることである．本書では，まず2章で感覚的にこのような概念を導入し，3章から5章で具体的な問題を扱ってから，6章でより詳しくまとめられた量子力学の体系を紹介する．これによりできるだけ自然にこれらの概念を導入するよう試みた．しかし，これは量子論がニュートン力学などの古典論と本質的に異なる点であり，誰でも最初は違和感を感じ，慣れるのに時間がかかるものである．最初はあまり悩まず受けとめ，焦らずに繰り返し学習する中で理解を深めて頂きたい．

　もう1つの困難は，微分方程式や特殊関数など難しい数学が現れることである．これによるつまずきを避けるため，本書では特殊関数を付録にまとめ，線形代数の復習を6.2節にまとめるなど，数学に関する部分を分けて書いた．これにより，最初困難を感じたら軽く読み2度目読む際に詳しく読むなど，数学の習熟度に応じて読み方を変えることができる．また本書では式の導出を丁寧

に説明したが，これも随所で【証明】という形でまとめることにより，読者の興味に応じて重みを変えて読むことができるようにした．力のある読者は，例題や章末問題と並び，これも演習問題として解き，【証明】の内容を解答例として照合するとよい．また，やや詳細な内容やエピソードを 参 考 として記載したので，これも読者の興味に応じて読んで頂ければよい．このように，本書は，学生が独学するにせよ，授業の教科書として使用するにせよ，学生の知識，興味，授業コマ数など，様々な状況に対応できるよう工夫した．

　冒頭に述べたように，本書は広く理工系の学生を対象としている．今後各専門分野に進み，素材開発や素子開発など様々な場面で量子力学を用いた計算を行う機会があるであろう．しかし，そこで用いる公式がなぜ成り立つのだろうという，もやもやした気分に悩まされるかもしれない．また，MRI や走査型電子顕微鏡などの機器は，医療を含め多くの分野で使用されているが，そのしくみを知りたいと思うかもしれない．物理学は，なぜ，なぜと掘り下げて考え，物事の根っ子にあるものを探求する学問であるので，そのようなもやもやした疑問の解消に役立つであろう．また，様々な状況で一段基本的なレベルから物事を見直すことにより，問題解決の糸口を見つけ，さらにそれを契機にその分野に新たな進展をもたらすことができるかもしれない．このようにして一人でも多くの読者が，本書を通して物理の面白さを感じ取り，そこで得た知識や思考の進め方を様々な分野で活用して頂ければ幸いである．

　本書の執筆に際しては，佐賀大学での講義やゼミの経験がおおいに参考になった．また，本ライブラリの編者である本庄春雄先生，原田恒司先生には，原稿に目を通して頂き，貴重なアドバイスを頂戴した．これらの方々のご助力に心から御礼申し上げる．最後に，本書の執筆から出版まで大変お世話になったサイエンス社の田島伸彦氏，鈴木綾子氏に厚く御礼申し上げる．

　2019 年 11 月

　　　　　　　　　　　　　　　　　　　　　　　　　　　　　　青木　一

目　　次

第1章　ミクロな世界 ══════════════════ **1**

1.1 古典論とその限界 ・・・・・・・・・・・・・・・・・・・・・・・・・・・・・・・・・　1

1.2 光 の 二 重 性 ・・・・・・・・・・・・・・・・・・・・・・・・・・・・・・・・・・・・　2

1.3 電子の二重性 ・・・・・・・・・・・・・・・・・・・・・・・・・・・・・・・・・・・・　8

1.4 原子スペクトル ・・・・・・・・・・・・・・・・・・・・・・・・・・・・・・・・・・　12

　　　演 習 問 題 ・・・・・・・・・・・・・・・・・・・・・・・・・・・・・・・・・・・・・・・　16

第2章　シュレーディンガー方程式 ══════════ **18**

2.1 シュレーディンガー方程式 ・・・・・・・・・・・・・・・・・・・・・・・・・・・　18

2.2 波動関数と確率解釈 ・・・・・・・・・・・・・・・・・・・・・・・・・・・・・・・　21

2.3 不 確 定 性 関 係 ・・・・・・・・・・・・・・・・・・・・・・・・・・・・・・・・・・　23

　　　演 習 問 題 ・・・・・・・・・・・・・・・・・・・・・・・・・・・・・・・・・・・・・・・　30

第3章　1次元の問題—束縛状態 ════════════ **32**

3.1 時間に依存しないシュレーディンガー方程式 ・・・・・・・・・・・・・　32

3.2 無限の深さの井戸型ポテンシャル ・・・・・・・・・・・・・・・・・・・・・　33

3.3 有限の深さの井戸型ポテンシャル ・・・・・・・・・・・・・・・・・・・・・　37

3.4 調 和 振 動 子 ・・・・・・・・・・・・・・・・・・・・・・・・・・・・・・・・・・・・　47

　　　演 習 問 題 ・・・・・・・・・・・・・・・・・・・・・・・・・・・・・・・・・・・・・・・　53

第4章　1次元の問題—反射と透過 ══════════ **54**

4.1 自 由 粒 子 ・・・・・・・・・・・・・・・・・・・・・・・・・・・・・・・・・・・・・・　54

4.2 階段型ポテンシャル ・・・・・・・・・・・・・・・・・・・・・・・・・・・・・・・　57

4.3 土手型ポテンシャル—トンネル効果 ・・・・・・・・・・・・・・・・・・・　60

4.4 連続固有値の固有関数の規格化 ・・・・・・・・・・・・・・・・・・・・・・・　65

　　　演 習 問 題 ・・・・・・・・・・・・・・・・・・・・・・・・・・・・・・・・・・・・・・・　67

第5章 3次元での中心力ポテンシャルの問題 ═══ 69

5.1 3次元のシュレーディンガー方程式 ・・・・・・・・・・・・・ 69

5.2 極座標でのシュレーディンガー方程式 ・・・・・・・・・・・ 70

5.3 球面調和関数 ・・・・・・・・・・・・・・・・・・・・・・・・・・ 74

5.4 軌道角運動量演算子 ・・・・・・・・・・・・・・・・・・・・・・ 78

5.5 動径方向の波動方程式 ・・・・・・・・・・・・・・・・・・・・ 80

5.6 水 素 原 子 ・・・・・・・・・・・・・・・・・・・・・・・・・ 82

　　　 演 習 問 題 ・・・・・・・・・・・・・・・・・・・・・・・・・ 88

第6章 量子力学の体系 ═══════ 90

6.1 古 典 論 の 体 系 ・・・・・・・・・・・・・・・・・・・・・・・ 90

6.2 線形代数の復習 ・・・・・・・・・・・・・・・・・・・・・・・・ 91

6.3 量子論の枠組み ・・・・・・・・・・・・・・・・・・・・・・・・ 94

　　　 演 習 問 題 ・・・・・・・・・・・・・・・・・・・・・・・・・102

第7章 演算子の諸性質 ═══════ 103

7.1 エルミート演算子 ・・・・・・・・・・・・・・・・・・・・・・・103

7.2 演算子の行列表現 ・・・・・・・・・・・・・・・・・・・・・・・108

7.3 交 換 関 係 ・・・・・・・・・・・・・・・・・・・・・・・・・111

7.4 調和振動子の生成消滅演算子 ・・・・・・・・・・・・・・・116

7.5 ブ ラ と ケ ッ ト ・・・・・・・・・・・・・・・・・・・・・・・122

　　　 演 習 問 題 ・・・・・・・・・・・・・・・・・・・・・・・・・125

第8章 角 運 動 量 ═══════ 126

8.1 軌道角運動量 ・・・・・・・・・・・・・・・・・・・・・・・・・126

8.2 スピン角運動量 ・・・・・・・・・・・・・・・・・・・・・・・・127

8.3 スピン角運動量演算子とその表現 ・・・・・・・・・・・・128

8.4 回 転 の 変 換 ・・・・・・・・・・・・・・・・・・・・・・・132

8.5 角運動量演算子の固有状態 ・・・・・・・・・・・・・・・・137

8.6 角運動量の合成 ・・・・・・・・・・・・・・・・・・・・・・・・・・ 142
　　　演 習 問 題 ・・・・・・・・・・・・・・・・・・・・・・・・・・・・ 149

第9章　外場中の電子　━━━━━ **151**

9.1 電磁場中の荷電粒子（古典論）・・・・・・・・・・・・・・・・・ 151
9.2 電磁場中の荷電粒子（量子論）・・・・・・・・・・・・・・・・・ 153
9.3 一様磁場中の荷電粒子 ・・・・・・・・・・・・・・・・・・・・ 155
9.4 固有磁気モーメント ・・・・・・・・・・・・・・・・・・・・・ 157
9.5 スピン軌道相互作用 ・・・・・・・・・・・・・・・・・・・・・ 160
　　　演 習 問 題 ・・・・・・・・・・・・・・・・・・・・・・・・・・・・ 162

第10章　多 粒 子 系　━━━━━ **164**

10.1 多粒子系の波動関数 ・・・・・・・・・・・・・・・・・・・・・ 164
10.2 ボース粒子とフェルミ粒子 ・・・・・・・・・・・・・・・・・ 166
10.3 独立粒子近似 ・・・・・・・・・・・・・・・・・・・・・・・・ 171
　　　演 習 問 題 ・・・・・・・・・・・・・・・・・・・・・・・・・・・・ 175

付　録　特 殊 関 数　━━━━━ **177**

A.1 エルミートの多項式 ・・・・・・・・・・・・・・・・・・・・・ 177
A.2 ルジャンドルの多項式 ・・・・・・・・・・・・・・・・・・・・ 179
A.3 ラゲールの多項式 ・・・・・・・・・・・・・・・・・・・・・・ 182

付　表　基礎的な物理定数　━━━━━ **189**

演習問題解答　　　　　　　　　　　　　　　　 190
さらに勉強するために　　　　　　　　　　　　 210
索　　引　　　　　　　　　　　　　　　　　　 211

第1章

ミクロな世界

　この章では，マクロ（巨視的）なスケールの現象を記述する古典論が，ミクロ（微視的）な世界には適用できないことを見る．そして，ミクロな世界を記述する量子力学が20世紀初頭にいかに誕生したかを解説する．とくにミクロな世界の特徴である，粒子と波動の二重性は後の章へ進む上で重要である．1.3.2項で，この二重性を顕著に表す，現代の技術を用いた二重スリット実験を紹介する．

1.1　古典論とその限界

　ニュートン（I. Newton）の運動方程式は

$$ma = f \tag{1.1}$$

で与えられる．ここで，m は質量，a は加速度，f は力を表す．物体に作用する力を右辺に代入し，適当な初期条件のもとでこの方程式を解けば，物体の運動が一意的に求まる．このようにしてリンゴが木から落ちるという身近な現象から，月が地球の周りを回るという天上の現象まで，あらゆる自然現象を定量的に厳密に記述することができる．また，ロケットを飛ばして予定通りの軌道を運行させることもできる．

　19世紀末にはマクスウェル（J. C. Maxwell）電磁気学も完成し，人類は全ての自然現象を矛盾なく記述する理論を持つに至った．しかし，20世紀に入るころ原子や分子のようなミクロなスケールの現象が観測されるようになり，そこではこのような古典論が通用しないことがわかってきた．その後物理学者は四半世紀にわたり思考や実験を繰り返し，ついに古典論に代わってミクロな世界を記述する理論として量子力学を完成させた．古典論の法則を知っていれば単なる導出で全てのマクロな現象を記述できるように，量子論の法則を知っていれば全てのミクロな現象を記述できるのである．この量子力学がどういうも

のかは，本書全体を通して説明していく．

　以下この章では，古典論では記述できないミクロな現象を紹介し，20世紀初頭の物理学者が新たな仮説を導入し，量子論を構築していった過程を解説する．この時期の理論は前期量子論と呼ばれているが，ここではその詳細には触れず，後の章を読むのに必要な内容にとどめる．

1.2　光 の 二 重 性

　粒子は，空間の中の点，もしくはその近傍に局在している．その運動は各時刻での粒子の位置によって記述され，例えば2つの通り道があれば，粒子はどちらか1つの道だけを通る．一方，波はなんらかの媒質の振動であり，空間に広がって存在する．その運動は各時刻での空間の全ての点での媒質の値で記述される．2つの通り道があれば，波はその両方を通り，後に合流するときに干渉を起こす（図1.1参照）．古典論では，粒子は粒子，波は波と決まっており，**粒子性**と**波動性**を併せ持つことはない．

　光は干渉や回折などの現象を示し，波のように振る舞う．しかし，以下に示すように，ミクロなスケールでは粒子性も示すことがわかってきた．光はあるときは波のように，またあるときは粒子のように振る舞うという，**二重性**を持っているのである．

1.2.1　空 洞 放 射

　空洞の中は真っ暗な闇のはずだが，実は光が立ちこめている．真っ黒な物体である黒体も，実は光を放っている．これらを**空洞放射**，**黒体放射**という．これは空洞の壁や黒体が温度を持っていて光を放出，吸収し，それが平衡に達したものである．18世紀から19世紀にかけて製鉄などの重工業が発展し，溶鉱炉の研究が進み，空洞放射の理解が深まった．しかし，古典電磁気学を用いて空洞放射のエネルギーや比熱を計算すると，その値が発散してしまい観測結果を説明することができなかった．

　プランク（M. Planck）は1900年に，振動数 ν の光の単位体積当たりのエネルギーの強度に関する，それまでに知られていた（それぞれ小さい ν と大き

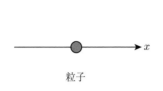

粒子

粒子は空間に局在して存在する.

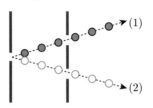

粒子が時間とともに左から右へ移動する
様子. 2つの通り道があれば, 粒子は (1),
(2) どちらか一方の道を通る.

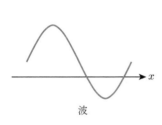

波

波は空間に広がって存在する.

波面が時間とともに左から右へ移動する
様子. 2つの通り道があれば, 波は両方の
道を通り, 干渉する.

図 1.1　粒子と波の振る舞い

い ν の領域で成り立つ) 2つの公式を内挿して,

$$U(\nu, T) = \frac{8\pi h}{c^3} \frac{\nu^3}{e^{\frac{h\nu}{kT}} - 1} \tag{1.2}$$

を得た. これは**プランクの放射公式**と呼ばれている. ここで, T は壁, もしく
は黒体の温度, k はボルツマン定数, c は光速である. h は**プランク定数**といい,
(1.2) と観測結果を比較してその値が求められた. 今日では精度よく求められ,

$$h = 6.62607015 \times 10^{-34} \, \mathrm{J \, s} \tag{1.3}$$

とされている. 光の振動数 ν と波長 λ は, 光速 c を用いて $\nu\lambda = c$ と関係づけ
られるので, (1.2) を λ についての分布の式として書き替えると

$$V(\lambda, T) = 8\pi ch \frac{\lambda^{-5}}{e^{\frac{ch}{kT\lambda}} - 1} \tag{1.4}$$

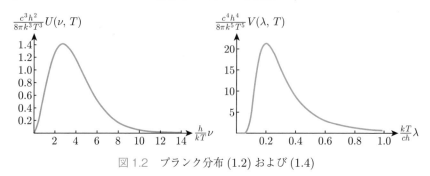

図 1.2 プランク分布 (1.2) および (1.4)

となる．ここで，$U(\nu, T)\, d\nu = V(\lambda, T)\, d\lambda$ を用いた．図 1.2 に分布 (1.2) と (1.4) を示す（章末問題 1.5 参照）．

　プランクはさらにその原因を考え，次の考えに達した．「エネルギーはいくらでも細かく分けられる連続量ではなく，振動数 ν の光のエネルギーは $h\nu$ の整数倍，

$$E = nh\nu \quad (n = 0, 1, 2, \ldots) \tag{1.5}$$

の値しかとることができない．つまり，振動数 ν の光はエネルギー $h\nu$ のかたまりであるエネルギー量子からできている．」これは**エネルギー量子仮説**と呼ばれている．古典電磁気に代わりこの仮説を用いて統計力学の計算を行うと，確かに (1.2) が得られる（章末問題 1.4 参照）．

── 例題 1.1 ──

　波長 550 nm の可視光について以下の問に答えよ．
(1) 光の量子のエネルギーを求めよ．
(2) この波長の光の 1 W の光源から，1 秒当たりに放出される光の量子の数を求めよ．

【解答】 (1) c や h の値として，巻末の付表（189 ページ）の数値を用いて

$$E = h\nu = \frac{ch}{\lambda} = \frac{3.00 \times 10^8 \text{ m/s} \times 6.63 \times 10^{-34} \text{ J s}}{5.50 \times 10^{-7} \text{ m}}$$

$$= 3.62 \times 10^{-19} \text{ J} \times \frac{1}{1.60 \times 10^{-19} \text{ J/eV}} = 2.26 \text{ eV}$$

となる．可視光の量子のエネルギーは eV 程度である．

(2)　$1\,\mathrm{W} = 1\,\mathrm{J/s}$ の光源から1秒当たりに放出される光の量子の数は

$$\frac{1\,\mathrm{J/s} \times 1\,\mathrm{s}}{3.62 \times 10^{-19}\,\mathrm{J}} = 2.76 \times 10^{18}$$

となる.　　　　　　　　　　　　　　　　　　　　　　　　□

1.2.2　光　電　効　果

金属の表面に紫外線やX線のような波長の短い光をあてると,電子が飛び出す(図1.3参照).これを**光電効果**といい,このように飛び出した電子を**光電子**という.1900年ころまでに,光電効果の実験的研究によって次のような結果が得られた.

> (1)　金属にあてる光の振動数 ν が,その金属に特有な値 ν_0 より小さいと,どんなに強い光をあてても光電子は飛び出さない.
> (2)　ν_0 より大きい振動数の光をあてると,どんなに弱い光でも,光をあてた瞬間に光電子が飛び出す.
> (3)　光電子の持つ最大の運動エネルギーは光の強さに関係なく,光の振動数 ν が大きくなると大きくなる.
> (4)　単位時間に飛び出す光電子の数は,光の強さに比例する.

光が古典的な電磁波であるとすると,電子が光から受けるエネルギーは,光の強さと光を受けた時間の積に比例するはずである.したがって,上記実験結果 (1)–(3) を説明できない.

アインシュタイン(A. Einstein)は1905年に,プランクのエネルギー量子仮説を押し進め,「振動数 ν の光はエネルギー $h\nu$ を持つ粒子の集まりである」

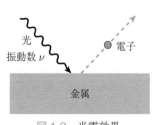

図1.3　光電効果

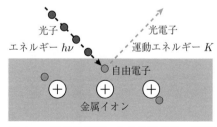

図1.4　光量子仮説による光電効果の説明

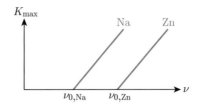

図 1.5　ナトリウムと亜鉛での ν と $K_{\max}$ の関係

と考え，光電効果を説明した．この光の粒子は**光量子**または**光子**（フォトン）と名づけられた．また，この仮説は**光量子仮説**と呼ばれている．

　光子が電子に衝突するときに，光子はそのエネルギー全部を一度に電子に与えて吸収されると考えると，光電効果の実験結果は光子説によって次のように説明される（図 1.4 参照）．金属内の自由電子は，金属内を自由に動き回ることはできるが，金属イオンからの引力を受けているので，金属の外に引き出すためにはエネルギーを与える必要がある．それに必要なエネルギーの最小値を**仕事関数**といい，W と書く．すると，エネルギー $h\nu$ の光子が電子にあたり，電子が金属の外に弾き出されると，その電子の運動エネルギーの最大値は

$$K_{\max} = h\nu - W = h\nu - h\nu_0 \tag{1.6}$$

となる．ここで $W = h\nu_0$ とした．$h\nu < h\nu_0$ ならば，電子は金属の外に飛び出すことはできない．このようにして，古典電磁気学では説明できなかった実験事実 (1)–(3) を説明できる．

　1916 年にミリカン（R. A. Millikan）は，様々な振動数 ν の単色光を様々な仕事関数 $W = h\nu_0$ を持つ金属にあて，出てくる光電子の最大の運動エネルギーを精度よく測定した．そして図 1.5 のような結果を得，関係式 (1.6) を確かめた．さらにこのグラフの傾きからプランク定数 h の値を求め，プランクが空洞放射のスペクトルから得たものとほぼ一致した値を得た．

1.2.3　コンプトン効果

　光の振動数と波長の関係式 $\nu = \frac{c}{\lambda}$ と，相対論的粒子（光速で進む質量零の粒子）の満たすエネルギーと運動量の関係式 $E = pc$ を比較すると，光子のエネルギーが $E = h\nu$ で与えられるなら，運動量は $p = \frac{h}{\lambda}$ になるはずである．これ

が確かめられれば光の粒子性はより確実になる.

　1923 年にコンプトン（A. H. Compton）は，単色の X 線を物質にあてると，物質により散乱された X 線には，入射波と同じ波長 λ のものの他に，λ より長い波長 λ′ のものがあることを発見した（図 1.6 参照）. このような現象を**コンプトン効果**もしくは**コンプトン散乱**という. 古典電磁気学に従う電磁波では，入射波と散乱波の波長が変わらないので，この現象を説明できない.

　コンプトンは，「光子をエネルギー $h\nu$ のみならず運動量 $\frac{h}{\lambda}$ を持つ粒子として扱えば」，この現象を光子と電子の弾性散乱として説明できることを示した. 電子は最初静止しているとすると，散乱前と後での光子と電子のエネルギーと運動量はそれぞれ図 1.7 のように表せる. よって，エネルギー保存則から

$$\frac{ch}{\lambda} + mc^2 = \frac{ch}{\lambda'} + \sqrt{m^2c^4 + p^2c^2} \tag{1.7}$$

が得られる. ここで，m は電子の質量，p は散乱後の電子の運動量である. また，電子のエネルギーとして，質量を持つ粒子の相対論的な式 $E = \sqrt{m^2c^4 + p^2c^2}$

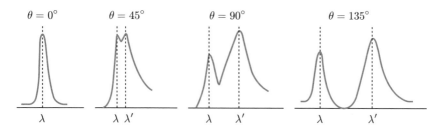

図 1.6　グラファイトによる散乱 X 線の散乱角 θ での波長の分布

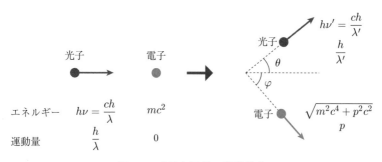

図 1.7　光子と電子の弾性散乱

を用いた．さらに，運動量保存則から

$$\frac{h}{\lambda} = \frac{h}{\lambda'} \cos\theta + p\cos\varphi$$
$$0 = \frac{h}{\lambda'} \sin\theta - p\sin\varphi \tag{1.8}$$

が得られる．ここで，θ と φ はそれぞれ光子と電子の散乱角である．

(1.8) の 2 つの式から φ を消去し，

$$p^2 = \left(\frac{h}{\lambda} - \frac{h}{\lambda'}\right)^2 + \frac{2h^2}{\lambda\lambda'}(1 - \cos\theta) \tag{1.9}$$

を得る．これと (1.7) から p を消去すると，

$$\lambda' - \lambda = \frac{h}{mc}(1 - \cos\theta) \tag{1.10}$$

が得られる．(1.10) が図 1.6 の実験結果とよく合うこと，また跳ね飛ばされた電子が後に観測されたことが光の粒子説の有力な証拠となった．なお，図 1.6 での波長の変化しない散乱は，原子核に強く引きつけられている電子による光子の散乱として説明される．

1.3　電子の二重性

　電子が蛍光物質に衝突すると，点状の輝点を生じる．つまり電子は粒子のように振る舞う．また，電子は決まった値の質量と電荷を持ち，その半分などの半端な値の質量や電荷を持つ電子は観測されない．これも電子の粒子性を表している．しかし，以下に見るように電子は波動性も示す．

　1924 年にド・ブロイ（L. de Broglie）は次のような仮説を提唱した．彼は，光が電磁波としての波動性と光子としての粒子性を持つならば，粒子のように振る舞う電子も波動性を持つのではないかと考えた．そして，光の場合，エネルギー E および運動量 p という粒子的な量と，振動数 ν および波長 λ という波動的な量には

$$E = h\nu \ , \quad p = \frac{h}{\lambda} \tag{1.11}$$

という関係が成り立つが，この関係が電子でも成り立つと予想した．これを**ド・ブロイの関係式**という．また，$\lambda = \frac{h}{p}$ を**ド・ブロイ波長**という．ただし，光子

と異なり,電子はエネルギーと運動量の関係 $E = pc$ を常に満たすわけではなく,振動数と波長の関係 $\nu = \frac{c}{\lambda}$ も満たさない.

外力を受けない非相対論的な(光速に比べて低速で運動する)電子の場合,エネルギーと運動量は関係式 $E = \frac{p^2}{2m}$ を満たすので,$p = \sqrt{2mE}$ が得られ,これを (1.11) に代入すると,電子の波の波長は

$$\lambda = \frac{h}{\sqrt{2mE}} \tag{1.12}$$

となる.電荷の大きさが e の電子を電圧 V で加速すると,電子はエネルギー $E = eV$ を得るので,これを (1.12) に代入し,この電子の波の波長は $\lambda = \frac{h}{\sqrt{2meV}}$ となる.

── 例題 1.2 ──

電圧 $V = 100\,\mathrm{V}$ で加速された電子のド・ブロイ波長の値を求めよ.

【解答】 h, m, e の値として巻末の付表(189 ページ)の数値を用いて

$$\lambda = \frac{h}{\sqrt{2meV}}$$

$$= \frac{6.63 \times 10^{-34}\,\mathrm{J\,s}}{\sqrt{2 \times 9.11 \times 10^{-31}\,\mathrm{kg} \times 1.60 \times 10^{-19}\,\mathrm{C} \times 1.00 \times 10^2\,\mathrm{J/C}}}$$

$$= 1.23 \times 10^{-10}\,\mathrm{m} = 1.23\,\text{Å}$$

となる.この程度の波長の波ならば,X 線と同様に,結晶内に規則正しく並んだ原子によって回折や干渉を起こすはずである. □

1.3.1 電子線による回折,干渉現象

電子の波動性を実験的に確認しようと多くの研究がなされた.1927 年にデビッソン(C. J. Davisson)とガーマー(L. H. Germer)は,図 1.8 のように,電子線をニッケルの結晶の表面にあてると,特定の角度 θ のところに強い反射を示すことを見つけた.原子間隔を d,電子波の波長を λ とすると,図 1.9 からわかるように,

$$d\sin\theta = n\lambda \quad (n\text{ は整数}) \tag{1.13}$$

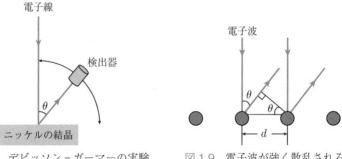

図1.8　デビッソン－ガーマーの実験　　図1.9　電子波が強く散乱される
　　　　の概念図　　　　　　　　　　　　　　ための条件

を満たす方向 θ で波の位相がそろい，波は強め合う．この式から波長 λ が実験的に求められ，(1.12) に一致していることが確かめられ，ド・ブロイの関係式 (1.11) が正しいことが示された．

1.3.2　二重スリット実験

　二重スリットを用いた光の干渉実験はヤング（T. Young）によって 1805 年ころになされた．現代の技術では微弱な電子線を用いて電子を 1 個ずつ発射することが可能で，これにより粒子と波動の二重性を明確に示すことが可能となった．

　図 1.10 のように，電子源から電子を 1 個ずつ発射させ，二重スリットを通してスクリーンにあてる．電子はポツン，ポツンとスクリーン上のあちこちに点状の輝点を作る．つまり，電子は粒子として検出される．スクリーンに到着した電子の数が少ないときは，電子の到着位置は不規則に見える（図 1.11 (a)）．しかし，電子の数が増えると，スクリーンに干渉縞が現れる（図 1.11 (d)）．これは電子が波のように伝搬していることを表している．この波は，何度も同じ実験を繰り返した際にスクリーン上の各位置に到達する電子の数，つまり，1 回の実験でスクリーン上の各位置に電子が到達する確率を与える．この実験では電子を 1 個ずつ発射したのだから，複数の電子が相互作用したわけでなく，1 個の電子が波のように振る舞い，その波が 2 つのスリットの存在を感じ干渉を起こしたのである．このようにして，電子での粒子と波動の二重性を実験で明瞭に示すことができる．

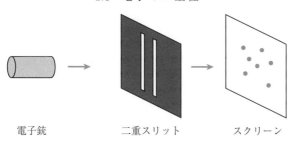

図 1.10 電子による二重スリット実験の概念図

電子銃　　　　　　二重スリット　　　　スクリーン

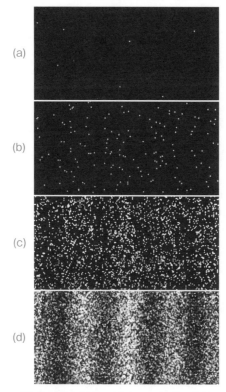

図 1.11 電子による干渉縞の形成過程．電子は 1 個ずつ発射されスクリーンに到達
　　　し輝点を作る．時間とともに (a) → (d) と輝点の数が増える．データの数が
　　　増えると干渉縞が見えてくる．
　　　（出典：『目で見る美しい量子力学』（外村彰 著，サイエンス社））

　1回に複数の電子を発射する実験は1961年にドイツのテュービンゲン大学で行われ，1回に1個の電子を発射する実験は1974年にイタリアのミラノ大学で行われた．1989年に技術の進歩を反映した実験が日立製作所基礎研究所の外村彰らによって行われた．また，微弱な光を用いて光子を1個ずつ発射させ，二重スリットを通し，光での粒子と波動の二重性を示す実験が1982年に浜松ホトニクス株式会社中央研究所によって行われた．

 ## 1.4　原子スペクトル

　ネオンサインを見ればわかるように，放電管の中の気体は特有の色の光を発する．原子を高温に加熱したり，放電して刺激を与えると，光を放射するが，特定の波長の光だけを発する．水素原子の放射する光の波長は

$$\frac{1}{\lambda} = R\left(\frac{1}{m^2} - \frac{1}{n^2}\right) \tag{1.14}$$

で与えられる．ここで，m, n は $m < n$ を満たす整数，R はリュードベリ定数と呼ばれ

$$R = 1.097 \times 10^7 \text{ m}^{-1} \tag{1.15}$$

である．このような現象は古典物理学では説明できない．

　ボーア（N. Bohr）は1913年に，以下のような仮説を立ててこの現象を説明した（図1.12参照）．「原子中の電子は，どのような値のエネルギーでも持ち得るのではなく，とびとびの値のエネルギーを持った，**定常状態**という，安

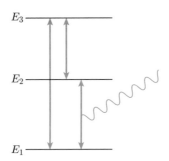

図1.12　エネルギー準位間の遷移に伴い，(1.16) を満たす振動数の光が放出，吸収される．

定な状態しか取り得ない. そして, 高いエネルギー E_n の定常状態から低いエネルギー E_m の定常状態に移るとき,

$$hν = E_n - E_m \qquad (1.16)$$

を満たす振動数 $ν$ の光を放射する. 逆にこの振動数 $ν$ の光を吸収して, 電子は E_m の状態から E_n の状態に移ることができる.」エネルギー最小の定常状態を **基底状態**, それ以外を**励起状態**という. 水素原子の場合

$$E_n = -chR\frac{1}{n^2} \qquad (1.17)$$

とすれば, (1.14) を説明できる. 後の 5.6 節で, 量子力学の第一原理からこの結果を導出する. また, 3 章で 1 次元の問題を解いて, とびとびのエネルギーの値を持った定常状態が存在することを示す.

　ここでは, ボーアの立てたもう一つの仮説を用いて, 水素原子の定常状態のエネルギーの値 (1.17) を求めてみよう. その仮説とは,「電子は円軌道を運動しており, その角運動量の $2π$ 倍がプランク定数 h の整数倍に等しいという条件, すなわち, 半径を r, 運動量を $p = mv$ として, 条件式

$$2πmvr = nh \quad (n = 1, 2, \ldots) \qquad (1.18)$$

を満たす」というものである. この条件式は後にゾンマーフェルト (A. Zommerfeld) によって拡張された. また, ド・ブロイの関係式 (1.11) を用いれば, この式は $2πr = nλ$ と書け, 電子波が円軌道上で定常波を成す条件と理解できる.

　水素原子中の電子が円運動をしているとすると, その古典運動方程式は

$$m\frac{v^2}{r} = \frac{1}{4πε_0}\frac{e^2}{r^2} \qquad (1.19)$$

で与えられる (左辺は向心力, 右辺はクーロン力). ここで, e は電気素量, $ε_0$ は真空の誘電率である. これとボーアの導入した条件 (1.18) から v を消去し,

$$r = \frac{ε_0 h^2}{πme^2}n^2 \qquad (1.20)$$

を得る. 半径 (1.20) において $n = 1$ の場合を**ボーア半径**という. また, 電子の全エネルギーは, 運動方程式 (1.19) を用いると,

$$E = \frac{1}{2}mv^2 - \frac{1}{4πε_0}\frac{e^2}{r} = -\frac{1}{8πε_0}\frac{e^2}{r} \qquad (1.21)$$

となり，これに (1.20) を代入し，

$$E = -\frac{me^4}{8\varepsilon_0^2 h^2}\frac{1}{n^2} \tag{1.22}$$

を得る．これで求めたかった (1.17) が得られた．(1.17) と (1.22) の係数を比較し，リュードベリ定数は

$$R = \frac{me^4}{8\varepsilon_0^2 ch^3} \tag{1.23}$$

となる．

── 例題 1.3 ──

$n = 1$ での (1.20) および (1.22)，すなわちボーア半径と水素原子の基底状態のエネルギーの値を求めよ．

【解答】　ε_0, h, m, e の値として，巻末の付表（189 ページ）の数値を用いて，

$$
\begin{aligned}
r_{n=1} &= \frac{\varepsilon_0 h^2}{\pi m e^2} \\
&= \frac{8.854 \times 10^{-12}\,\mathrm{C^2\,J^{-1}\,m^{-1}} \times (6.626 \times 10^{-34}\,\mathrm{J\,s})^2}{\pi \times 9.109 \times 10^{-31}\,\mathrm{kg} \times (1.602 \times 10^{-19}\,\mathrm{C})^2} \\
&= 5.29 \times 10^{-11}\,\mathrm{m}
\end{aligned} \tag{1.24}
$$

$$
\begin{aligned}
E_{n=1} &= -\frac{me^4}{8\varepsilon_0^2 h^2} \\
&= -\frac{9.109 \times 10^{-31}\,\mathrm{kg} \times (1.602 \times 10^{-19}\,\mathrm{C})^4}{8 \times (8.854 \times 10^{-12}\,\mathrm{C^2\,J^{-1}\,m^{-1}})^2 \times (6.626 \times 10^{-34}\,\mathrm{J\,s})^2} \\
&\quad \times \frac{1}{1.602 \times 10^{-19}\,\mathrm{J/eV}} \\
&= -13.6\,\mathrm{eV}
\end{aligned} \tag{1.25}
$$

となる．これらの値は，原子や分子のスケールでの長さとエネルギーの典型的な大きさを表す．　　　　　　　　　　　　　　　　　　　　　□

【別解】　$\hbar = \frac{h}{2\pi}$ とし，2 章の数値 (2.29), (2.30), (2.31) を用いて

$$r_{n=1} = \frac{4\pi\varepsilon_0 c\hbar}{e^2}\frac{c\hbar}{mc^2} = 137.0\frac{197.3\,\mathrm{MeV\,fm}}{0.5110\,\mathrm{MeV}} = 5.29 \times 10^{-11}\,\mathrm{m}$$

$$E_{n=1} = -\frac{1}{2}\left(\frac{e^2}{4\pi\varepsilon_0 c\hbar}\right)^2 mc^2 = -\frac{0.5110\,\mathrm{MeV}}{2\times 137.0^2} = -13.6\,\mathrm{eV}$$

となる. □

1.4.1 原子のエネルギー準位の直接検証

ボーアが仮定した原子のエネルギー準位を直接に確認する実験が，フランク（J. Franck）とヘルツ（G. Hertz）によって 1913〜14 年に行われた.

室温で原子は基底状態にある．励起状態と基底状態のエネルギー差 $E_2 - E_1$ より小さなエネルギーの電子が基底状態の原子に衝突しても，原子は励起状態には移れない．よって，電子は弾性衝突のみ行う．しかし，電子のエネルギーが $E_2 - E_1$ よりも大きくなると，電子は基底状態の原子と衝突して，これを励起し，電子はエネルギー $E_2 - E_1$ を失う.

フランクとヘルツは図 1.13 の装置で実験を行い図 1.14 の結果を得た．これは次のように解釈される．負極 K から飛び出した熱電子は，負極 K と金網 G の間の電位差 V の電場で加速され，水銀原子と衝突しながら G に達し，その

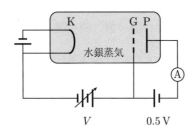

図 1.13 フランク−ヘルツの実験の概念図

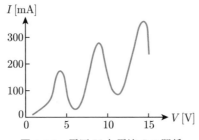

図 1.14 電圧 V と電流 I の関係

ときのエネルギーが $0.5\,\mathrm{eV}$ 以上であれば，G を通り抜けて正極 P に達し，電流 I として測定される．電圧 V を増加させていって，eV の値が

$$E_2 - E_1 = 4.9\,\mathrm{eV}$$

を超えると，電子の中には水銀との非弾性衝突でエネルギーを失い，電位の高い金網 G にさえぎられて正極 P に到達できないものが現れ，電流 I は減少する．電圧 V をさらに増加させ，eV の値が $4.9\,\mathrm{eV}$ の 2 倍，3 倍を超えると，2 回，3 回と非弾性衝突する電子が現れ，電流 I は減少する（負極 K を飛び出した直後の熱電子の運動エネルギーの寄与があるので，図 1.14 の最初のピークの位置が $4.9\,\mathrm{V}$ より少し左にあるが，隣り合うピークの間隔はちょうど $4.9\,\mathrm{V}$ である）．

また，励起された水銀が基底状態に遷移する際，$E_2 - E_1 = 4.9\,\mathrm{eV}$ に相当する波長

$$\lambda = \frac{ch}{E_2 - E_1} = 2.536 \times 10^{-7}\,\mathrm{m}$$

の光を発するはずだが，実際，この波長の光が観測された．

演 習 問 題

演習 1.1　波長 486 nm, 397 nm の光をある金属に照射したところ，出てきた光電子の最大の運動エネルギーはそれぞれ $0.271\,\mathrm{eV}$, $0.843\,\mathrm{eV}$ であった．このとき，この金属の仕事関数およびプランク定数の値を求めよ．

演習 1.2　コンプトン散乱での波長のずれの式 (1.10) を用いて，散乱角 $\theta = 0°, 45°, 90°, 135°$ での波長のずれを求めよ．

演習 1.3　外力を受けない，質量 m の粒子のエネルギー E と運動量 p の相対論的な関係式は $E = \sqrt{m^2c^4 + p^2c^2}$ で与えられる．

(1)　エネルギー E の粒子のド・ブロイ波長 (1.11) を求めよ．

(2)　$p \ll mc, p \gg mc$ のときの E の近似式を求めよ．

(3)　$E = 0.511\,\mathrm{MeV}, E = 0.8\,\mathrm{MeV}, E = 1\,\mathrm{GeV}$ の電子のド・ブロイ波長を求めよ．

演習 1.4　エネルギー量子仮説 (1.5) からプランクの放射公式 (1.2) を，以下のようにして導出せよ．

(1)　統計力学の基本法則によると，温度 T の熱浴と平衡になっている系では，エネルギー E の状態が実現される確率は $\exp\left(-\frac{E}{kT}\right)$ に比例する．これに従う統計集団を

正準集団（canonical ensemble）という．(1.5) より，振動数 ν の光のエネルギー
の平均値を求めよ．

(2)　関数 $e^{i\boldsymbol{k}\cdot\boldsymbol{x}}$ に，x, y, z 軸方向にそれぞれ周期 L の周期的境界条件を課した場
合，波数ベクトル $\boldsymbol{k}$ の満たす条件を求めよ．この条件を満たす $\boldsymbol{k}$ は，$|\boldsymbol{k}| = k$ から
$k + dk$ の間に何個存在するか．

(3)　問 (2) の周期的境界条件を満たす，振動数 ν から $\nu + d\nu$ の間の光の振動モード
の数 $D(\nu)\,d\nu$ を求めよ．

(4)　単位体積当たりの，振動数 ν から $\nu + d\nu$ の間の光のエネルギーを求めよ．

演習 1.5　プランクの放射公式 (1.2) を用いて以下の問に答えよ．

(1)　空洞放射の単位体積当たりのエネルギーを求めよ．また，その比熱を求めよ．こ
れらの表式を**シュテファン‒ボルツマンの放射法則**という．

(2)　(1.2) から (1.4) を導出せよ．

(3)　(1.2) と (1.4) がそれぞれ最大となる振動数と波長を求めよ．

(4)　温度 5800 K の溶鉱炉の中の空洞放射について，問 (1), (3) で求めたエネルギー，
比熱，振動数，波長の値を求めよ．ちなみに，太陽光は表面温度 5800 K の黒体放
射が地球まで伝搬したものとして表せる．同様に，室温 300 K の空洞放射の場合の
値を求めよ．また，宇宙全体は 2.7 K の空洞放射で満たされており，この放射は**宇
宙背景放射**と呼ばれているが，この場合の値を求めよ．

第2章
シュレーディンガー方程式

　この章では，量子力学の基本方程式であるシュレーディンガー方程式を紹介する．これは古典力学におけるニュートンの運動方程式に相当するものである．具体的な表式として，この章では空間が1次元の系についての式を書き，3次元へ拡張された表式は5.1節で示す．また，より完全にまとめられた量子力学の体系について6章で説明する．

2.1 シュレーディンガー方程式

　1.3節で電子が波のように振る舞うことを見た．その波形を表す関数を $\psi(x,t)$ と書こう．ここで，x と t はそれぞれ空間と時間の座標である．波はなんらかの媒質の振動であるが，この波の媒質が何なのか，つまり ψ が何を表すのかは次節で述べる．ここでは，この関数 $\psi(x,t)$ がどのような方程式に従うのかを考えてみよう．

　1次元中を伝搬する波

$$\psi(x,t) = e^{i(kx-\omega t)} \tag{2.1}$$

を考える．ここで，波数 k，角振動数 ω は，波長 λ，振動数 ν と

$$k = \frac{2\pi}{\lambda} \ , \quad \omega = 2\pi\nu \tag{2.2}$$

のように関係している．ド・ブロイの関係式 (1.11) を用いて，この波動的な量を，エネルギー E，運動量 p という粒子的な量に対応させると，

$$p = \hbar k \ , \quad E = \hbar\omega \tag{2.3}$$

が得られる．ここで $\hbar$ は

$$\hbar = \frac{h}{2\pi} = 1.054571817\cdots \times 10^{-34}\,\mathrm{J\,s} \tag{2.4}$$

のことで，**換算プランク定数**，あるいは単に**プランク定数**と呼ばれている．h と区別するためにエイチバーと呼ばれる．

(2.3) を (2.1) に代入して，

$$\psi(x,t) = e^{i\frac{px-Et}{\hbar}} \tag{2.5}$$

が得られる．指数関数 (2.5) を微分して，

$$\frac{\partial}{\partial x}\psi(x,t) = i\frac{p}{\hbar}\psi(x,t) , \quad \frac{\partial}{\partial t}\psi(x,t) = -i\frac{E}{\hbar}\psi(x,t) \tag{2.6}$$

を得る．これを書き替えて

$$p\psi(x,t) = -i\hbar\frac{\partial}{\partial x}\psi(x,t) , \quad E\psi(x,t) = i\hbar\frac{\partial}{\partial t}\psi(x,t) \tag{2.7}$$

となる．

力の作用を受けず，自由に運動する電子のエネルギーと運動量は

$$E = \frac{p^2}{2m} \tag{2.8}$$

と関係しているので，この両辺に右から ψ をかけ，(2.7) を用いると，

$$i\hbar\frac{\partial}{\partial t}\psi(x,t) = \frac{1}{2m}\left(-i\hbar\frac{\partial}{\partial x}\right)^2\psi(x,t) = -\frac{\hbar^2}{2m}\frac{\partial^2}{\partial x^2}\psi(x,t) \tag{2.9}$$

が得られる．これが自由に運動する電子の波 $\psi(x,t)$ の従う方程式である．

次に，ポテンシャル $V(x)$ 中を運動する電子を考えよう．全エネルギーは運動エネルギーとポテンシャルエネルギーの和

$$E = \frac{p^2}{2m} + V(x) \tag{2.10}$$

で書けるので，この各項に右から ψ をかけ，(2.7) を用いると，

$$i\hbar\frac{\partial}{\partial t}\psi(x,t) = \frac{1}{2m}\left(-i\hbar\frac{\partial}{\partial x}\right)^2\psi(x,t) + V(x)\psi(x,t)$$

$$= \left(-\frac{\hbar^2}{2m}\frac{\partial^2}{\partial x^2} + V(x)\right)\psi(x,t) \tag{2.11}$$

が得られる．この方程式の解は指数関数 (2.1)，もしくは (2.5) では書けないが，とにかく (2.11) が電子波の関数 $\psi(x,t)$ の満たすべき方程式を与える．これは量子力学の基本的な方程式で，**シュレーディンガー方程式**と呼ばれている（または時間に依存するシュレーディンガー方程式ともいう（3 章 3.1 節参照））．

このような波動力学による量子力学の定式化は，1926 年にシュレーディンガー（E. Schrödinger）により提唱された．量子力学は 1925 年にハイゼンベルク（W. Heisenberg）により行列力学としても定式化され，まもなく両者が等価であることがシュレーディンガーにより示された．

参　考

ここでは，ド・ブロイの関係式 (1.11)，または (2.3) をもとにシュレーディンガー方程式 (2.11) を得たが，これはあくまで推測であり導出したというわけではない．むしろ，シュレーディンガー方程式 (2.11) を出発点として様々な状況で物理量を計算すると，実験や観測の結果と一致することをもって，シュレーディンガー方程式が正しいといえる．古典力学でのニュートンの運動方程式もそうだが，法則や原理は何かから導出できるものではなく，むしろ理論の出発点となるものである．一方，法則や原理を探求し理論を構築するときは，推測を用いて仮説をたて検証するという作業を繰り返すのである．

2.1.1　量子化の手続き

古典論から量子論を得る手順をまとめておこう．(2.7) を用いて (2.10) から (2.11) に移行したことを，(2.10) で

$$x \to x \tag{2.12}$$

$$p \to -i\hbar\frac{\partial}{\partial x} \tag{2.13}$$

$$E \to i\hbar\frac{\partial}{\partial t} \tag{2.14}$$

という置き換えをして，その各項を左から ψ に作用させたともいえる．記号 $\frac{\partial}{\partial x}$ や $\frac{\partial}{\partial t}$ は，「その右に来る関数を微分せよ」という意味で，このような作用素を**演算子**という．結局，量子化の手続きは，古典論では数で表されている物理量を演算子に置き換えることである．

シュレーディンガー方程式 (2.11) の右辺の

$$\hat{H} = -\frac{\hbar^2}{2m}\frac{\partial^2}{\partial x^2} + V(x) \tag{2.15}$$

は，古典力学でのハミルトニアン（Hamiltonian）を量子化したもので，**ハミルトニアン演算子**と呼ばれる．$\hat{H}$ の上の ^ はそれが演算子であるこを示す記号

で，ハットと呼ばれる．また，電子の波の関数 $\psi(x,t)$ を**波動関数**という．波動関数とハミルトニアン演算子を用いて，シュレーディンガー方程式は一般に

$$i\hbar\frac{\partial}{\partial t}\psi(x,t) = \hat{H}\psi(x,t) \tag{2.16}$$

と書ける．

シュレーディンガー方程式 (2.11) や (2.16) が，ψ に関する**線形方程式**になっていることに注意しよう．よって，ψ_1 と ψ_2 が方程式の解なら，その線形結合 $c_1\psi_1 + c_2\psi_2$ もまた解である．ただし，c_1, c_2 は定数．これは**重ね合わせの原理**が成り立つことを意味する．

参　考

古典力学，とくに正準形式で，エネルギーや運動量はそれぞれ時間方向，空間方向の並進移動を引き起こす**生成子**と理解できる．量子力学での演算子 (2.13), (2.14) も同様の解釈ができ，もっともな形をしている．

2.2 波動関数と確率解釈

波はなんらかの媒質が振動したものだが，電子の波動関数 $\psi(x,t)$ における媒質は何であろうか．波動関数は物理的にどのような意味を持っているのだろうか．当初，電子は雲のように広がり，その密度が $|\psi(x,t)|$ で与えられると考えられていた．しかし，そうだとすると電子雲の破片が観測されてもよいはずだが，実験によれば電子の質量や電荷はいつも決まった値で観測され，半端な値の質量や電荷を持つ電子は検出されない．

そこでボルン（M. Born）は 1926 年に次のような**確率解釈**を与えた．「波動関数 $\psi(x,t)$ で表される状態において，時刻 t に電子の位置の測定を行うとき，x から $x + dx$ の間に電子が見い出される確率は $|\psi(x,t)|^2\, dx$ に比例する．」波動関数を $\psi(x,t) \to c\psi(x,t)$ のように定数倍しても，別の位置の間での相対確率は変わらないので，同じ状態を表すとみなす．波動関数に適当な数をかけて

$$\int |\psi(x,t)|^2\, dx = 1 \tag{2.17}$$

を満たすようにすれば，電子をどこかの位置に見つける全確率が 1 となるので，$|\psi(x,t)|^2\, dx$ が絶対確率を与える．このように波動関数を定数倍する不定性を

固定する操作を**規格化**といい，(2.17) を**規格化条件**という．規格化条件 (2.17) を課しても，波動関数に位相（絶対値 1 の複素数）をかける不定性は残る．

電子は常に粒子として検出される．1 個の電子に関する実験を多数回繰り返したときの各観測値を与える電子の数，すなわち，1 回の実験で各観測値が得られる確率，が波動関数の絶対値の二乗によって与えられるのである．

2.2.1 期 待 値

サイコロを振った際各目の出る確率が $\frac{1}{6}$ のとき，目の期待値は $1 \times \frac{1}{6} + 2 \times \frac{1}{6} + 3 \times \frac{1}{6} + 4 \times \frac{1}{6} + 5 \times \frac{1}{6} + 6 \times \frac{1}{6} = \frac{7}{2}$ となる．同様に，電子の位置を測定した際，各位置に電子を見つける確率が $|\psi(x,t)|^2 \, dx$ だから，位置の**期待値**は

$$\langle x \rangle = \int x |\psi(x,t)|^2 \, dx \tag{2.18}$$

$$= \frac{\int x |\psi(x,t)|^2 \, dx}{\int |\psi(x,t)|^2 \, dx} \tag{2.19}$$

で与えられる．1 行目は波動関数が (2.17) のように規格化されている場合の表式で，2 行目は波動関数が規格化されてなくても一般に成り立つ式である．このように x の期待値を $\langle x \rangle$ と表すのが慣例だが，ここに明記されていないが，$\langle x \rangle$ が波動関数や時間によることに注意されたい．同様に，x^2 や x^3，さらに一般に $f(x)$ の期待値は次で与えられる．

$$\langle f(x) \rangle = \int f(x) |\psi(x,t)|^2 \, dx = \frac{\int f(x) |\psi(x,t)|^2 \, dx}{\int |\psi(x,t)|^2 \, dx} \tag{2.20}$$

運動量の期待値 $\langle p \rangle$ については章末問題 2.4 を参照されたい．さらに，任意の物理量の期待値については (6.25) で説明する．

参考（量子力学の古典的極限）

マクロな系では古典論が成り立つのだから，そのような状況で量子力学は古典論を再現しなければならない．マクロな系という概念は次のように定めることができる．マクロな系での作用は一般に 1 J s 程度の大きさを持つ．一方，量子力学での基本的な物理定数であるプランク定数 (1.3), (2.4) は作用の次元（単位）を持つが，J s で測るととても小さな値を持つ．よって，マクロな系とはその作用の値がプランク定数に比べてとても大きい状況といえる．これは量子力学において $\hbar \to 0$ の極限をとるこ

とに対応する．この極限を**古典的極限**という．

　本書では省略するが，量子力学は古典的極限で古典論を再現することが示せる．さらに，その周りでの $\hbar$ の冪展開の形で量子的補正を評価する手法も確立しており，**半古典近似**と呼ばれている．

2.3　不確定性関係

　任意の関数形の波動関数 $\psi(x)$ は，様々な波数 k の正弦波 e^{ikx} の重ね合わせ

$$\psi(x) = \frac{1}{\sqrt{2\pi}} \int \tilde{\psi}(k)\, e^{ikx}\, dk \tag{2.21}$$

で書ける．ここで，時刻 t は固定している．数学的には $\psi(x)$ は $\tilde{\psi}(k)$ のフーリエ変換であり，逆変換は

$$\tilde{\psi}(k) = \frac{1}{\sqrt{2\pi}} \int \psi(x)\, e^{-ikx}\, dx \tag{2.22}$$

と表される．例として，

$$\psi(x) = \frac{1}{\pi^{\frac{1}{4}} a^{\frac{1}{2}}} \exp\left(-\frac{x^2}{2a^2}\right) \tag{2.23}$$

を考える．図 2.1 に示すように，$-a \lesssim x \lesssim a$ の範囲で $|\psi(x)|^2$ が非零の値を持つ．$|\psi(x)|^2$ は存在確率を与えるのだから，電子はその辺りで観測される．つま

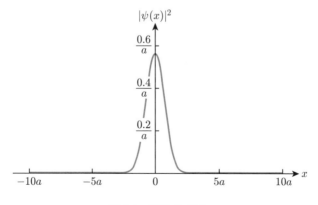

図 2.1　関数 (2.23).

り，この状態で位置 x を観測したとき決まった値をとるわけではなく，$\Delta x \sim a$ 程度の不定性がある．Δx を $|\psi(x)|^2$ で与えられる分布の標準偏差で定義すると（つまり $(\Delta x)^2 = \langle x^2 \rangle - \langle x \rangle^2$），

$$\Delta x = \frac{a}{\sqrt{2}} \tag{2.24}$$

となる．

関数 (2.23) を (2.22) でフーリエ変換し

$$\tilde{\psi}(k) = \frac{a^{\frac{1}{2}}}{\pi^{\frac{1}{4}}} \exp\left(-\frac{a^2 k^2}{2}\right) \tag{2.25}$$

を得る．$|\tilde{\psi}(k)|^2$ は $-\frac{1}{a} \lesssim k \lesssim \frac{1}{a}$ の範囲で非零の値を持つ．これは波数 k を測定した際，$\Delta k \sim \frac{1}{a}$ 程度の不定性があることを意味する．Δk を分布 $|\tilde{\psi}(k)|^2$ の標準偏差で定義すると，

$$\Delta k = \frac{1}{\sqrt{2}\,a} \tag{2.26}$$

となる．(2.24) と (2.26) より $\Delta x \cdot \Delta k = \frac{1}{2}$ が得られる．

実は，関数 (2.23) に限らず任意の関数 $\psi(x)$ について

$$\Delta x \cdot \Delta k \geq \frac{1}{2} \tag{2.27}$$

が成り立つことが示せる．関数 (2.23) の場合は，この不等式の下限を与える．よって，ド・ブロイの関係式 (2.3) より，任意の波動関数 $\psi(x)$ について，

$$\Delta x \cdot \Delta p \geq \frac{\hbar}{2} \tag{2.28}$$

が成り立つ．不等式 (2.28) の完全な証明は 7.3.1 項で示す．Δx と Δp の積に下限があるということは，$\Delta x \to 0$ で $\Delta p \to \infty$ に，逆に $\Delta p \to 0$ で $\Delta x \to \infty$ になることを意味する．つまり，x と p を同時に不定性なく指定することはできない．この関係式は**不確定性関係**，または**不確定性原理**と呼ばれている．

例題 2.1 （マクロな物体での不確定性関係）

　質量 1.0 g の物体について (2.28) を用いて以下の問に答えよ.

(1) 速さの不確定性が 1.0 mm/s のとき，位置の不確定性を求めよ.

(2) 位置の不確定性が 1.0 mm のとき，速さの不確定性を求めよ.

【解答】　(1)　運動量の不確定性は

$$\Delta p = m\Delta v = 1.0\,\text{g} \times 1.0\,\text{mm/s} = 1.0 \times 10^{-6}\,\text{kg m/s}$$

となる. よって，(2.28) より位置の不確定性は

$$\Delta x \geq \frac{\hbar}{2\Delta p} = \frac{1.05 \times 10^{-34}\,\text{J s}}{2 \times 1.0 \times 10^{-6}\,\text{kg m/s}} = 5.3 \times 10^{-29}\,\text{m}$$

となる. ここで，(2.4) を用いた.

(2)　$\Delta x = 1.0\,\text{mm}$ なので，(2.28) より速さの不確定性は

$$\Delta v = \frac{\Delta p}{m} \geq \frac{\hbar}{m\Delta x} = \frac{1.05 \times 10^{-34}\,\text{J s}}{1.0\,\text{g} \times 1.0\,\text{mm}} = 1.1 \times 10^{-28}\,\text{m/s}$$

となる. このようにマクロな物体では，量子的な不確定性はとても小さく，観測されない. □

例題 2.2

　光速 c，換算プランク定数 $\hbar$，電子の質量 m，電気素量 e より，$c\hbar$, mc^2, $\left(\frac{e^2}{4\pi\varepsilon_0 c\hbar}\right)^{-1}$ の値を求めよ. これらはミクロな量を計算する際便利な数値である.

【解答】　高精度に求めておくが，実際使用するのはせいぜい 3 桁ほどである.

$$c\hbar = \frac{2.99792458 \times 10^8\,\text{m/s} \times 6.62607015 \times 10^{-34}\,\text{J s}}{2\pi \times 1.602176634 \times 10^{-19}\,\text{J/eV}}$$

$$= 1.9732698045930246 \times 10^{-7}\,\text{eV m}$$

$$\simeq 197\,\text{MeV fm} = 197\,\text{eV nm} \tag{2.29}$$

$$mc^2 = \frac{9.1093837015 \times 10^{-31}\,\text{kg} \times (2.99792458 \times 10^8\,\text{m/s})^2}{1.602176634 \times 10^{-19}\,\text{J/eV}}$$

$$= 5.10998949996 \times 10^5\,\text{eV}$$

$$\simeq 0.511\,\text{MeV} \tag{2.30}$$

$$\left(\frac{e^2}{4\pi\varepsilon_0 c\hbar}\right)^{-1} = \frac{2 \times 8.8541878128 \times 10^{-12}\ \text{C}^2\ \text{J}^{-1}\ \text{m}^{-1}}{(1.602176634 \times 10^{-19}\ \text{C})^2}$$
$$\times\ 2.99792458 \times 10^8\ \text{m/s} \times 6.62607015 \times 10^{-34}\ \text{J s}$$
$$= 1.37035999084 \times 10^2$$
$$\simeq 137 \tag{2.31}$$

mc^2 を電子の**静止エネルギー**という. $\frac{e^2}{4\pi\varepsilon_0 c\hbar}$ は電磁相互作用の強さを表す無次元量（単位のない量，つまり数）で**微細構造定数**という（名前の理由は 9.5 節の (9.36) で述べる）.　　　□

例題 2.3

　電子が領域 $-a \le x \le a$ 内を自由に運動している.

(1)　(2.28) を用いて，電子のエネルギーの期待値に制限を与えよ.

(2)　$a = 1.0\ \text{Å}$ のとき，問 (1) で得た制限値を求めよ.

【解答】　(1)　電子は自由に運動しているので，エネルギーは $H = \frac{p^2}{2m}$ と書け，

$$\langle H \rangle = \frac{\langle p^2 \rangle}{2m} = \frac{(\Delta p)^2}{2m}$$

が得られる．2 番目の等号では，運動の等方性より $\langle p \rangle = 0$ なので，

$$(\Delta p)^2 = \langle p^2 \rangle - \langle p \rangle^2 = \langle p^2 \rangle$$

となることを用いた．また，電子は領域 $-a \le x \le a$ 内にいるので，$\Delta x \le a$ である．よって，(2.28) より

$$\langle H \rangle \ge \frac{\hbar^2}{8m(\Delta x)^2} \ge \frac{\hbar^2}{8ma^2} \tag{2.32}$$

が得られる.

(2)　不等式 (2.32) の右辺は

$$\frac{(c\hbar)^2}{8mc^2a^2} = \frac{(197\ \text{MeV fm})^2}{8 \times 0.511\ \text{MeV} \times (1.0 \times 10^5\ \text{fm})^2}$$
$$= 9.5 \times 10^{-7}\ \text{MeV}$$
$$= 0.95\ \text{eV}$$

となる．ここで，(2.29) と (2.30) を用いた.　　　□

不確定性関係は，電子が波動性を持つことの不可避的な帰結である．または，**物質が量子揺らぎを持っている**ことを表している．物質を構成する原子，分子や電子は有限温度で熱による揺らぎを持つが，それとは別に量子的な揺らぎを持っている．量子揺らぎは絶対零度でも存在し，ミクロな現象で顕著に現れる．量子揺らぎの存在は，量子的な世界が古典的な世界と本質的に異なる点である．

参考（量子揺らぎ）

量子揺らぎが顕著に現れる現象を3つ紹介しよう．

1つ目の話は液体ヘリウムについてである．一般に物質を低温にすると固体になるが，ヘリウムを1気圧程度の圧力のもとで絶対零度に近づけても液体のままである．量子揺らぎによる運動エネルギーは

$$\frac{(\Delta p)^2}{2m} \propto \frac{1}{m}$$

であり，ヘリウムのような軽い原子では大きい．一方，ヘリウム原子間の相互作用は小さいので，量子揺らぎによる運動エネルギーの効果が勝り，低温でも液体であり続けるのである．

2つ目の話は原子の安定性についてである．古典的な原子模型は，電子が原子核の周りを回転しその遠心力がクーロン力と釣り合うというものだが，これでは電子が加速度運動するため電磁波を放出しエネルギーを失い，電子は原子核に落ち込み原子はつぶれてしまう．1.4節で見たように，量子論では定常状態という安定な状態が存在するが，これらもやがて光子を放出してより低いエネルギーの定常状態に遷移する．5章で見るように，最もエネルギーの低い基底状態は一般に零の角運動量を持つ（水素原子では (1.22) の $n = 1$ が基底状態に対応するが，この状態の角運動量は実は零である）．回転による遠心力がないので，電子は原子核にクーロン引力で引き寄せられるが，量子論では狭い領域に閉じ込められた電子は不確定性関係 (2.28) より運動量の揺らぎを持ち，その運動エネルギーがクーロンポテンシャルと釣り合って，安定した原子の状態が得られるのである．

最後の3つ目は**宇宙大規模構造**についてである．宇宙空間は長距離のスケールで見るとほぼ一様だが，銀河，銀河団など物質の分布に濃淡があり宇宙大規模構造と呼ばれている．また，宇宙全体にほぼ一様な放射が存在しており**宇宙背景放射**と呼ばれているが，それにも若干の濃淡がある．これらの濃淡の起源は何だろうか．現代の宇宙論では，宇宙初期にインフレーションと呼ばれる，空間が急速に膨張した時期があったと広く信じられている．これにより一様で平坦な空間が実現されるとともに，イン

フレーション期に生じた量子的な揺らぎが今日観測される分布の濃淡の種を与えたと考えられている.

　このように量子揺らぎは身のまわりの現象や，物質や宇宙の構造などの理解に不可欠なものである.

参考（位相速度と群速度）

　波動関数 (2.1) が表す波の位相が一定という条件から，この波形は速さ

$$v_{\mathrm{p}} = \frac{\omega}{k} = \frac{E}{p} \tag{2.33}$$

で $+x$ 方向に進むことがわかる. 2 番目の等号で，ド・ブロイの関係式 (2.3) を用いた. この v_{p} を**位相速度**という. しかし，自由粒子の場合ですら，(2.33) に

$$E = \frac{p^2}{2m}$$

を代入すると

$$v_{\mathrm{p}} = \frac{1}{2}\frac{p}{m} \neq \frac{p}{m}$$

となり，古典力学での粒子の速さに一致しない.

　実は，波形 (2.1) は空間の無限遠方まで広がっているので，空間に局在した粒子の運動を記述するには，むしろ波束 (2.21) を用いるべきなのである. そこで，(2.21) の $\tilde{\psi}(k)$ が $k = k_0$ にピークを持つ場合を考え，その波束の時間発展を調べよう. 例として，(2.25) を k 空間で k_0 だけ平行移動した

$$\tilde{\psi}(k) = \frac{a^{\frac{1}{2}}}{\pi^{\frac{1}{4}}} \exp\left(-\frac{a^2}{2}(k - k_0)^2\right) \tag{2.34}$$

についての詳しい計算を章末問題 2.6 に載せたので参照されたい.

　エネルギーと運動量の関係が $E = \frac{p^2}{2m}$ の場合は，ド・ブロイの関係式 (2.3) より $\omega = \frac{\hbar k^2}{2m}$ が得られるが，より一般に角振動数と波数の関係が関数 $\omega(k)$ で与えられているとしよう. $\tilde{\psi}(k)$ が $k = k_0$ でピークを持つので，$\omega(k)$ の $k = k_0$ 近傍の展開式

$$\omega(k) \simeq \omega_0 + v_{\mathrm{g}}(k - k_0) \tag{2.35}$$

を用いることができる. ここで，

$$\omega_0 = \omega(k_0), \quad v_{\mathrm{g}} = \frac{d\omega}{dk}(k_0) \tag{2.36}$$

である．時刻 $t = 0$ での波束が $\tilde{\psi}(k)$ のとき，時刻 t では

$$\tilde{\psi}(k,t) = \tilde{\psi}(k)e^{-i\omega(k)t}$$

となり，これをフーリエ変換すれば，

$$\begin{aligned}
\psi(x,t) &= \frac{1}{\sqrt{2\pi}} \int \tilde{\psi}(k)\, e^{-i\omega(k)t+ikx}\, dk \\
&\simeq \frac{1}{\sqrt{2\pi}} \int \tilde{\psi}(k)\, e^{-i\left(\omega_0+v_{\mathrm{g}}(k-k_0)\right)t+i\left(k_0+(k-k_0)\right)x}\, dk \\
&= e^{-i\omega_0 t+ik_0 x}\phi(x - v_{\mathrm{g}}t)
\end{aligned} \tag{2.37}$$

が得られ，波束 $|\psi(x,t)|^2$ は速さ v_{g} で $+x$ 方向に進むことがわかる．

　この速度

$$v_{\mathrm{g}} = \frac{d\omega}{dk} = \frac{dE}{dp} \tag{2.38}$$

を**群速度**という．2 番目の等号でド・ブロイの関係式 (2.3) を用いた．これに $E = \frac{p^2}{2m}$ を代入すると

$$v_{\mathrm{g}} = \frac{p}{m}$$

となり，古典力学での粒子の速さに一致する．

演 習 問 題

演習 2.1　(2.1) や (2.5) で複素数値関数を考えたが, 実数値関数

$$\psi(x,t) = \sin\left(\frac{px - Et}{\hbar}\right)$$

の場合どうなるだろうか.

(1)　この $\psi(x,t)$ は自由粒子のシュレーディンガー方程式 (2.9) を満たさないことを示せ.

(2)　この $\psi(x,t)$ は (2.7) を満たさないことを示せ.

このように実数値関数の範囲内では, 波動関数の満たすべき波動方程式を作れない.

演習 2.2　不確定性関係 (2.28) を用いて, 1 次元調和振動子のハミルトニアン

$$H = \frac{p^2}{2m} + \frac{m\omega^2 x^2}{2}$$

の期待値の下限を求めよ.

演習 2.3　水素原子のハミルトニアンは

$$H = \frac{p^2}{2m} - \frac{e^2}{4\pi\varepsilon_0 r}$$

と表される. ただし, $r^2 = \boldsymbol{r}^2, p^2 = \boldsymbol{p}^2$ で, $\boldsymbol{r}, \boldsymbol{p}$ は電子の 3 次元空間での位置と運動量である. r と p の不確定性関係として, $\left\langle \frac{1}{r} \right\rangle = \frac{1}{a}$ のとき,

$$\langle p^2 \rangle a^2 \gtrsim \hbar^2$$

が成り立つと仮定して, 以下の問に答えよ.

(1)　$\langle H \rangle$ の下限を与える a を求めよ.

(2)　そのときの $\langle H \rangle$ の値を求めよ.

演習 2.4　運動量の期待値を, (2.13) を参照し, (2.18) を拡張し,

$$\langle p \rangle = \int \psi(x)^* \left(-i\hbar \frac{\partial}{\partial x} \psi(x) \right) dx$$

と表そう. これがフーリエ変換で得られた $\tilde{\psi}(k)$ で表した期待値

$$\langle p \rangle = \hbar\langle k \rangle = \hbar \int k |\tilde{\psi}(k)|^2 \, dk$$

に等しいことを示せ.

演習 2.5　1 次元の自由粒子での波動関数の時間変化（波束の拡散）を考える.

(1)　フーリエ変換の式 (2.21) に時間依存性を

$$\psi(x,t) = \frac{1}{\sqrt{2\pi}} \int \tilde{\psi}(k,t) \, e^{ikx} \, dk \tag{2.39}$$

のように入れる．これを自由粒子のシュレーディンガー方程式 (2.9) に代入し，$\tilde{\psi}(k,t)$ の満たす方程式を求めよ．

(2)　$t = 0$ で (2.25) のとき，任意の時刻での $\tilde{\psi}(k,t)$ を求めよ．また，任意の時刻での Δk を求めよ．

(3)　任意の時刻での $\psi(x,t)$ を求め，Δx を求めよ．

(4)　任意の時刻での $\Delta x \cdot \Delta k$ を求めよ．

演習 2.6　時刻 $t = 0$ での波束が (2.34) であるとする．時刻 t での波束は

$$\tilde{\psi}(k,t) = \tilde{\psi}(k)e^{-i\omega(k)t}$$

となる．$\omega(k)$ を，(2.35) を拡張した

$$\omega(k) \simeq \omega_0 + v_{\mathrm{g}}(k - k_0) + \frac{1}{2}\xi(k - k_0)^2, \quad \text{ただし } \xi = \frac{d^2\omega}{dk^2}(k_0)$$

で近似し，フーリエ変換 (2.39) を行い，$\psi(x,t)$ を求めよ．

第 3 章

1 次元の問題—束縛状態

　この章と次の章では，空間が 1 次元の系を考える．我々は 3 次元空間に住んでいるのだが，簡単な 1 次元の問題を解くことで量子力学的な効果が本質的に効いてくる現象を見ることができる．例えば，粒子が（別の粒子で作られる）ポテンシャル $V(x)$ によって束縛されている状況では，離散的なエネルギーしか許されないことを見る．また，近年では実際に 1 次元的な物質を作ることもでき，直接実験と比較することもできる．

3.1 時間に依存しないシュレーディンガー方程式

　波動関数として，

$$\psi(x,t) = \phi(x)T(t) \tag{3.1}$$

のように，x のみに依存した関数 $\phi(x)$ と t のみに依存した関数 $T(t)$ の積の形になっているものを考える．これを (2.11) に代入し，

$$i\hbar\phi(x)\frac{d}{dt}T(t) = \left\{\left(-\frac{\hbar^2}{2m}\frac{d^2}{dx^2} + V(x)\right)\phi(x)\right\} \cdot T(t) \tag{3.2}$$

を得る．ここで，$\frac{d}{dt}$ は $T(t)$ にのみ，$\frac{d}{dx}$ は $\phi(x)$ にのみ作用することに注意せよ．この両辺を $\phi(x)T(t)$ で割って，

$$i\hbar\frac{1}{T(t)}\frac{d}{dt}T(t) = \frac{1}{\phi(x)}\left(-\frac{\hbar^2}{2m}\frac{d^2}{dx^2} + V(x)\right)\phi(x) \tag{3.3}$$

を得る．この式の左辺は t のみの関数，右辺は x のみの関数である．よって，この等式が任意の t と x について成り立つためには，この両辺が定数でなければならない．この定数を E とおく．(3.3) の左辺 $= E$ を解くと，定数倍の不定性を除き，

$$T(t) = \exp\left(-i\frac{E}{\hbar}t\right) \tag{3.4}$$

が得られる. $\phi(x)$ は (3.3) の右辺 $= E$, すなわち

$$\left(-\frac{\hbar^2}{2m}\frac{d^2}{dx^2} + V(x)\right)\phi(x) = E\phi(x) \tag{3.5}$$

を解くことによって得られる. (3.5) を時間に**依存しないシュレーディンガー方程式**, または下に述べる理由から**定常状態のシュレーディンガー方程式**という. これと区別するため, (2.11) を時間に**依存するシュレーディンガー方程式**ともいう.

方程式 (3.5) は, ハミルトニアン演算子 (2.15) を用いて

$$\hat{H}\phi(x) = E\phi(x) \tag{3.6}$$

と書ける. これは演算子 $\hat{H}$ を関数 $\phi(x)$ に作用させると, $\phi(x)$ 自身に比例しその比例係数が E であることを意味する. このような方程式を数学では**固有方程式**といい, これを満たす関数 $\phi(x)$ を演算子 $\hat{H}$ の**固有関数**, E を**固有値**と呼ぶ. 7.1 節で見るように, ハミルトニアン演算子 $\hat{H}$ はエルミートなので, その固有値 E は実数値をとる.

(3.4) を (3.1) に代入して

$$\psi(x,t) = \phi(x)e^{-i\frac{Et}{\hbar}} \tag{3.7}$$

を得る. よって, $|\psi(x,t)|^2 = |\phi(x)|^2$ となり, これが時間によらないので, このような状態を**定常状態**と呼ぶ. また, エネルギー固有値が最小の定常状態を**基底状態**, それ以外の定常状態を**励起状態**という. 規格化条件 (2.17) は

$$\int |\phi(x)|^2 \, dx = 1 \tag{3.8}$$

となる.

3.2 無限の深さの井戸型ポテンシャル

図 3.1 に示す無限に深い井戸型ポテンシャル

$$V(x) = \begin{cases} \infty & (x < 0) \\ 0 & (0 \leq x \leq L) \\ \infty & (L < x) \end{cases} \tag{3.9}$$

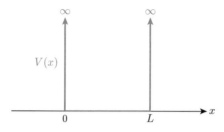

図 3.1　無限に深い井戸型ポテンシャル

を考える．具体的な例として，導体の薄膜が絶縁体に挟まれている場合に，膜に直交する方向を x 軸にとり，その方向の電子の運動を考えることなどが挙げられる．また，井戸型ポテンシャルは，窪んだポテンシャル（別の粒子による引力ポテンシャル）に束縛された粒子の量子的な振る舞いを学ぶのに適した簡単な模型である．

時間に依存しないシュレーディンガー方程式 (3.5) は

$$-\frac{\hbar^2}{2m}\frac{d^2\phi(x)}{dx^2} = E\phi(x) \quad (0 \leq x \leq L) \tag{3.10}$$

となり，これを

$$\frac{d^2\phi(x)}{dx^2} = -k^2\phi(x) \tag{3.11}$$

と書く．ここで，k を

$$E = \frac{\hbar^2 k^2}{2m} \tag{3.12}$$

とおいた．方程式 (3.11) の一般解は，

$$\phi(x) = A\sin kx + B\cos kx \tag{3.13}$$

で与えられる．ここで，A, B は任意の定数である．

$x < 0, L < x$ ではポテンシャルが無限大なので，波動関数 $\phi(x)$ は零となり，解 (3.13) に対し境界条件

$$\phi(0) = \phi(L) = 0 \tag{3.14}$$

を与える．条件 $\phi(0) = 0$ より $B = 0$ を得る．さらに，条件 $\phi(L) = 0$ より，

$$A\sin kL = 0 \tag{3.15}$$

を得る. $A = 0$ は, 任意の x で $\phi(x) = 0$ という自明な解を与えるが, これは電子の存在確率がいたるところで零であることを意味し, 欲しい解ではない. $A \neq 0$ では, 上の条件より,

$$k = \frac{n\pi}{L} \quad (n = 1, 2, \ldots) \tag{3.16}$$

が得られる. ここで, $n = 0$ は自明な解に対応するので除いた. また, n が負の整数の解は, 正の整数の解の定数倍 $(-1$ 倍$)$ であり, 物理的に同じ状態を表すので除いた.

規格化条件 (3.8) より $\frac{|A|^2 L}{2} = 1$ が得られる. $A = \sqrt{\frac{2}{L}}$ として, 固有関数

$$\phi_n(x) = \sqrt{\frac{2}{L}} \sin \frac{n\pi x}{L} \quad (n = 1, 2, \ldots) \tag{3.17}$$

が得られる. ここで, A に位相 (絶対値 1 の複素数) をかける不定性が残るが, (2.17) の下で述べたように, 波動関数に位相をかける不定性は常に存在する. エネルギー固有値は, (3.16) の k を (3.12) に代入し,

$$E_n = \frac{\pi^2 \hbar^2}{2mL^2} n^2 \quad (n = 1, 2, \ldots) \tag{3.18}$$

となる. 図 3.2 に無限に深い井戸型ポテンシャル (3.9) と $n = 1, 2, 3, 4$ のエネルギー固有値 (3.18) を, 図 3.3 にその固有関数 (3.17) を示す.

古典論でポテンシャル (3.9) の中での電子の運動を考えると, 電子は一定の速さで進み壁に反射され, 井戸の中を往復する. そのエネルギーは零以上の任意の実数値 (連続的な値) をとることができる. しかし, 量子論では次のようになる.

(1) エネルギー固有値は特定の離散的な値しかとらない. 固有状態をラベルする数 n を**量子数**と呼ぶ.

(2) 基底状態のエネルギー固有値 $\left(E_1 = \frac{\pi^2 \hbar^2}{2mL^2} \right)$ は, 古典論でのエネルギーの最小値 (0) より大きな値をとる.

(3) 固有関数の節や腹の数は, エネルギー固有値が大きくなるにつれて増える.

波動関数 (3.17) は有限の領域 $0 \leq x \leq L$ でのみ非零の値を持つ. これは電子がポテンシャル (3.9) によりこの領域に閉じ込められていることを意味する.

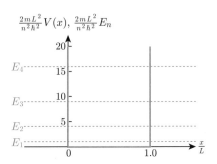

図 3.2 無限に深い井戸型ポテンシャル $V(x)$（実線）とエネルギー固有値 E_n（破線）．破線の下から順に $n=1$ から $n=4$ の固有値 E_n を表す．

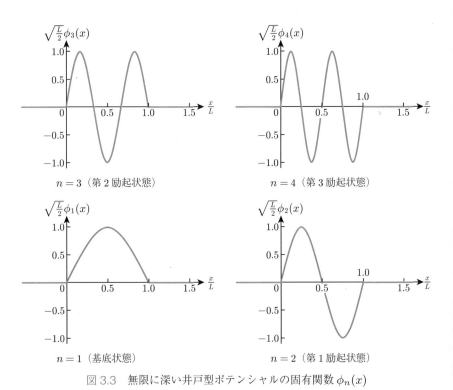

図 3.3 無限に深い井戸型ポテンシャルの固有関数 $\phi_n(x)$

このような状態を**束縛状態**という. 上記の (1)–(3) の結果は, 量子論での束縛状態で一般に現れる特徴である. 特徴 (1) は, 2 階の微分方程式 (3.5) の, 境界条件 (今の場合 (3.14)) を満たす非自明な解が, 特定の E の場合しか存在しないためである. 特徴 (2) は, E をポテンシャルの最小値にすると, そのような解が存在しないためである. 特徴 (3) は, E が大きくなると $E - V(x)$ が大きくなり, 方程式 (3.5) より波動関数の曲率 $-\frac{1}{\phi}\frac{d^2\phi}{dx^2}$ が大きくなり, 関数の腹や節が増えるからである. 特徴 (2) は, 物理的には量子揺らぎのため生じると解釈できる. 例題 2.3 で見たように, $\Delta x \sim L$ の領域に束縛されると, 不確定性関係 (2.28) より $\Delta p \sim \frac{\hbar}{L}$ 程度の運動量の揺らぎを持ち, $E = \frac{p^2}{2m} \sim \frac{\hbar^2}{2mL^2}$ 程度のエネルギーを持つのである.

また, 次節の定理 3.2 および定理 3.1 で詳しく見るが, 次のことがわかる.

> (4) 各固有値に対し固有関数は, 定数倍を除き 1 つのみ存在する.
>
> (5) n が奇数 (偶数) の固有関数は, $x = \frac{L}{2}$ に関して対称 (反対称) である.

特徴 (4) は, 1 次元の束縛状態では常に成り立つ. これは境界条件を満たす方程式 (3.5) の非自明な解が, 定数倍を除き唯一に決まるためである. 波動関数を定数倍しても相対確率は変わらないので, 定数倍した波動関数は同じ状態を表すとみなしてよい. このように 1 つの固有値に対し (定数倍を除き) 1 つの固有関数だけが存在することを, **縮退**していないという. 逆に, 1 つの固有値に対し複数の独立な固有関数が存在するとき, 縮退しているという. 特徴 (5) は, ポテンシャルが $x = \frac{L}{2}$ に関して対称な形をしていること ($V\left(x - \frac{L}{2}\right) = V\left(-x - \frac{L}{2}\right)$) の帰結である.

3.3 有限の深さの井戸型ポテンシャル

深さ有限の井戸型ポテンシャル (図 3.4 参照)

$$V(x) = \begin{cases} V_0 & (x < -a) \\ 0 & (-a \leq x \leq a) \\ V_0 & (a < x) \end{cases} \tag{3.19}$$

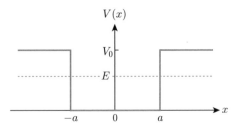

図 3.4　井戸型ポテンシャル

を考える. ここで, V_0 は正の定数である. $V_0 \to \infty$ の極限をとったものが, 前節の無限に深いポテンシャルの場合に対応する.

時間に依存しないシュレーディンガー方程式 (3.5) は

$$-\frac{\hbar^2}{2m}\frac{d^2\phi(x)}{dx^2} = E\phi(x) \qquad (-a \leq x \leq a) \tag{3.20}$$

$$-\frac{\hbar^2}{2m}\frac{d^2\phi(x)}{dx^2} + V_0\phi(x) = E\phi(x) \qquad (x < -a,\, a < x) \tag{3.21}$$

となる. ここでは, $0 \leq E < V_0$ の場合を考える. (3.20), (3.21) を

$$\frac{d^2\phi(x)}{dx^2} = -k^2\phi(x) \qquad (-a \leq x \leq a) \tag{3.22}$$

$$\frac{d^2\phi(x)}{dx^2} = \kappa^2\phi(x) \qquad (x < -a,\, a < x) \tag{3.23}$$

と書く. ここで, k と κ を

$$E = \frac{\hbar^2 k^2}{2m} \ , \quad V_0 - E = \frac{\hbar^2 \kappa^2}{2m} \tag{3.24}$$

とおいた. (3.22) の一般解は (3.13) で, (3.23) の一般解は

$$\phi(x) = Ce^{-\kappa x} + De^{\kappa x} \tag{3.25}$$

で与えられる. ただし, C, D は任意定数.

ここで, 解析を簡単にするため, 次の定理を用いる.

定理 3.1　偶関数のポテンシャル $(V(x) = V(-x))$ では, 束縛状態のエネルギー固有関数は偶関数か奇関数のいずれかである.

【証明】　波動関数 $\phi(x)$ がシュレーディンガー方程式 (3.5) の解であるとする.
(3.5) で $x \to -x$ と置き換え, $V(x) = V(-x)$ を用いると,

$$\left(-\frac{\hbar^2}{2m}\frac{d^2}{dx^2} + V(x)\right)\phi(-x) = E\phi(-x) \tag{3.26}$$

が得られる. これは $\phi(-x)$ もシュレーディンガー方程式 (3.5) の解であること
を意味する. すぐ後で紹介する定理 3.2 より, 各エネルギー固有値 E に対する
束縛状態は 1 つしか存在しないので, $\phi(-x)$ は $\phi(x)$ の定数倍でなければなら
ない.

$$\phi(-x) = c\,\phi(x) \tag{3.27}$$

この関係式を 2 度用いると $c^2 = 1$, したがって $c = \pm 1$ でなければならないこ
とがわかる. $c = 1$ の場合が偶関数, $c = -1$ の場合が奇関数である.　　　□

定理 3.2　　1 次元の束縛状態では, 各エネルギー固有値に対する固有関数
は（定数倍を除き）1 つしか存在しない, つまり, 各固有値は縮退してい
ない.

【証明】　シュレーディンガー方程式 (3.5) に 2 つの解 $\phi_1(x), \phi_2(x)$ が存在す
るとする.

$$\left(-\frac{\hbar^2}{2m}\frac{d^2}{dx^2} + V(x)\right)\phi_1(x) = E\phi_1(x) \tag{3.28}$$

$$\left(-\frac{\hbar^2}{2m}\frac{d^2}{dx^2} + V(x)\right)\phi_2(x) = E\phi_2(x) \tag{3.29}$$

(3.28) の両辺に ϕ_2 をかけたものから, (3.29) の両辺に ϕ_1 をかけたものを引き,

$$\phi_2\frac{d^2}{dx^2}\phi_1 - \phi_1\frac{d^2}{dx^2}\phi_2 = \frac{d}{dx}\left(\phi_2\frac{d}{dx}\phi_1 - \phi_1\frac{d}{dx}\phi_2\right) = 0 \tag{3.30}$$

を得る. 両辺を積分して

$$\phi_2\frac{d}{dx}\phi_1 - \phi_1\frac{d}{dx}\phi_2 = 定数 \tag{3.31}$$

が得られる. 束縛状態では, 遠方で $\phi_1 = \phi_2 = 0$ となるので, この定数は零で
ある. したがって

$$\frac{1}{\phi_1}\frac{d}{dx}\phi_1 - \frac{1}{\phi_1}\frac{d}{dx}\phi_2 = 0 \tag{3.32}$$

となる．この両辺を積分して，$\ln\phi_1 = \ln\phi_2 + c$ を得る．ただし，c は定数．よって，$\phi_1 = e^c\phi_2$ となり，ϕ_1 は ϕ_2 の定数倍である．　　　　□

定理 3.1 より，$x \geq 0$ での波動関数が求まれば，$x < 0$ での波動関数は関数の偶奇性より求まるので，以下では $x \geq 0$ の解析を行う．まず，$x > a$ の領域を考え，解 (3.25) に $x \to \infty$ での境界条件を課す．$x \to \infty$ で，(3.25) の 2 項のうち $e^{\kappa x}$ は大きくなり，規格化条件 (3.8) の積分が発散する．したがって，規格化可能であるためには $D = 0$ でなければならない．よって，偶関数，奇関数それぞれの場合について，波動関数は

偶関数の場合：

$$\phi(x) = \begin{cases} A\cos kx & (0 \leq x \leq a) \\ Ce^{-\kappa x} & (a \leq x) \end{cases} \tag{3.33}$$

奇関数の場合：

$$\phi(x) = \begin{cases} A\sin kx & (0 \leq x \leq a) \\ Ce^{-\kappa x} & (a \leq x) \end{cases} \tag{3.34}$$

となる．ここで，(3.13) から偶関数，奇関数部分を取り出し，$\cos kx$ の係数も A と書いた．あとは，係数 A, C をそれぞれの場合に決めればよい．そのために次の定理を用いる．

定理 3.3　ポテンシャル $V(x)$ が $x = a$ で不連続性を持っていても，そのとびが有限ならば，波動関数 $\phi(x)$ とその 1 階微分 $\frac{d\phi(x)}{dx}$ は $x = a$ で連続である．

【証明】　シュレーディンガー方程式 (3.5) の両辺を，$x = a$ の近傍 $a - \varepsilon \leq x \leq a + \varepsilon$ で積分する．

$$\int_{a-\varepsilon}^{a+\varepsilon}\frac{d^2\phi(x)}{dx^2}\,dx = \frac{2m}{\hbar^2}\int_{a-\varepsilon}^{a+\varepsilon}(V(x) - E)\phi(x)\,dx \tag{3.35}$$

右辺は，被積分関数が有限の値なので，$\varepsilon \to 0$ で零となる．したがって，左辺も

$$\frac{d\phi}{dx}(a+\varepsilon) - \frac{d\phi}{dx}(a-\varepsilon) \to 0 \qquad (\varepsilon \to 0) \tag{3.36}$$

となり，1階微分 $\frac{d\phi}{dx}(x)$ は $x=a$ で連続である．これを用いて $\frac{d}{dx}\phi(x)$ を同様に積分することにより，$\phi(x)$ の連続性も示せる． □

(i) 偶関数の場合

波動関数 (3.33) の $x=a$ での連続性より

$$A\cos ka = Ce^{-\kappa a} \tag{3.37}$$

が得られ，1階微分 $\frac{d\phi}{dx}(x)$ の $x=a$ での連続性より

$$Ak\sin ka = C\kappa e^{-\kappa a} \tag{3.38}$$

が得られる．(3.38) の両辺を (3.37) で割って，

$$k\tan ka = \kappa \tag{3.39}$$

を得る．これは，

$$\xi = ka , \quad \eta = \kappa a \tag{3.40}$$

とおくと，

$$\eta = \xi\tan\xi \tag{3.41}$$

となる．一方，(3.24) より，

$$\xi^2 + \eta^2 = (k^2 + \kappa^2)a^2 = \frac{2mV_0a^2}{\hbar^2} \tag{3.42}$$

を得る．(3.41) と (3.42) を連立して解けば ξ と η，すなわち k と κ が求まる．この k や κ の値を (3.24) に代入すればエネルギー固有値 E が得られ，(3.37) に代入すれば A と C の比が求まり，(3.33) より固有関数 $\phi(x)$ が得られる．

図 3.5 に曲線 (3.41) を実線，曲線 (3.42) を破線でプロットした．両曲線の交点が (3.41) と (3.42) の解を与える．円 (3.42) の半径 $\sqrt{\frac{2mV_0a^2}{\hbar^2}}$ として 0.3π，0.8π, 1.3π, 1.8π, 2.3π, 2.8π をとった．V_0a^2 の値が大きくなると，交点の数，すなわち束縛状態の数が増えることがわかる．また，V_0a^2 の値がどんなに小さくても，解が少なくとも 1 つ存在する．

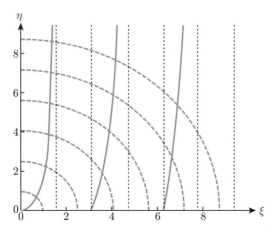

図 3.5　曲線 (3.41)（実線）と曲線 (3.42)（破線）. 円 (3.42) の半径 $\sqrt{\dfrac{2mV_0a^2}{\hbar^2}}$ として 0.3π, 0.8π, 1.3π, 1.8π, 2.3π, 2.8π をとった.

例題 3.1

(1)　偶関数の束縛状態が 1 個のみ存在するための V_0a^2 の範囲を求めよ.

(2)　偶関数の束縛状態が ℓ 個存在するための V_0a^2 の範囲を求めよ.

(3)　$V_0a^2 \to \infty$ での偶関数の束縛状態を調べ, 前節の無限に深いポテンシャルの結果と一致することを確認せよ.

【解答】　(1)　図 3.5 より, 交点が 1 個のみ存在するための条件は次のようになる.

$$\sqrt{\frac{2mV_0a^2}{\hbar^2}} < \pi \tag{3.43}$$

$$\therefore \quad V_0a^2 < \frac{\pi^2\hbar^2}{2m} \tag{3.44}$$

(2)　交点が ℓ 個存在するための条件は次のようになる.

$$(\ell-1)\pi \le \sqrt{\frac{2mV_0a^2}{\hbar^2}} < \ell\pi \tag{3.45}$$

$$\therefore \quad \frac{\pi^2\hbar^2}{2m}(\ell-1)^2 \le V_0a^2 < \frac{\pi^2\hbar^2}{2m}\ell^2 \tag{3.46}$$

(3) $\eta \to \infty$ で曲線 (3.41) は図 3.5 での縦の点線，すなわち

$$\xi = \frac{\pi}{2}n \quad (n = 1, 3, 5, \dots) \tag{3.47}$$

に近づくので，$V_0 a^2 \to \infty$ での円 (3.42) と曲線 (3.41) の交点での ξ の値もこれに近づく．よって，(3.40) より

$$k = \frac{\pi}{2a}n \quad (n = 1, 3, 5, \dots) \tag{3.48}$$

となり，前節の結果 (3.16)–(3.18) のうち，n が奇数のものに対応する（$L = 2a$ に注意せよ）．また，このとき $\phi(a) = A\cos ka \to A\cos\left(\frac{\pi}{2}n\right) = 0$ となり，$x \geq a$ で $\phi(x) = \phi(a)e^{-\kappa(x-a)} \to 0$ となる．よって，$x \geq a$ での固有関数も前節の結果 (3.14) に一致する．　　　　　　　　　　　　　　　□

(ii) 奇関数の場合

波動関数 (3.34) とその 1 階微分の $x = a$ での連続性より

$$A\sin ka = Ce^{-\kappa a} \tag{3.49}$$

$$Ak\cos ka = -C\kappa e^{-\kappa a} \tag{3.50}$$

が得られ，(3.50) の両辺を (3.49) で割って，

$$k\cot ka = -\kappa \tag{3.51}$$

が得られる．これは (3.40) を用いて

$$\eta = -\xi\cot\xi \tag{3.52}$$

となる．(3.42) と (3.52) を連立して解けば ξ と η，つまり k と κ が求まる．この k や κ の値を (3.24) に代入すればエネルギー固有値 E が得られ，(3.49) に代入すれば A と C の比が求まり，(3.34) より固有関数 $\phi(x)$ が得られる．

図 3.6 に曲線 (3.52) を実線，曲線 (3.42) を破線でプロットした．両曲線の交点が (3.52) と (3.42) の解を与える．円 (3.42) の半径 $\sqrt{\frac{2mV_0 a^2}{\hbar^2}}$ として，図 3.5 と同様に，$0.3\pi, 0.8\pi, 1.3\pi, 1.8\pi, 2.3\pi, 2.8\pi$ をとった．$V_0 a^2$ の値が大きくなると，交点の数，すなわち束縛状態の数が増えることがわかる．また，$V_0 a^2$ の値が十分に小さいと，解は存在しない．

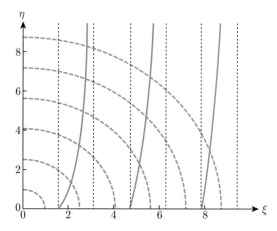

図 3.6　曲線 (3.52)（実線）と曲線 (3.42)（破線）. 円 (3.42) の半径 $\sqrt{\frac{2mV_0a^2}{\hbar^2}}$ として 0.3π, 0.8π, 1.3π, 1.8π, 2.3π, 2.8π をとった.

例題 3.2

(1) 奇関数の束縛状態が 1 つも存在しないための V_0a^2 の範囲を求めよ.

(2) 奇関数の束縛状態が ℓ 個存在するための V_0a^2 の範囲を求めよ.

(3) $V_0a^2 \to \infty$ での奇関数の束縛状態を調べ, 前節の結果と一致することを確認せよ.

【解答】　(1)　図 3.6 より, 交点が 1 つも存在しないための条件は, 次のようになる.

$$\sqrt{\frac{2mV_0a^2}{\hbar^2}} < \frac{\pi}{2} \tag{3.53}$$

$$\therefore \quad V_0a^2 < \frac{\pi^2\hbar^2}{8m} \tag{3.54}$$

(2)　交点が ℓ 個存在するための条件は, 次のようになる.

$$\frac{(2\ell-1)\pi}{2} \leq \sqrt{\frac{2mV_0a^2}{\hbar^2}} < \frac{(2\ell+1)\pi}{2} \tag{3.55}$$

$$\therefore \quad \frac{\pi^2\hbar^2}{8m}(2\ell-1)^2 \leq V_0a^2 < \frac{\pi^2\hbar^2}{8m}(2\ell+1)^2 \tag{3.56}$$

(3) $\eta \to \infty$ で曲線 (3.52) は図 3.6 での縦の点線,すなわち

$$\xi = \frac{\pi}{2}n \quad (n = 2, 4, 6, \ldots) \tag{3.57}$$

に近づくので,$V_0a^2 \to \infty$ での円 (3.42) と曲線 (3.52) の交点での ξ の値もこれに近づく.よって,(3.40) より

$$k = \frac{\pi}{2a}n \quad (n = 2, 4, 6, \ldots) \tag{3.58}$$

となり,前節の結果 (3.16)–(3.18) のうち,n が偶数のものに対応する($L = 2a$ に注意せよ).また,このとき,$\phi(a) = A\sin ka \to A\sin\left(\frac{\pi}{2}n\right) = 0$ となり,$x \geq a$ で $\phi(x) = \phi(a)e^{-\kappa(x-a)} \to 0$ となる.よって,$x \geq a$ での固有関数も前節の結果 (3.14) に一致する. $\qquad\square$

(iii) まとめ

(3.45), (3.55) より,ポテンシャルの窪みの大きさ V_0a^2 が大きくなると,表 3.1 のように束縛状態の数が増える.

図 3.7 に,井戸型ポテンシャル (3.19),および $\sqrt{\frac{2mV_0a^2}{\hbar^2}} = 1.8\pi$ の場合のエネルギー固有値を示す.破線は,下から順に基底状態,第 1,第 2,第 3 励起状態のエネルギー固有値を表す.図 3.8 に,((3.8) で規格化された)固有関数を表示する.左下,右下,左上,右上の順に,基底状態,第 1,第 2,第 3

表 3.1　井戸型ポテンシャルでの固有関数の数

	偶関数の数	奇関数の数
$0 \leq \sqrt{\frac{2mV_0a^2}{\hbar^2}} < \frac{1}{2}\pi$	1	0
$\frac{1}{2}\pi \leq \sqrt{\frac{2mV_0a^2}{\hbar^2}} < \pi$	1	1
$\pi \leq \sqrt{\frac{2mV_0a^2}{\hbar^2}} < \frac{3}{2}\pi$	2	1
$\frac{3}{2}\pi \leq \sqrt{\frac{2mV_0a^2}{\hbar^2}} < 2\pi$	2	2
$2\pi \leq \sqrt{\frac{2mV_0a^2}{\hbar^2}} < \frac{5}{2}\pi$	3	2
$\frac{5}{2}\pi \leq \sqrt{\frac{2mV_0a^2}{\hbar^2}} < 3\pi$	3	3
$\vdots$	$\vdots$	$\vdots$

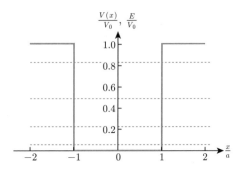

図 3.7　有限の深さの井戸型ポテンシャル $V(x)$（実線）とエネルギー固有値（破線）．$\sqrt{\dfrac{2mV_0a^2}{\hbar^2}} = 1.8\pi$ の場合．

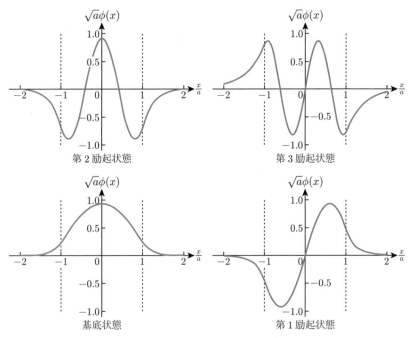

図 3.8　有限の深さの井戸型ポテンシャルの固有関数．縦の破線は $V(x) = E$ となる位置 x を表す．$\sqrt{\dfrac{2mV_0a^2}{\hbar^2}} = 1.8\pi$ の場合．

励起状態を表している．基底状態と第2励起状態の波動関数は偶関数，第1，第3励起状態の波動関数は奇関数である．縦の破線は $x = \pm a$ を表し，その外側（$x < -a, a < x$）で $E < V(x)$ となる．

図3.8より，前節3.2の最後に列挙した一般的な性質 (1)–(5) に加えて次のことがわかる．

> (6) 領域 $x < -a, a < x$（図3.8での縦の破線の外側），すなわち $E < V(x)$ の領域でも，波動関数が非零の値を持つ．

古典論では，エネルギー保存則 $\frac{p^2}{2m} + V(x) = E$ が厳密に成り立ち，常に $\frac{p^2}{2m} \geq 0$ なので，必ず $V(x) \leq E$ が満たされ，粒子が $V(x) > E$ の領域に侵入することは許されない．しかし量子論では，$V(x) - E$ の値が（無限でなく）有限ならば，そのような領域でも波動関数が非零になり，非零の確率で粒子が存在する．

3.4 調和振動子

古典論では，フックの法則に従う力 $f = -kx$ を受ける粒子は単振動をし，その運動は三角関数で厳密に記述される．粒子はポテンシャル $V(x) = \frac{1}{2}kx^2$ の最小点の周りを振動する．ミクロな世界でも，2原子分子における原子の振動，固体を構成する分子の振動など，このポテンシャルを用いて記述できる例は多い．また，この問題は量子力学でも厳密に解くことができる．

調和振動子ポテンシャル

$$V(x) = \frac{1}{2}kx^2$$

でのシュレーディンガー方程式 (3.5) は，$k = m\omega^2$ とおくと，

$$-\frac{\hbar^2}{2m}\frac{d^2\phi(x)}{dx^2} + \frac{1}{2}m\omega^2 x^2 \phi(x) = E\phi(x) \tag{3.59}$$

となる．まず，

$$\xi = \alpha x , \quad \alpha = \sqrt{\frac{m\omega}{\hbar}} \tag{3.60}$$

$$\phi(x) = \phi\left(\frac{\xi}{\alpha}\right) = \Phi(\xi) \tag{3.61}$$

と変数変換し,

$$E = \frac{1}{2}\hbar\omega\varepsilon \tag{3.62}$$

とおくと, (3.59) は

$$\frac{d^2\Phi(\xi)}{d\xi^2} + (\varepsilon - \xi^2)\Phi(\xi) = 0 \tag{3.63}$$

と書き換えられる. ここで, ξ と ε は無次元量（単位のない量）である.

【証明】　(3.60) より, $x = \frac{1}{\alpha}\xi$, $\frac{d}{dx} = \frac{d\xi}{dx}\frac{d}{d\xi} = \alpha\frac{d}{d\xi}$. これらと (3.62) を (3.59) に代入して

$$-\frac{\hbar^2}{2m}\frac{m\omega}{\hbar}\frac{d^2\Phi(\xi)}{d\xi^2} + \frac{1}{2}m\omega^2\frac{\hbar}{m\omega}\xi^2\Phi(\xi) = \frac{1}{2}\hbar\omega\varepsilon\Phi(\xi)$$

となる. この両辺を $\frac{1}{2}\hbar\omega$ で割り, (3.63) が得られる.　　　　　□

$|\xi| \to \infty$ で, (3.63) は $\frac{d^2\Phi}{d\xi^2} - \xi^2\Phi \simeq 0$ と近似でき, その解は $\Phi \sim e^{\pm\frac{\xi^2}{2}}$ と近似できる. 解 $\Phi = e^{+\frac{\xi^2}{2}}$ は $|\xi| \to \infty$ で発散し, 規格化条件 (3.8) を満たせないので棄却する. よって, $|\xi| \to \infty$ で $\Phi \to e^{-\frac{\xi^2}{2}}$ となる. そこで,

$$\Phi(\xi) = H(\xi)\,e^{-\frac{\xi^2}{2}} \tag{3.64}$$

とおき, $H(\xi)$ を調べる. (3.64) を (3.63) に代入し, $H(\xi)$ の方程式として

$$\frac{d^2H(\xi)}{d\xi^2} - 2\xi\frac{dH(\xi)}{d\xi} + (\varepsilon - 1)H(\xi) = 0 \tag{3.65}$$

が得られる.

【証明】　(3.64) を微分して

$$\frac{d\Phi(\xi)}{d\xi} = \left(\frac{dH(\xi)}{d\xi} - \xi H(\xi)\right)e^{-\frac{\xi^2}{2}} \tag{3.66}$$

$$\frac{d^2\Phi(\xi)}{d\xi^2} = \left(\frac{d^2H(\xi)}{d\xi^2} - 2\xi\frac{dH(\xi)}{d\xi} + (\xi^2 - 1)H(\xi)\right)e^{-\frac{\xi^2}{2}} \tag{3.67}$$

を得る. これを (3.63) に代入し $e^{-\frac{\xi^2}{2}}$ で割ると, (3.65) が得られる.　　　　　□

$H(\xi)$ を

$$H(\xi) = \sum_{i=0}^{\infty} c_i \xi^i \tag{3.68}$$

のように冪級数で表すと,

$$\frac{dH(\xi)}{d\xi} = \sum_{i=0}^{\infty} c_i i \xi^{i-1} \tag{3.69}$$

$$\frac{d^2 H(\xi)}{d\xi^2} = \sum_{i=0}^{\infty} c_i i(i-1)\xi^{i-2} = \sum_{i=0}^{\infty} c_{i+2}(i+2)(i+1)\xi^i \tag{3.70}$$

となり, これらを (3.65) に代入し,

$$\sum_{i=0}^{\infty} \{(i+2)(i+1)c_{i+2} - (2i+1-\varepsilon)c_i\}\xi^i = 0 \tag{3.71}$$

が得られる. これが任意の ξ について成り立つためには, 全ての i に対する ξ^i の係数が零でなければならない. よって,

$$(i+2)(i+1)c_{i+2} = (2i+1-\varepsilon)c_i \tag{3.72}$$

が得られる. これは c_i に関する漸化式であり, $c_0 \, (\neq 0)$ を与えれば, 偶数冪の係数 $c_2, c_4, \ldots$ が決まり, $c_1 \, (\neq 0)$ を与えれば, 奇数冪の係数 $c_3, c_5, \ldots$ が決まる. これらを (3.68) に代入すれば, それぞれ, 偶関数, 奇関数の解が得られる (方程式 (3.63) や (3.65) が変換 $\xi \to -\xi$ について対称なので, 定理 3.1 より, 束縛状態の波動関数は偶関数もしくは奇関数のいずれかになる).

$|\xi| \to \infty$ では, 展開 (3.68) での高次冪 ($i \gg 1$) の項が効いてくる. このとき, 漸化式 (3.72) より

$$\frac{c_{i+2}}{c_i} = \frac{2i+1-\varepsilon}{(i+2)(i+1)} \to \frac{2}{i} \quad (i \to \infty) \tag{3.73}$$

が得られる. ところで, 関数 e^{ξ^2} の冪級数展開

$$e^{\xi^2} = \sum_{i=0,1,2,\ldots} \frac{\xi^{2i}}{i!} = \sum_{i=0,2,4,\ldots} \frac{\xi^i}{(\frac{i}{2})!} \tag{3.74}$$

での ξ^i の係数 c_i' は

$$\frac{c_{i+2}'}{c_i'} = \frac{(\frac{i}{2})!}{(\frac{i+2}{2})!} = \frac{2}{i+2} \to \frac{2}{i} \quad (i \to \infty) \tag{3.75}$$

という，(3.73) と同じ関係を満たす．よって，$|\xi| \to \infty$ で $H(\xi) \sim e^{\xi^2}$ となる．このとき，(3.64) より $\Phi(\xi) \sim e^{\frac{\xi^2}{2}} \to \infty$ となり，規格化条件 (3.8) を満たさない．

　よって，波動関数が規格化条件を満たすためには，冪級数展開 (3.68) が有限次の冪で止まっていなければならない．これは ε が

$$\varepsilon = 2n + 1 \quad (n = 0, 1, 2, \ldots) \tag{3.76}$$

を満たすとき，漸化式 (3.72) の右辺が $i = n$ で零になり，$c_{n+2} = c_{n+4} = \cdots = 0$ となるので，成り立つ．このとき，$H(\xi)$ は n 次の多項式となり，波動関数 $\Phi(\xi) = H(\xi) \, e^{-\frac{\xi^2}{2}}$ は規格化可能となる．エネルギー固有値 E は，(3.76) を (3.62) に代入することにより，

$$E_n = \left(n + \frac{1}{2}\right)\hbar\omega \quad (n = 0, 1, 2, \ldots) \tag{3.77}$$

となる．井戸型ポテンシャルと同様に，エネルギー固有値が離散的になることがわかった．調和振動子では，間隔 $\hbar\omega$ の等間隔のエネルギー準位になり，基底状態のエネルギー固有値は $\frac{1}{2}\hbar\omega$ になる．

● **エルミート多項式**　(3.76) のとき，漸化式 (3.72) で得られる n 次多項式を**エルミート多項式**と呼び，$H_n(\xi)$ と書く．エルミート多項式は，(3.76) を (3.65) に代入した

$$\frac{d^2 H_n(\xi)}{d\xi^2} - 2\xi \frac{dH_n(\xi)}{d\xi} + 2nH_n(\xi) = 0 \tag{3.78}$$

を満たす．規格化も含め，エルミート多項式は

$$H_n(\xi) = (-1)^n e^{\xi^2} \frac{d^n}{d\xi^n} e^{-\xi^2} \tag{3.79}$$

で与えられる（詳しくは A.1 節を参照されたい）．$n = 0$ から $n = 4$ の具体形は

$$\begin{aligned} H_0(\xi) &= 1 \,, \quad H_1(\xi) = 2\xi \,, \quad H_2(\xi) = 4\xi^2 - 2 \,, \\ H_3(\xi) &= 8\xi^3 - 12\xi \,, \quad H_4(\xi) = 16\xi^4 - 48\xi^2 + 12 \end{aligned} \tag{3.80}$$

である．

── 例題 **3.3** ──
(3.79) から (3.80) を求めよ.

【解答】 $n = 0, 1, 2$ のとき

$$H_0(\xi) = (-1)^0 e^{\xi^2} \frac{d^0}{d\xi^0} e^{-\xi^2} = e^{\xi^2} e^{-\xi^2} = 1$$

$$H_1(\xi) = (-1)^1 e^{\xi^2} \frac{d}{d\xi} e^{-\xi^2} = -e^{\xi^2} (-2\xi) e^{-\xi^2} = 2\xi$$

$$H_2(\xi) = (-1)^2 e^{\xi^2} \frac{d^2}{d\xi^2} e^{-\xi^2} = e^{\xi^2} (4\xi^2 - 2) e^{-\xi^2} = 4\xi^2 - 2$$

$n = 3, 4$ も同様に示せる. □

結局, エネルギー固有値 (3.77) に対する, 規格化された波動関数は, (3.60), (3.64), (A.3) を用いて

$$\phi_n(x) = \left(\frac{\alpha}{\sqrt{\pi}\, 2^n n!} \right)^{\frac{1}{2}} H_n(\alpha x)\, e^{-\frac{\alpha^2 x^2}{2}} \tag{3.81}$$

となる. 図 3.9 に調和振動子のポテンシャル, および $n = 0$ (基底状態) から $n = 5$ (第 5 励起状態) のエネルギー固有値 (3.77) を示す. 等間隔の離散的なスペクトルである. 図 3.10 に固有関数

$$\Phi_n(\xi) = \alpha^{-\frac{1}{2}} \phi_n(x)$$

を示す. 左下, 右下から順に基底状態, 第 1, 第 2, 第 3, 第 4, 第 5 励起状態を表す. 縦の破線は $V(x) = E_n$ の位置 x を表しており, その外側の古典的に許されない領域にも波動関数がしみ出しているのがわかる.

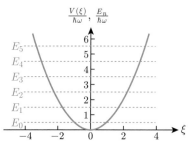

図 3.9 調和振動子ポテンシャル $V(\xi)$（実線）とエネルギー固有値 E_n（破線）.

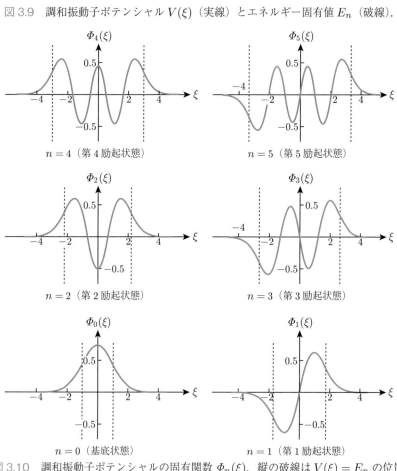

図 3.10 調和振動子ポテンシャルの固有関数 $\Phi_n(\xi)$. 縦の破線は $V(\xi) = E_n$ の位置 ξ を表す.

演 習 問 題

演習 3.1 図 3.11 のようなポテンシャル

$$V(x) = \begin{cases} \infty & (x < 0) \\ 0 & (0 \le x \le a) \\ V_0 & (a < x) \end{cases}$$

でのエネルギー準位を考察し，束縛状態が ℓ 個存在するための $V_0 a^2$ の条件を求めよ．

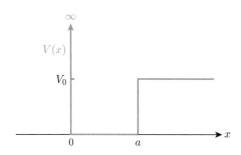

図 3.11　無限の壁のある井戸型ポテンシャル

演習 3.2 井戸型ポテンシャル (3.19) の束縛状態で，古典的に許されない領域 ($|x| \ge a$) に粒子を見出す確率が，$|x| = a$ での確率に対して e^{-1} に減る距離 $\delta = |x| - a$ を求めよ．また，$V_0 = 20\,\mathrm{eV}$, $E = 10\,\mathrm{eV}$ のとき，δ の値を求めよ．

演習 3.3 定理 3.3 ではポテンシャルに有限のとびがあるときの接続条件を考えたが，

$$V(x) = \alpha\delta(x - x_0) \tag{3.82}$$

のようにデルタ関数的なとびのあるポテンシャルを考えよう．ただし，デルタ関数は 4 章の (4.55) で定義される関数である．このときの波動関数の接続条件は

$$\frac{d}{dx}\phi(x_0 + \varepsilon) - \frac{d}{dx}\phi(x_0 - \varepsilon) = \frac{2m\alpha}{\hbar^2}\phi(x_0) \tag{3.83}$$

$$\phi(x_0 + \varepsilon) - \phi(x_0 - \varepsilon) = 0 \tag{3.84}$$

で与えられることを示せ．ただし，ε は微小な正の数である．

演習 3.4 $\alpha < 0$ のデルタ関数型ポテンシャル (3.82) での束縛状態を調べ，そのエネルギー固有値と固有関数を求めよ．

演習 3.5 井戸型ポテンシャル (3.19) で $2aV_0 = -\alpha\ (> 0)$ と固定し $a \to 0$, $V_0 \to \infty$ の極限をとったときの束縛状態を調べ，そのエネルギー固有値と固有関数を求め，演習 3.4 の結果と一致することを確かめよ．

第4章

1 次元の問題—反射と透過

　3 章では，粒子がポテンシャルの窪みに束縛され，波動関数がある領域に局在した場合を見た．この章では，粒子が $x \to \pm\infty$ の遠方まで運動する状況を考え，粒子をポテンシャル障壁に入射したときの反射や透過の様子を調べる．とくに，古典的には透過不可能な高いポテンシャル障壁でも，量子的には透過可能であるという，トンネル効果を紹介する．

4.1　自 由 粒 子

　まず，自由粒子を考える．ポテンシャルエネルギーはいたるところで零である．

$$V(x) = 0 \tag{4.1}$$

時間に依存しないシュレーディンガー方程式 (3.5) は

$$-\frac{\hbar^2}{2m}\frac{d^2\phi(x)}{dx^2} = E\phi(x) \tag{4.2}$$

となる．ここでは $E \geq 0$ の場合を考える（$E < 0$ の場合は規格化可能な非自明な解が存在しない）．その一般解は，(3.12) の k を用いて，(3.13) のように三角関数で書けるが，指数関数を用いて

$$\phi(x) = Ae^{ikx} + Be^{-ikx} \tag{4.3}$$

とも書ける．A, B は任意定数である．波数 k は任意の実数値をとることができるので，エネルギー固有値

$$E = \frac{\hbar^2 k^2}{2m}$$

も任意の非負の実数値を取り得る．3 章で束縛状態は離散的なエネルギー固有値をとることを見たが，束縛されていない状態では連続的なエネルギー固有値を取り得る．波動関数 (4.3) の規格化条件は (3.8) から拡張する必要があり，そ

れについては 4.4 節で考える.

　波動関数の時間依存性も考慮に入れると, (3.7) より $\phi(x)$ に $e^{-i\omega t}$ がかかる. ただし, $\omega = \frac{E}{\hbar}$. よって, (4.3) の第 1 項は $e^{-i(\omega t - kx)}$ となり右向きに進む波を表し, 第 2 項は $e^{-i(\omega t + kx)}$ となり左向きに進む波を表す. より明確な解釈を得るため以下の議論をする ((4.10) の下の文参照).

　2.2 節の確率解釈のところで述べたように, $|\psi(x,t)|^2\,dx$ が x から $x + dx$ に粒子を見つける確率を与える. したがって, 単位時間当たりに粒子が位置 x を通過する確率は, 粒子の速度 v を用いて $v|\psi(x,t)|^2$ で与えられる. 運動量演算子 (2.13) を用いて, $v\psi = \frac{p}{m}\psi \sim \frac{-i\hbar}{m}\frac{\partial}{\partial x}\psi$, よって $v|\psi|^2 \sim \psi^*\left(\frac{-i\hbar}{m}\frac{\partial}{\partial x}\psi\right)$ という対応が考えられる. 正確には, **確率の流れ**を

$$j(x,t) = \mathrm{Re}\left[\psi^*\left(\frac{-i\hbar}{m}\frac{\partial}{\partial x}\psi\right)\right] = \frac{-i\hbar}{2m}\left(\psi^*\frac{\partial\psi}{\partial x} - \frac{\partial\psi^*}{\partial x}\psi\right) \qquad (4.4)$$

で定義する. ここで Re は実部を表す. **確率密度**を

$$\rho(x,t) = |\psi(x,t)|^2 \qquad (4.5)$$

で表すと, ρ と j は**連続の方程式**

$$\frac{\partial}{\partial t}\rho(x,t) + \frac{\partial}{\partial x}j(x,t) = 0 \qquad (4.6)$$

を満たす.

【証明】

$$\frac{\partial}{\partial t}\rho(x,t) = \frac{\partial}{\partial t}|\psi(x,t)|^2 = \frac{\partial\psi^*}{\partial t}\psi + \psi^*\frac{\partial\psi}{\partial t} \qquad (4.7)$$

の右辺に, (時間に依存する) シュレーディンガー方程式 (2.11) とその複素共役を代入し,

$$\frac{1}{i\hbar}\left[-\left(-\frac{\hbar^2}{2m}\frac{\partial^2\psi}{\partial x^2} + V\psi\right)^*\psi + \psi^*\left(-\frac{\hbar^2}{2m}\frac{\partial^2\psi}{\partial x^2} + V\psi\right)\right] \qquad (4.8)$$

となるが, ポテンシャル V が実数なので V を含む 2 項が相殺し, 残りは $-\frac{\partial}{\partial x}j$ となる. よって, (4.6) が成り立つ.　　　　　　　　□

─ **例題 4.1** ─

　次の場合に確率の流れを求めよ.

(1)　$\phi(x) = Ae^{ikx}$

(2)　波動関数 (4.3)

【解答】　(1)

$$\frac{\partial e^{\pm ikx}}{\partial x} = \pm ike^{\pm ikx}$$

を (4.4) に代入し,

$$j(x,t) = \frac{\hbar k}{2m}2|A|^2 = \frac{p}{m}|A|^2 = v|A|^2 \tag{4.9}$$

となる. 2 番目の等号で, ド・ブロイの関係式 (2.3) を用いた.

　(2)　(4.3) を (4.4) に代入し,

$$
\begin{aligned}
j(x,t) &= \frac{\hbar k}{2m}\{(A^*e^{-ikx} + B^*e^{ikx})(Ae^{ikx} - Be^{-ikx}) + \text{c.c.}\} \\
&= \frac{\hbar k}{2m}\{(|A|^2 - |B|^2 + AB^*e^{2ikx} - A^*Be^{-2ikx}) + \text{c.c.}\} \\
&= \frac{\hbar k}{m}(|A|^2 - |B|^2) \\
&= v(|A|^2 - |B|^2) \tag{4.10}
\end{aligned}
$$

となる. ただし, c.c. はその前の項の複素共役を意味する. これより波動関数 (4.3) の第 1 項と第 2 項は, それぞれ正と負の確率の流れを与えることがわかった. (4.3) の下の段落で第 1 項と第 2 項がそれぞれ右向きと左向きに進む波を表すことを見たが, それと一致する解釈が得られた. □

4.2 階段型ポテンシャル

図 4.1 のようなポテンシャル

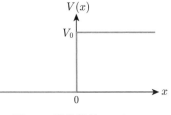

$$V(x) = \begin{cases} 0 & (x < 0) \\ V_0 & (x \geq 0) \end{cases} \quad (4.11)$$

図 4.1 階段型ポテンシャル

を考える. 古典論では, $E < V_0$ のエネルギー E を持つ粒子を左 ($x < 0$ の領域) から入射すると粒子はポテンシャルに跳ね返され左向きに逆戻りし, $E > V_0$ のエネルギー E を持つ粒子の場合はポテンシャルを乗り越え右に進み続けるが, 量子論ではどうなるか調べてみよう.

ポテンシャル (4.11) でのシュレーディンガー方程式 (3.5) は

$$-\frac{\hbar^2}{2m}\frac{d^2\phi(x)}{dx^2} = E\phi(x) \quad (x < 0) \quad (4.12)$$

$$-\frac{\hbar^2}{2m}\frac{d^2\phi(x)}{dx^2} + V_0\phi(x) = E\phi(x) \quad (x \geq 0) \quad (4.13)$$

となる.

(i) $E > V_0$ の場合

方程式 (4.12), (4.13) の一般解は, (4.3) と同様に,

$$\phi(x) = \begin{cases} Ae^{ikx} + Be^{-ikx} & (x < 0) \\ Ce^{ik'x} + De^{-ik'x} & (x \geq 0) \end{cases} \quad (4.14)$$

と求まる. ここで, k と k' は

$$E = \frac{\hbar^2 k^2}{2m} , \quad E - V_0 = \frac{\hbar^2 k'^2}{2m} \quad (4.15)$$

で与えられ, A, B, C, D は任意定数である. (4.14) の第 1 項 (係数 A, C を持つ項) は右向きに進む波, 第 2 項 (係数 B, D を持つ項) は左向きに進む波である.

今, 左から入射した粒子が, ポテンシャル障壁で反射や透過される状況を考える. よって, (4.14) での A, B, C の項はそれぞれ, 入射, 反射, 透過する

粒子を表す. $x \geq 0$ で左向きに進む粒子は存在しないので, $D = 0$ となる. 次に, $x = 0$ での波動関数 (4.14) の接続を考える. 3.3 節の定理 3.3 より,

$$\begin{aligned} \phi(x) \text{ の連続性：} \quad & A + B = C \\ \tfrac{d\phi}{dx}(x) \text{ の連続性：} \quad & k(A - B) = k'C \end{aligned} \qquad (4.16)$$

が得られる. これを解いて,

$$\frac{B}{A} = \frac{k - k'}{k + k'} \qquad (4.17)$$

$$\frac{C}{A} = \frac{2k}{k + k'} \qquad (4.18)$$

が得られる.

　入射, 反射, 透過する粒子についての, 確率の流れ $j(x, t)$ の大きさは, (4.10) より,

$$j_{\text{入射}} = \frac{\hbar k}{m}|A|^2 \ , \quad j_{\text{反射}} = \frac{\hbar k}{m}|B|^2 \ , \quad j_{\text{透過}} = \frac{\hbar k'}{m}|C|^2 \qquad (4.19)$$

となる. よって, **反射率** R および**透過率** T は,

$$R \equiv \frac{j_{\text{反射}}}{j_{\text{入射}}} = \left|\frac{B}{A}\right|^2 = \left(\frac{k - k'}{k + k'}\right)^2 \qquad (4.20)$$

$$T \equiv \frac{j_{\text{透過}}}{j_{\text{入射}}} = \frac{k'}{k}\left|\frac{C}{A}\right|^2 = \frac{4kk'}{(k + k')^2} \qquad (4.21)$$

となる. 最後の等号で (4.17) と (4.18) を用いた. 古典論では, $E > V_0$ の粒子は反射されず透過するので, $R = 0, T = 1$ だが, 量子論では反射も透過もする. これは量子論での波動性の結果である. ただし, $E \gg V_0$ では $k \simeq k'$ となるので, $R \simeq 0, T \simeq 1$ となり, 古典論での状況に一致する.

　(4.20), (4.21) は

$$R + T = 1 \qquad (4.22)$$

を満たす. 粒子は反射か透過をするが, どこかに消えてしまったり, 生成したりはしない. つまり, この式は確率の保存を意味している. 実は, (4.22) は一般の場合に成り立つ.

【証明】 定常状態 $\psi(x,t) = \phi(x)e^{-i\omega t}$ では, 確率密度 $\rho(x,t) = |\psi(x,t)|^2$ の時間依存性がなくなり, $\frac{\partial \rho}{\partial t} = 0$. よって, 連続の方程式 (4.6) より $\frac{\partial j}{\partial x} = 0$. これを入射領域の位置 $x = x_-$ から透過領域の位置 $x = x_+$ まで積分し,

$$\int_{x_-}^{x_+} \frac{\partial j}{\partial x}(x)\, dx = j(x_+) - j(x_-) = 0 \tag{4.23}$$

となる. (4.10) より, 入射領域, 透過領域で

$$j(x_-) = j_{入射} - j_{反射} , \quad j(x_+) = j_{透過} \tag{4.24}$$

なので,

$$j_{透過} - j_{入射} + j_{反射} = 0 \tag{4.25}$$

が成り立ち, この式の各項を $j_{入射}$ で割れば (4.22) が得られる. $\square$

(ii) $E < V_0$ の場合

シュレーディンガー方程式 (4.12), (4.13) の一般解は, $x < 0$ で (4.3), $x \geq 0$ で (3.25) となる. これらは, (4.14) に $k' = i\kappa$ を代入したものと同じである.

$x \to \infty$ で波動関数が発散しないためには $D = 0$ としなければならず, $x \geq 0$ で

$$\phi(x) = Ce^{-\kappa x} \tag{4.26}$$

となる. 次に, $x = 0$ での波動関数の接続を考え, 係数 A, B, C を決める. これは $E > V_0$ での結果 (4.17), (4.18) に $k' = i\kappa$ を代入したものに一致する.

$$\frac{B}{A} = \frac{k - i\kappa}{k + i\kappa} \tag{4.27}$$

$$\frac{C}{A} = \frac{2k}{k + i\kappa} \tag{4.28}$$

透過した粒子についての確率の流れは, (4.26) を (4.4) に代入し, $j_{透過} = 0$ となる. よって, 透過率は $T = 0$ である. 反射率は $R = \left|\frac{B}{A}\right|^2 = 1$ となる. 古典論では $E < V_0$ の粒子は透過せず反射するので, $T = 0$, $R = 1$ だが, 量子論でも同じ結果が得られた. ただし, 量子論では, (4.26) が示すように, 古典的に許されない領域にも波動関数が浸みこんでいる. また, (4.27) が示すように, 反射の際に反射波と入射波の位相にずれが生じる.

4.3 土手型ポテンシャル—トンネル効果

図 4.2 のようなポテンシャル

$$V(x) = \begin{cases} 0 & (x < 0) \\ V_0 & (0 \leq x \leq a) \\ 0 & (a < x) \end{cases} \tag{4.29}$$

を考える．古典論では，$E < V_0$ のエネルギー E を持つ粒子をこのポテンシャルの左から入射すると，ポテンシャルに跳ね返され左向きに逆戻りする．領域 $0 \leq x \leq a$ に侵入することができず，ポテンシャル障壁を乗り越えて領域 $x > a$ に進むことはできない．しかし量子論では，波動関数が領域 $0 \leq x \leq a$ で非零の値を持ち，粒子がある程度侵入できる．そして $x = a$ まで侵入すると，エネルギー E を持って右の方へどこまでも進んでいく．この現象は粒子がポテンシャルの山のトンネルをすり抜けるように思えるので，**トンネル効果**という．原子核が α 粒子を放出して崩壊する現象などは，トンネル効果で理解できる．また，トンネル効果を利用した技術として，江崎ダイオード（トンネルダイオード），走査型トンネル電子顕微鏡（STM）などがある．

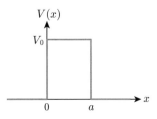

図 4.2　土手型ポテンシャル

ポテンシャル (4.29) でのシュレーディンガー方程式は，

$$\begin{cases} -\dfrac{\hbar^2}{2m}\dfrac{d^2\phi(x)}{dx^2} = E\phi(x) & (x < 0) \\[2mm] -\dfrac{\hbar^2}{2m}\dfrac{d^2\phi(x)}{dx^2} + V_0\phi(x) = E\phi(x) & (0 \leq x \leq a) \\[2mm] -\dfrac{\hbar^2}{2m}\dfrac{d^2\phi(x)}{dx^2} = E\phi(x) & (a < x) \end{cases} \tag{4.30}$$

となる．

(i) $E < V_0$ の場合

シュレーディンガー方程式 (4.30) の一般解は,

$$\phi(x) = \begin{cases} Ae^{ikx} + Be^{-ikx} & (x < 0) \\ Ce^{-\kappa x} + De^{\kappa x} & (0 \le x \le a) \\ Fe^{ikx} + Ge^{-ikx} & (a < x) \end{cases} \tag{4.31}$$

と求まる. ここで, k と κ は (3.24) で与えられ, A–G は任意定数である.

領域 $x > a$ では透過波のみ存在し, 左に進む波は存在しないので, $G = 0$. $x = 0$ での波動関数の接続条件より

$$\begin{aligned} \phi(x) \text{ の連続性}: \quad & A + B = C + D \\ \tfrac{d\phi}{dx}(x) \text{ の連続性}: \quad & ik(A - B) = -\kappa(C - D) \end{aligned} \tag{4.32}$$

$x = a$ での接続条件より

$$\begin{aligned} \phi(x) \text{ の連続性}: \quad & Ce^{-\kappa a} + De^{\kappa a} = Fe^{ika} \\ \tfrac{d\phi}{dx}(x) \text{ の連続性}: \quad & -\kappa(Ce^{-\kappa a} - De^{\kappa a}) = ikFe^{ika} \end{aligned} \tag{4.33}$$

が得られる.

(4.33) を解いて

$$C = \frac{\kappa - ik}{2\kappa}e^{ika+\kappa a}F, \quad D = \frac{\kappa + ik}{2\kappa}e^{ika-\kappa a}F \tag{4.34}$$

を得, (4.32) を解いて

$$A = \frac{-(\kappa - ik)C + (\kappa + ik)D}{2ik}, \quad B = \frac{(\kappa + ik)C - (\kappa - ik)D}{2ik} \tag{4.35}$$

を得る. (4.34) を (4.35) に代入して,

$$A = \frac{-(\kappa - ik)^2 e^{\kappa a} + (\kappa + ik)^2 e^{-\kappa a}}{4ik\kappa}e^{ika}F \tag{4.36}$$

$$B = \frac{(\kappa^2 + k^2)(e^{\kappa a} - e^{-\kappa a})}{4ik\kappa}e^{ika}F \tag{4.37}$$

となる.

よって, 反射率 R と透過率 T は

$$R = \left|\frac{B}{A}\right|^2 = \frac{(k^2 + \kappa^2)^2 \sinh^2 \kappa a}{4k^2\kappa^2 + (k^2 + \kappa^2)^2 \sinh^2 \kappa a} \tag{4.38}$$

$$T = \left| \frac{F}{A} \right|^2 = \frac{4k^2\kappa^2}{4k^2\kappa^2 + (k^2 + \kappa^2)^2 \sinh^2 \kappa a} \tag{4.39}$$

となる．ここで，

$$\sinh x = \frac{e^x - e^{-x}}{2} \tag{4.40}$$

である．(3.24) を代入し，

$$R = \frac{V_0^2 \sinh^2\left(\frac{\sqrt{2m(V_0 - E)}}{\hbar} a \right)}{4E(V_0 - E) + V_0^2 \sinh^2\left(\frac{\sqrt{2m(V_0 - E)}}{\hbar} a \right)} \tag{4.41}$$

$$T = \frac{4E(V_0 - E)}{4E(V_0 - E) + V_0^2 \sinh^2\left(\frac{\sqrt{2m(V_0 - E)}}{\hbar} a \right)} \tag{4.42}$$

が得られる．確かに R と T は確率保存の式 (4.22) を満たす．古典論では，$E < V_0$ で粒子はポテンシャルの山を乗り越えることができず，$R = 1, T = 0$ となるが，量子論では $T \neq 0$ となる．これを**トンネル効果**という．これは量子論の波動性の帰結である．

$\kappa a = \frac{\sqrt{2m(V_0 - E)}}{\hbar} a \gg 1$ のとき，$\sinh \kappa a \simeq \frac{1}{2} e^{\kappa a}$ なので，透過率 (4.42) は

$$T \simeq \frac{16E(V_0 - E)}{V_0^2} \exp\left(-\frac{2\sqrt{2m(V_0 - E)}}{\hbar} a \right) \tag{4.43}$$

$$\sim \exp(-2\kappa a) = \exp\left(-\frac{2\sqrt{2m(V_0 - E)}}{\hbar} a \right) \tag{4.44}$$

と近似できる．$\kappa a \gg 1$ で，(4.43) での因子 $\exp(-2\kappa a)$ は 1 に比べて桁違いに小さな値をとるのに対し，因子

$$\frac{16E(V_0 - E)}{V_0^2} = \frac{16k^2\kappa^2}{(k^2 + \kappa^2)^2}$$

は 1 と大きく変わらないので，透過率 T は主に因子 $\exp(-2\kappa a)$ で決まる．(4.44) では，その主要な因子だけ取り出すという近似をした．

───── 例題 4.2 ─────

$V_0 = 40\,\text{eV}$, $E = 20\,\text{eV}$ のとき，$a = 1.0\,\text{nm}$, $a = 0.10\,\text{nm}$ それぞれの場合について透過率 (4.43) と (4.44) の値を求めよ．

【解答】 (2.29), (2.30) の値を用いて

$$\kappa = \frac{\sqrt{2m(V_0 - E)}}{\hbar} = \frac{\sqrt{2mc^2(V_0 - E)}}{c\hbar}$$

$$= \frac{\sqrt{2 \times 0.511\,\text{MeV} \times (40 - 20)\,\text{eV}}}{197\,\text{eV\,nm}} = 22.9\,(\text{nm})^{-1}$$

$a = 1.0\,\text{nm}$ のとき，(4.44) は

$$e^{-2\kappa a} = e^{-45.8} = 1.3 \times 10^{-20}$$

(4.43) は

$$\frac{16E(V_0 - E)}{V_0^2} e^{-2\kappa a} = 4e^{-2\kappa a} = 5.1 \times 10^{-20}$$

となり，透過率は指数因子 $e^{-2\kappa a}$ で主に決まることがわかる．

$a = 0.10\,\text{nm}$ のとき，(4.44) は

$$e^{-2\kappa a} = e^{-4.58} = 1.0 \times 10^{-2}$$

(4.43) は

$$\frac{16E(V_0 - E)}{V_0^2} e^{-2\kappa a} = 4e^{-2\kappa a} = 4.1 \times 10^{-2}$$

となり，やはり透過率は指数因子 $e^{-2\kappa a}$ で主に決まる．また，$a = 1.0\,\text{nm}$ と $a = 0.10\,\text{nm}$ の場合を比較すればわかるように，指数 κa が変わると透過率は急激に変わることがわかる． □

● **一般のポテンシャルでのトンネル効果の近似式**　一般的な形のポテンシャル障壁でのトンネル効果の透過率を厳密に求めることは難しいが，近似式 (4.44) の一般化は知られている．図 4.3 のようなポテンシャルの場合，透過率の近似式は

$$T \sim \exp\left(-\frac{2}{\hbar} \int_{x_1}^{x_2} \sqrt{2m(V(x) - E)}\,dx\right) \tag{4.45}$$

となる．ここで x_1, x_2 は $V(x) = E$ となる位置 x である．本書では扱わないが，これは**半古典近似（WKB 法）**という近似手法を用いて得られる．

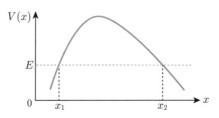

図 4.3　一般的な形のポテンシャル障壁

(ii) $E > V_0$ の場合

シュレーディンガー方程式 (4.30) の一般解は，(4.31) で $\kappa = -ik'$ と置き換えたものになる．ここで，k' は (4.15) で与えられる．$E < V_0$ の場合と同様の計算を行うと，結局，反射率と透過率は (4.38) と (4.39) に $\kappa = -ik'$ を代入したものになる．$\sinh ix = i \sin x$ を用いて，

$$R = \frac{(k^2 - k'^2)^2 \sin^2 k'a}{4k^2 k'^2 + (k^2 - k'^2)^2 \sin^2 k'a} \tag{4.46}$$

$$T = \frac{4k^2 k'^2}{4k^2 k'^2 + (k^2 - k'^2)^2 \sin^2 k'a} \tag{4.47}$$

となる．(4.15) を代入して，

$$R = \frac{V_0^2 \sin^2\left(\frac{\sqrt{2m(E-V_0)}}{\hbar}a\right)}{4E(E - V_0) + V_0^2 \sin^2\left(\frac{\sqrt{2m(E-V_0)}}{\hbar}a\right)} \tag{4.48}$$

$$T = \frac{4E(E - V_0)}{4E(E - V_0) + V_0^2 \sin^2\left(\frac{\sqrt{2m(E-V_0)}}{\hbar}a\right)} \tag{4.49}$$

となる．確かに R と T は確率保存の式 (4.22) を満たす．

古典論では，$E > V_0$ の場合，粒子はポテンシャルに跳ね返されることなく山を越えて進み，$R = 0$, $T = 1$ となるが，量子論では一般に $R \neq 0$ となる．ただし，$k'a = \frac{\sqrt{2m(E-V_0)}}{\hbar}a = n\pi$ を満たす整数 n が存在するとき，$R = 0$ となる．これらの性質は量子論の波動性の帰結である．

4.4 連続固有値の固有関数の規格化

粒子が $x \to \pm\infty$ の遠方まで運動する場合，すなわち非束縛状態では，エネルギー固有値が連続的な値をとり，固有関数は (4.3) のようになる．連続固有値の波動関数 $\phi_k(x) = e^{ikx}$ の規格化を考えよう．

$$\int_{-\infty}^{\infty} |\phi_k(x)|^2 \, dx = \int_{-\infty}^{\infty} |e^{ikx}|^2 \, dx = \int_{-\infty}^{\infty} 1 \, dx = \infty \qquad (4.50)$$

と発散してしまい素朴な規格化 (3.8) はできない．波数をずらし $k \neq l$ の場合，

$$\begin{aligned}
\int_{-\infty}^{\infty} \phi_l^*(x)\phi_k(x) \, dx &= \lim_{L \to \infty} \int_{-L}^{L} e^{i(k-l)x} \, dx \\
&= \lim_{L \to \infty} \frac{e^{i(k-l)L} - e^{-i(k-l)L}}{i(k-l)} \\
&= \lim_{L \to \infty} 2\frac{\sin(k-l)L}{k-l}
\end{aligned} \qquad (4.51)$$

となる．

● **デルタ関数** (4.51) の右辺を調べるために，次の関数を考える．

$$f_L(x) = \frac{\sin Lx}{x} \qquad (4.52)$$

図 4.4 に示すように，関数 (4.52) は $x = 0$ にピークを持つことがわかる．$L \to \infty$ で，関数 $f_L(x)$ のピークの高さが高くなり幅が狭くなる．また，

$$\int_{-\infty}^{\infty} f_L(x) \, dx = \int_{-\infty}^{\infty} \frac{\sin \xi}{\xi} \, d\xi = \pi \qquad (4.53)$$

が成り立つ．1 番目の等号で $\xi = Lx$ と積分変数の置換を行った．よって，関数 $\delta(x)$ を

$$\delta(x) = \lim_{L \to \infty} \frac{1}{\pi} f_L(x) \qquad (4.54)$$

のように定義すると，$\delta(x)$ は $x = 0$ に幅が零で高さが無限大のピークを持ち，$\int_{-\infty}^{\infty} \delta(x) \, dx = 1$ を満たす．このような関数を**デルタ関数**という．

デルタ関数の定義は，これ以外にも様々な関数の極限として与えられる．一般的な定義は，「$x = a$ で連続な任意の関数 $g(x)$ に関して

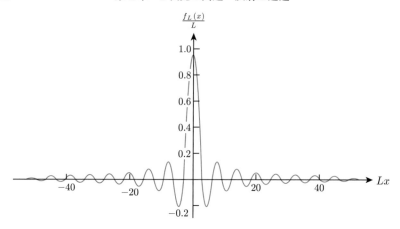

図 4.4　関数 (4.52)

$$\int_{-\infty}^{\infty} g(x)\delta(x-a)\,dx = g(a) \tag{4.55}$$

を満たす関数」である．初等関数の範囲では定義されず，**超関数**と呼ばれる．

(4.51) の右辺と (4.54) を比較すると，

$$\int_{-\infty}^{\infty} e^{i(k-l)x}\,dx = 2\pi\delta(k-l) \tag{4.56}$$

が得られる．連続固有値の固有関数を

$$\tilde{\phi}_k(x) = \frac{1}{\sqrt{2\pi}} e^{ikx} \tag{4.57}$$

のように規格化すると，

$$\int_{-\infty}^{\infty} \tilde{\phi}_l^*(x)\tilde{\phi}_k(x)\,dx = \delta(k-l) \tag{4.58}$$

が得られる．これを**デルタ関数規格化**という．連続固有値の場合，規格化条件として (3.8) に代わりにこの (4.58) を採用する．

演 習 問 題

演習 4.1 $V_0 = 6\,\mathrm{eV}$ の階段型ポテンシャル (4.11) に $E = 8\,\mathrm{eV}$ の電子を入射したときの反射率と透過率を求めよ.

演習 4.2 (1) 井戸型ポテンシャル (3.19) で $E > V_0$ の場合を考えよう. 模型のパラメタの設定を変え, ポテンシャル

$$V(x) = \begin{cases} 0 & (x < 0) \\ -V_0 & (0 \le x \le a) \\ 0 & (a < x) \end{cases}$$

で $E > 0$ の場合について考え, 反射率と透過率を求めよ.

(2) 反射率が零になる条件を求めよ.

演習 4.3 図 4.5 のような, 階段型ポテンシャル (4.11) を変形したポテンシャル

$$V(x) = \begin{cases} 0 & (x < 0) \\ V_0 - eE_0 x & (x \ge 0) \end{cases}$$

を考える. これは金属の表面に垂直に大きさ E_0 の電場をかけたときの, 電子のポテンシャルに対応する. $x < 0$ が金属内で, $x \ge 0$ が金属外である. このとき, エネルギー E の電子が金属内から金属外にトンネル効果で飛び出す透過率を, (4.45) を用いて評価せよ. また, $V_0 - E = 4.5\,\mathrm{eV}$, $E_0 = 10^{10}\,\mathrm{V/m}$ のときの透過率の値を求めよ.

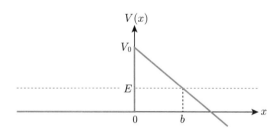

図 4.5 金属表面に垂直に電場をかけたときのポテンシャル

演習 4.4 金属中の電子は, 結晶構造をなす金属イオンの作る周期的なポテンシャルの中を運動している. この簡単な模型として, 図 4.6 のように幅 a の土手と幅 b の井戸が周期的に並んでいるポテンシャル

$$V(x) = \begin{cases} V_0 & (n\ell \le x \le a + n\ell) \\ 0 & (a + n\ell < x < (n+1)\ell) \end{cases}$$

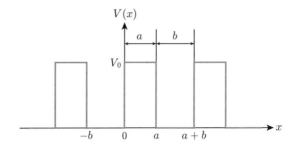

図 4.6 　周期的なポテンシャル

を考えよう．ただし，$\ell = a + b$ はポテンシャルの周期，n は整数である．ブロッホの定理を用いてエネルギー準位を考察し，(7.120) での θ が条件

$$\cos\theta = \begin{cases} \cos k'a \cos kb - \dfrac{k^2 + k'^2}{2kk'} \sin k'a \sin kb & (E > V_0) \\[2ex] \cosh \kappa a \cos kb - \dfrac{k^2 - \kappa^2}{2k\kappa} \sinh \kappa a \sin kb & (0 \leq E \leq V_0) \end{cases}$$
$$\equiv f(E)$$

を満たさなければならないことを示せ．ここで，k, k', κ は (3.24), (4.15) で与えられる．$-1 \leq \cos\theta \leq 1$ より，$-1 \leq f(E) \leq 1$ を満たす E は連続的な値が許され，$|f(E)| > 1$ の E は許されない．このようにして，エネルギー準位はバンド（帯）の構造を持つ．

第 5 章

3 次元での
中心力ポテンシャルの問題

3 章と 4 章で 1 次元の問題を扱ったが，本章ではより現実的な 3 次元の問題を考える．3 次元のシュレーディンガー方程式を解くのは一般に困難だが，中心力ポテンシャルの場合は変数分離の方法を用いて 1 次元の問題に帰着させることができる．とくに，水素原子などの場合は厳密に解くことができる．

5.1 3 次元のシュレーディンガー方程式

2 章でシュレーディンガー方程式を紹介したが，具体的な表式は 1 次元の式を書いたので，ここで 3 次元に拡張した表式を書いておこう．量子論では物理量を (2.12)–(2.14) のように演算子に置き換えるが，3 次元の場合，位置と運動量の演算子への置き換え (2.12), (2.13) が

$$x \to x, \quad y \to y, \quad z \to z \tag{5.1}$$

$$p_x \to -i\hbar\frac{\partial}{\partial x}, \quad p_y \to -i\hbar\frac{\partial}{\partial y}, \quad p_z \to -i\hbar\frac{\partial}{\partial z} \tag{5.2}$$

と拡張される．ポテンシャル $V(x, y, z)$ の中を運動する質量 m の粒子のエネルギーは

$$E = \frac{1}{2m}(p_x^2 + p_y^2 + p_z^2) + V(x, y, z) \tag{5.3}$$

で与えられるので，各項を演算子に置き換え，波動関数 ψ に作用させると，

$$i\hbar\frac{\partial}{\partial t}\psi(x, y, z, t) = \left[-\frac{\hbar^2}{2m}\left(\frac{\partial^2}{\partial x^2} + \frac{\partial^2}{\partial y^2} + \frac{\partial^2}{\partial z^2}\right) + V(x, y, z)\right]\psi(x, y, z, t) \tag{5.4}$$

が得られる．これが **3 次元のシュレーディンガー方程式** である．

2.2 節で述べた波動関数の確率解釈は，3 次元では「波動関数 $\psi(x, y, z, t)$ で表される状態において，時刻 t に粒子の位置の測定を行うとき，x から $x + dx$,

y から $y + dy$, z から $z + dz$ の小さな直方体の中に電子が見い出される確率
は $|\psi(x, y, z, t)|^2 \, dxdydz$ に比例する.」となり，規格化条件 (2.17) は

$$\int |\psi(x, y, z, t)|^2 \, dxdydz = 1 \tag{5.5}$$

となる．定常状態 (3.7) は

$$\psi(x, y, z, t) = \phi(x, y, z)e^{-i\frac{Et}{\hbar}} \tag{5.6}$$

定常状態のシュレーディンガー方程式 (3.5) は

$$\left[-\frac{\hbar^2}{2m}\left(\frac{\partial^2}{\partial x^2} + \frac{\partial^2}{\partial y^2} + \frac{\partial^2}{\partial z^2} \right) + V(x, y, z) \right]\phi(x, y, z) = E\phi(x, y, z) \tag{5.7}$$

となり，規格化条件 (3.8) は次のようになる.

$$\int |\phi(x, y, z)|^2 \, dxdydz = 1 \tag{5.8}$$

5.2　極座標でのシュレーディンガー方程式

　中心力ポテンシャル $V(r)$ を考えよう．これは中心点（原点）からの距離
$r = \sqrt{x^2 + y^2 + z^2}$ のみによるポテンシャルである．古典論では，力 $\boldsymbol{f} =$
$-\nabla V(r) = -V'(r)\frac{\boldsymbol{r}}{r}$ が中心点を向きその大きさが r のみにより，角運動量が
保するなど，解析が容易になるが，量子論ではどうなるだろうか.

　この場合，系は原点を中心とする回転対称性を持つので，直交座標 x, y, z
よりも極座標（球座標）r, θ, φ の方が解析に適している．両者の関係は

$$\begin{cases} x = r\sin\theta\cos\varphi \\ y = r\sin\theta\sin\varphi \\ z = r\cos\theta \end{cases} \tag{5.9}$$

で与えられる（図 5.1 参照）．r, θ, φ の範囲は，$0 \leq r < \infty$, $0 \leq \theta \leq \pi$,
$0 \leq \varphi < 2\pi$ である．(5.9) から

$$\begin{cases} r = \sqrt{x^2 + y^2 + z^2} \\ \tan\theta = \dfrac{\sqrt{x^2 + y^2}}{z} \\ \tan\varphi = \dfrac{y}{x} \end{cases} \tag{5.10}$$

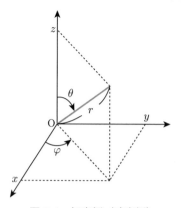

図 5.1 極座標（球座標）

が得られる.

シュレーディンガー方程式 (5.7) を極座標で表してみよう. 合成関数の微分法（チェーンルール）

$$\frac{\partial}{\partial x} = \frac{\partial r}{\partial x}\frac{\partial}{\partial r} + \frac{\partial \theta}{\partial x}\frac{\partial}{\partial \theta} + \frac{\partial \varphi}{\partial x}\frac{\partial}{\partial \varphi}$$

$$\frac{\partial}{\partial y} = \frac{\partial r}{\partial y}\frac{\partial}{\partial r} + \frac{\partial \theta}{\partial y}\frac{\partial}{\partial \theta} + \frac{\partial \varphi}{\partial y}\frac{\partial}{\partial \varphi} \tag{5.11}$$

$$\frac{\partial}{\partial z} = \frac{\partial r}{\partial z}\frac{\partial}{\partial r} + \frac{\partial \theta}{\partial z}\frac{\partial}{\partial \theta} + \frac{\partial \varphi}{\partial z}\frac{\partial}{\partial \varphi}$$

における 9 個の偏微分 $\frac{\partial r}{\partial x}, \frac{\partial \theta}{\partial x}, \frac{\partial \varphi}{\partial x}, \frac{\partial r}{\partial y}, \frac{\partial \theta}{\partial y}, \frac{\partial \varphi}{\partial y}, \frac{\partial r}{\partial z}, \frac{\partial \theta}{\partial z}, \frac{\partial \varphi}{\partial z}$ を,(5.10) の両辺を x, y, z で偏微分することにより求めると（または,(5.9) の両辺を $r, \theta,$ φ で偏微分して $\frac{\partial x}{\partial r}$ などの 9 個の偏微分を求め, それらを要素とする 3×3 行列の逆行列を求めてもよい),

$$\frac{\partial}{\partial x} = \sin\theta\cos\varphi\frac{\partial}{\partial r} + \frac{\cos\theta\cos\varphi}{r}\frac{\partial}{\partial \theta} - \frac{\sin\varphi}{r\sin\theta}\frac{\partial}{\partial \varphi}$$

$$\frac{\partial}{\partial y} = \sin\theta\sin\varphi\frac{\partial}{\partial r} + \frac{\cos\theta\sin\varphi}{r}\frac{\partial}{\partial \theta} + \frac{\cos\varphi}{r\sin\theta}\frac{\partial}{\partial \varphi} \tag{5.12}$$

$$\frac{\partial}{\partial z} = \cos\theta\frac{\partial}{\partial r} - \frac{\sin\theta}{r}\frac{\partial}{\partial \theta}$$

が得られる. よって, ラプラシアン $\Delta = \nabla^2$ の極座標表示は,

$$\nabla^2 = \frac{\partial^2}{\partial x^2} + \frac{\partial^2}{\partial y^2} + \frac{\partial^2}{\partial z^2} \tag{5.13}$$

$$= \frac{\partial^2}{\partial r^2} + \frac{2}{r}\frac{\partial}{\partial r} + \frac{1}{r^2}\left(\frac{\partial^2}{\partial \theta^2} + \frac{1}{\tan\theta}\frac{\partial}{\partial \theta} + \frac{1}{\sin^2\theta}\frac{\partial^2}{\partial \varphi^2}\right) \tag{5.14}$$

となる. これは

$$\nabla^2 = \frac{1}{r^2}\frac{\partial}{\partial r}r^2\frac{\partial}{\partial r} + \frac{1}{r^2}\left(\frac{1}{\sin\theta}\frac{\partial}{\partial \theta}\sin\theta\frac{\partial}{\partial \theta} + \frac{1}{\sin^2\theta}\frac{\partial^2}{\partial \varphi^2}\right) \tag{5.15}$$

$$= \frac{1}{r}\frac{\partial^2}{\partial r^2}r + \frac{1}{r^2}\left(\frac{1}{\sin\theta}\frac{\partial}{\partial \theta}\sin\theta\frac{\partial}{\partial \theta} + \frac{1}{\sin^2\theta}\frac{\partial^2}{\partial \varphi^2}\right) \tag{5.16}$$

のように書き換えられる. ここで, 演算子 $\frac{\partial}{\partial r}$ や $\frac{\partial}{\partial \theta}$ はそれより右にくるものを r や θ で偏微分せよという記号であることに注意せよ.

【証明】　まず (5.15) の右辺第 1 項を考えよう. これが関数 $f(r)$ に作用していると想定し,

$$\frac{1}{r^2}\frac{\partial}{\partial r}r^2\frac{\partial}{\partial r}f(r) = \frac{1}{r^2}\left(\frac{\partial}{\partial r}r^2\right)\cdot\frac{\partial}{\partial r}f(r) + \frac{1}{r^2}r^2\frac{\partial}{\partial r}\frac{\partial}{\partial r}f(r)$$

となる. ここで, 右辺第 1 項の $\left(\frac{\partial}{\partial r}r^2\right)\cdot$ は, 演算子 $\frac{\partial}{\partial r}$ が括弧の中にのみ作用することを意味する. この右辺はちょうど (5.14) の最初の 2 項が $f(r)$ に作用したものに等しい. 関数 $f(r)$ は任意なので, (5.15) の右辺第 1 項は (5.14) の最初の 2 項に, 演算子として等しい.

同様に, (5.16) の第 1 項は (5.14) の最初の 2 項に等しい. また, (5.15) と (5.16) の括弧内第 1 項は, (5.14) 括弧内の最初の 2 項に等しい. 　□

(5.16) を (5.7) に代入し, 極座標での中心力ポテンシャルのシュレーディンガー方程式は

$$\left[-\frac{\hbar^2}{2m}\left\{\frac{1}{r}\frac{\partial^2}{\partial r^2}r + \frac{1}{r^2}\left(\frac{1}{\sin\theta}\frac{\partial}{\partial \theta}\sin\theta\frac{\partial}{\partial \theta} + \frac{1}{\sin^2\theta}\frac{\partial^2}{\partial \varphi^2}\right)\right\} + V(r)\right]\tilde{\phi}(r,\theta,\varphi)$$

$$= E\tilde{\phi}(r,\theta,\varphi) \tag{5.17}$$

となる. ここで, $\tilde{\phi}(r,\theta,\varphi)$ は $\phi(x,y,z)$ に (5.9) を代入した $\tilde{\phi}(r,\theta,\varphi) = \phi(x(r,\theta,\varphi),y(r,\theta,\varphi),z(r,\theta,\varphi))$ のことである.

規格化条件 (5.8) は

$$\int |\tilde{\phi}(r,\theta,\varphi)|^2 r^2 \sin\theta \, dr d\theta d\varphi = 1 \tag{5.18}$$

となる. 単位体積に粒子を見つける確率 (確率密度) は $|\tilde{\phi}(r,\theta,\varphi)|^2$ であるが, r から $r+dr$, θ から $\theta+d\theta$, φ から $\varphi+d\varphi$ の領域の体積が $r^2 \sin\theta \, dr d\theta d\varphi$ なので, その領域に粒子を見つける確率は $|\tilde{\phi}(r,\theta,\varphi)|^2 r^2 \sin\theta \, dr d\theta d\varphi$ となる.

● **変数分離**　偏微分方程式 (5.17) での変数分離形の解

$$\tilde{\phi}(r,\theta,\varphi) = R(r)Y(\theta,\varphi) \tag{5.19}$$

を考える. これを (5.17) に代入し, それに $\frac{2mr^2}{\hbar^2}\frac{1}{RY}$ をかけると,

$$\frac{r}{R}\frac{d^2}{dr^2}rR + \frac{2mr^2}{\hbar^2}(E - V(r))$$
$$= -\frac{1}{Y}\left(\frac{1}{\sin\theta}\frac{\partial}{\partial\theta}\sin\theta\frac{\partial}{\partial\theta} + \frac{1}{\sin^2\theta}\frac{\partial^2}{\partial\varphi^2}\right)Y \tag{5.20}$$

が得られる. この式の左辺は r のみに依存し, 右辺は θ と φ のみに依存するので, 定数でなければならない. この定数を, 後の議論で便利なように, $l(l+1)$ とおくと, 動径方向の方程式として

$$\left[-\frac{\hbar^2}{2m}\left(\frac{1}{r}\frac{d^2}{dr^2}r - \frac{l(l+1)}{r^2}\right) + V(r)\right]R(r) = ER(r) \tag{5.21}$$

角度方向の方程式として

$$\left[\frac{1}{\sin\theta}\frac{\partial}{\partial\theta}\sin\theta\frac{\partial}{\partial\theta} + \frac{1}{\sin^2\theta}\frac{\partial^2}{\partial\varphi^2} + l(l+1)\right]Y(\theta,\varphi) = 0 \tag{5.22}$$

が得られる. 角度方向の方程式 (5.22) はポテンシャル $V(r)$ やエネルギー固有値 E によらないので, それらによらずに一般に解を求めることができる.

さらに, 方程式 (5.22) での変数分離形の解

$$Y(\theta,\varphi) = \Theta(\theta)\Phi(\varphi) \tag{5.23}$$

を考えると, 上と同様の議論により, $\Theta(\theta)$ と $\Phi(\varphi)$ は方程式

$$\left[\frac{1}{\sin\theta}\frac{d}{d\theta}\sin\theta\frac{d}{d\theta} - \frac{m^2}{\sin^2\theta} + l(l+1)\right]\Theta(\theta) = 0 \tag{5.24}$$

$$\left(\frac{d^2}{d\varphi^2} + m^2\right)\Phi(\varphi) = 0 \tag{5.25}$$

に従うことが示せる. ここで, m は定数である (電子の質量ではない).

● **波動関数に課す条件**　次の節でこれらの微分方程式を解くが，その際に波動関数に課すべき条件をまとめておこう.

- **規格化条件**：規格化条件 (5.18) に $\tilde{\phi}(r,\theta,\varphi) = R(r)\Theta(\theta)\Phi(\varphi)$ を代入すると

$$\int_0^\infty |R(r)|^2 r^2\,dr \cdot \int_0^\pi |\Theta(\theta)|^2 \sin\theta\,d\theta \cdot \int_0^{2\pi} |\Phi(\varphi)|^2\,d\varphi = 1 \quad (5.26)$$

が得られる. 規格化可能であるためには，3 つの積分の因子がそれぞれ有限であることが必要である. 慣習に従い，3 つの因子それぞれが 1 になるように規格化することにする.

- **一価性**：関数 $\phi(x,y,z)$ は一価関数である. つまり，各 (x,y,z) の値に対し ϕ の値が一意的に決まる. しかし，変換 (5.9) での $(r,\theta,\varphi) \to (x,y,z)$ の対応が多対一であるという極座標の特徴に注意が必要である. つまり，φ と $\varphi+2\pi$ が同じ (x,y,z) に対応する. また，$r=0$ で任意の θ,φ が，$(x,y,z)=(0,0,0)$ に対応する. また，$\theta=0,\pi$ で任意の φ が，同じ $x=y=0, z \neq 0$ に対応する.

　したがって，関数 $\phi(x,y,z)$ が一価であるためには関数 $\tilde{\phi}(r,\theta,\varphi)$ は

$$\begin{cases} \tilde{\phi}(r,\theta,\varphi+2\pi) = \tilde{\phi}(r,\theta,\varphi) \\ \tilde{\phi}(0,\theta,\varphi) \text{ が } \theta \text{ と } \varphi \text{ によらない} \\ \tilde{\phi}(r,0,\varphi) \text{ と } \tilde{\phi}(r,\pi,\varphi) \text{ が } \varphi \text{ によらない} \end{cases} \quad (5.27)$$

を満たさなければならない.

5.3 球面調和関数

角度方向の方程式を解こう.

● **関数 $\Phi(\varphi)$**　方程式 (5.25) の解は $\Phi(\varphi) = e^{\pm im\varphi}$ で与えられる. 一価性の条件 (5.27) の第 1 条件から $\Phi(\varphi+2\pi) = \Phi(\varphi)$ が要請され，m は整数でなければならない. 規格化条件 (5.26) も考慮し，

$$\Phi(\varphi) = \frac{1}{\sqrt{2\pi}} e^{im\varphi} \quad (m = 0, \pm 1, \pm 2, \ldots) \quad (5.28)$$

が得られる.

● **関数 $\Theta(\theta)$** 方程式 (5.24) において，変数を θ から $z = \cos\theta$ に変換し，$\Theta(\theta) = P(z)$ と記すと，

$$\left[\frac{d}{dz}(1-z^2)\frac{d}{dz} + l(l+1) - \frac{m^2}{1-z^2}\right]P(z) = 0 \tag{5.29}$$

となる．ここで，(5.28) で見たように，m は整数である．

$-1 \le z \ (= \cos\theta) \le 1$ で有限な (5.29) の解は，l が $l \ge |m|$ を満たす整数の場合に存在し，

$$P_l^{|m|}(z) = \frac{1}{2^l l!}(1-z^2)^{\frac{|m|}{2}}\frac{d^{l+|m|}}{dz^{l+|m|}}(z^2-1)^l \tag{5.30}$$

で与えられる．(5.30) を**ルジャンドルの陪多項式**という（詳しくは A.2 節を参照されたい）．例として，$l = 0, 1, 2$ の場合のルジャンドルの陪多項式を記しておく．

$$P_0^0(z) = 1$$
$$P_1^0(z) = z\ ,\quad P_1^1(z) = (1-z^2)^{\frac{1}{2}}$$
$$P_2^0(z) = \tfrac{1}{2}(3z^2-1)\ ,\quad P_2^1(z) = 3(1-z^2)^{\frac{1}{2}}z\ ,\quad P_2^2(z) = 3(1-z^2) \tag{5.31}$$

例題 5.1

(5.30) より (5.31) を求めよ．

【解答】 $l = 0$ は明らか．$l = 1$ は

$$P_1^0(z) = \frac{1}{2^1 1!}\frac{d}{dz}(z^2-1)^1 = \frac{1}{2}2z = z$$

$$P_1^1(z) = (1-z^2)^{\frac{1}{2}}\frac{d}{dz}P_1^0(z) = (1-z^2)^{\frac{1}{2}}$$

$l = 2$ は

$$P_2^0(z) = \frac{1}{2^2 2!}\frac{d^2}{dz^2}(z^2-1)^2 = \frac{1}{8}(4 \cdot 3z^2 - 2 \cdot 2) = \frac{1}{2}(3z^2-1)$$

$$P_2^1(z) = (1-z^2)^{\frac{1}{2}}\frac{d}{dz}P_2^0(z) = (1-z^2)^{\frac{1}{2}}3z$$

$$P_2^2(z) = (1-z^2)^{\frac{2}{2}}\frac{d^2}{dz^2}P_2^0(z) = (1-z^2)3$$

と求まる． □

● **球面調和関数 $Y_{lm}(\theta, \varphi)$**　　上で求めた $\Phi(\varphi)$ と $\Theta(\theta)$ を合わせ，角度方向の方程式 (5.22) の解は

$$Y_{lm}(\theta, \varphi) = (-1)^{\frac{m+|m|}{2}} \sqrt{\frac{(2l+1)(l-|m|)!}{4\pi(l+|m|)!}} P_l^{|m|}(\cos\theta)e^{im\varphi} \qquad (5.32)$$

となる．ただし，(5.28), (5.30) で見たように，l, m は $0 \le |m| \le l$ を満たす整数，すなわち，

$$l = 0, 1, 2, \dots, \quad m = 0, \pm1, \pm2, \dots, \pm l \qquad (5.33)$$

である．(5.32) を**球面調和関数**という．(5.32) の規格化定数は，(A.16) を用いて，正規直交関係

$$\int_0^\pi \sin\theta \, d\theta \int_0^{2\pi} Y_{lm}^*(\theta, \varphi) Y_{l'm'}(\theta, \varphi) \, d\varphi = \delta_{ll'}\delta_{mm'} \qquad (5.34)$$

を満たすように決めた．ここで，記号 δ_{ij} は**クロネッカーのデルタ**と呼ばれ，

$$\delta_{ij} = \begin{cases} 1 & (i = j) \\ 0 & (i \ne j) \end{cases} \qquad (5.35)$$

によって定義される．(5.32) に符号因子 $(-1)^{\frac{m+|m|}{2}}$ を入れるのが慣習的だが，その理由は 8 章の章末問題 8.3 で説明する．

$l = 0, 1, 2$ の場合の球面調和関数を示しておく．(5.32) に (5.31) を代入し

$$Y_{0,0} = \frac{1}{\sqrt{4\pi}}$$

$$Y_{1,0} = \sqrt{\frac{3}{4\pi}} \cos\theta \ , \quad Y_{1,\pm1} = \mp\sqrt{\frac{3}{8\pi}} \sin\theta \, e^{\pm i\varphi}$$

$$Y_{2,0} = \sqrt{\frac{5}{16\pi}}(3\cos^2\theta - 1) \ , \quad Y_{2,\pm1} = \mp\sqrt{\frac{15}{8\pi}} \sin\theta \cos\theta \, e^{\pm i\varphi}$$

$$Y_{2,\pm2} = \sqrt{\frac{15}{32\pi}} \sin^2\theta \, e^{\pm 2i\varphi}$$

$$(5.36)$$

を得る．

─ 例題 5.2 ─

$|\tilde{\phi}(r,\theta,\varphi)|^2 = |R(r)|^2 |Y_{lm}(\theta,\varphi)|^2$ が確率密度を与えるので，$|Y_{lm}(\theta,\varphi)|^2$ は θ, φ の向き（図 5.1 参照）での粒子の存在確率を表す．$|Y_{lm}(\theta,\varphi)|^2$ の θ, φ 依存性を表すため，各 θ, φ での動径座標 r に $|Y_{lm}(\theta,\varphi)|^2$ をとった点の集合のなす曲面を，$l = 0, 1, 2$ の場合に作図せよ．

【解答】 求める曲面の，z 軸を含む平面での断面図を図 5.2 に示す．これらを z 軸の周りに回転させたものが求める曲面である．$|Y_{lm}(\theta,\varphi)|^2$ は φ に依存しないが，(5.32) より $Y_{lm}(\theta,\varphi)$ には位相 $e^{im\varphi}$ の φ 依存性がある．これは他の状態への遷移や他の電子との相互作用などを通して観測される．

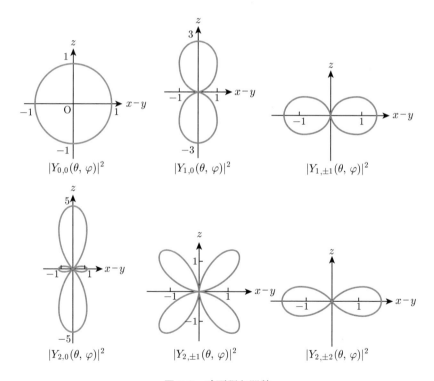

図 5.2 球面調和関数

　$m \neq 0$ の球面調和関数 $Y_{lm}(\theta, \varphi)$ は $\theta = 0, \pi$ で零になっている．これはルジャンドルの陪多項式 (5.30) が $z = \pm 1$ で零になることから明らかである．また，$m = 0$ の球面調和関数 $Y_{l0}(\theta, \varphi)$ は，(5.28) から明らかなように，φ によらない．したがって，波動関数の一価性の条件 (5.27) の第 3 条件は満たされている．

5.4　軌道角運動量演算子

　古典論で，粒子の角運動量は，位置 $\boldsymbol{r}$ と運動量 $\boldsymbol{p}$ を用いて $\boldsymbol{L} = \boldsymbol{r} \times \boldsymbol{p}$ と定義される．量子論では，物理量が (5.1), (5.2) のように演算子に置き換えられるので，位置と運動量の演算子をそれぞれ $\hat{\boldsymbol{r}}$, $\hat{\boldsymbol{p}}$ とハットをつけて表すと，**軌道角運動量**の演算子は

$$\hat{\boldsymbol{L}} = \hat{\boldsymbol{r}} \times \hat{\boldsymbol{p}} \tag{5.37}$$

で与えられる．成分で表すと

$$\begin{aligned}
\hat{L}_x &= \hat{y}\hat{p}_z - \hat{z}\hat{p}_y = -i\hbar \left(y \frac{\partial}{\partial z} - z \frac{\partial}{\partial y} \right) \\
\hat{L}_y &= \hat{z}\hat{p}_x - \hat{x}\hat{p}_z = -i\hbar \left(z \frac{\partial}{\partial x} - x \frac{\partial}{\partial z} \right) \\
\hat{L}_z &= \hat{x}\hat{p}_y - \hat{y}\hat{p}_x = -i\hbar \left(x \frac{\partial}{\partial y} - y \frac{\partial}{\partial x} \right)
\end{aligned} \tag{5.38}$$

となる．(5.12) を用いて，これを極座標で表し，

$$\begin{aligned}
\hat{L}_x &= i\hbar \left(\sin\varphi \frac{\partial}{\partial \theta} + \cot\theta \cos\varphi \frac{\partial}{\partial \varphi} \right) \\
\hat{L}_y &= -i\hbar \left(\cos\varphi \frac{\partial}{\partial \theta} - \cot\theta \sin\varphi \frac{\partial}{\partial \varphi} \right) \\
\hat{L}_z &= -i\hbar \frac{\partial}{\partial \varphi}
\end{aligned} \tag{5.39}$$

を得る．さらに，(5.39) を用いて計算すると

$$\begin{aligned}
\hat{\boldsymbol{L}}^2 &= \hat{L}_x^2 + \hat{L}_y^2 + \hat{L}_z^2 \\
&= -\hbar^2 \left(\frac{1}{\sin\theta} \frac{\partial}{\partial \theta} \sin\theta \frac{\partial}{\partial \theta} + \frac{1}{\sin^2\theta} \frac{\partial^2}{\partial \varphi^2} \right)
\end{aligned} \tag{5.40}$$

が得られる．

(5.40) と (5.22) を比較すると，(5.22) は

$$\hat{\boldsymbol{L}}^2 Y_{lm}(\theta, \varphi) = \hbar^2 l(l+1) Y_{lm}(\theta, \varphi) \tag{5.41}$$

と書けることがわかる．これは球面調和関数 $Y_{lm}(\theta, \varphi)$ が演算子 $\hat{\boldsymbol{L}}^2$ の固有関数で，固有値が $\hbar^2 l(l+1)$ であることを意味する．また，(5.39) の $\hat{L}_z$ の表式を (5.28) に作用させることにより，

$$\hat{L}_z Y_{lm}(\theta, \varphi) = \hbar m Y_{lm}(\theta, \varphi) \tag{5.42}$$

となることがわかる．これは $Y_{lm}(\theta, \varphi)$ が演算子 $\hat{L}_z$ の固有関数で，固有値が $\hbar m$ であることを意味する．このようにして，球面調和関数 $Y_{lm}(\theta, \varphi)$ が演算子 $\hat{\boldsymbol{L}}^2$ と $\hat{L}_z$ の同時固有関数で，固有値がそれぞれ $\hbar^2 l(l+1)$ と $\hbar m$ であることがわかった．l を**軌道量子数**もしくは**方位量子数**といい，m を**磁気量子数**という．

ここでは $\hat{\boldsymbol{L}}^2$ と $\hat{L}_z$ の同時固有関数を考えたが，z 軸の代わりにどの軸をとってもよい．$\hat{\boldsymbol{L}}^2$ と $\hat{L}_x$，$\hat{\boldsymbol{L}}^2$ と $\hat{L}_y$，あるいは $\hat{\boldsymbol{L}}^2$ と任意の向きの $\hat{L}_n$ を選んでも同様の結果が得られる．

古典論では角運動量は連続的な値を取り得たが，量子論では離散的な固有値しかとらない．また，古典論では (L_x, L_y, L_z) の値を同時に指定できたが，8.1 節で見るように，量子論では不確定性関係よりそれはできない．$l \neq 0$ の $Y_{lm}(\theta, \varphi)$ では $\hat{\boldsymbol{L}}^2$ と $\hat{L}_z$ の値は定まっているが，$\hat{L}_x$ と $\hat{L}_y$ の値は揺らいでいる．図 5.3 に $\hat{\boldsymbol{L}}^2$ と $\hat{L}_z$ の固有値をベクトルの長さと z 成分で表すが，$\hat{L}_x$ と $\hat{L}_y$ の固有値は定まっていないことに注意されたい．

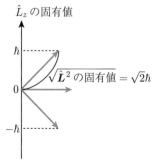

図 5.3　角運動量演算子の固有値（$l = 1$ の場合）

古典論では，ベクトル算法を用いると，

$$\boldsymbol{L}^2 = (\boldsymbol{r} \times \boldsymbol{p})^2 = r^2 \boldsymbol{p}^2 - (\boldsymbol{r} \cdot \boldsymbol{p})^2 \tag{5.43}$$

が得られ，

$$\boldsymbol{p}^2 = p_r^2 + \frac{1}{r^2} \boldsymbol{L}^2 \tag{5.44}$$

という関係が成り立つ．ここで，$p_r = \frac{1}{r} \boldsymbol{r} \cdot \boldsymbol{p}$ は動径方向の運動量である．実は，この関係式の量子版とでもいうべき，演算子間の関係式が成り立つ．ラプラシアンの極座標表示 (5.16) と角運動量演算子の極座標表示 (5.40) を比較すると，

$$\hat{\boldsymbol{p}}^2 = (-i\hbar \nabla)^2 = -\hbar^2 \nabla^2 = \hat{p}_r^2 + \frac{1}{r^2} \hat{\boldsymbol{L}}^2 \tag{5.45}$$

が得られる．ここで，動径方向の運動量の演算子を

$$\hat{p}_r = -i\hbar \frac{1}{r} \frac{d}{dr} r \tag{5.46}$$

とした．

(5.45) より，シュレーディンガー方程式の角度方向の方程式 (5.22) は演算子 $\hat{\boldsymbol{L}}^2$ の固有方程式になるので，球面調和関数が $\hat{\boldsymbol{L}}^2$ の固有関数であるのは当然である．

5.5　動径方向の波動方程式

動径方向の方程式 (5.21)

$$\left[-\frac{\hbar^2}{2m} \frac{1}{r} \frac{d^2}{dr^2} r + V(r) + \frac{\hbar^2 l(l+1)}{2mr^2} \right] R_l(r) = E R_l(r) \tag{5.47}$$

を考える．ここで，(5.33) より l は零もしくは正の整数である．新しい関数

$$\chi_l(r) = r R_l(r) \Leftrightarrow R_l(r) = \frac{\chi_l(r)}{r} \tag{5.48}$$

を導入すると，(5.47) は $\chi_l(r)$ に対する方程式

$$\left[-\frac{\hbar^2}{2m} \frac{d^2}{dr^2} + V(r) + \frac{\hbar^2 l(l+1)}{2mr^2} \right] \chi_l(r) = E \chi_l(r) \tag{5.49}$$

に書き換えられる．これはポテンシャル

$$V(r) + \frac{\hbar^2 l(l+1)}{2mr^2} \tag{5.50}$$

の中での 1 次元のシュレーディンガー方程式と同じ形をしている. (5.41) で見たように, $\hbar^2 l(l+1)$ は角運動量演算子 $\hat{\boldsymbol{L}}^2$ の固有値であるので, (5.50) の第 2 項は遠心力 $\frac{\boldsymbol{L}^2}{mr^3}\frac{\boldsymbol{r}}{r}$ に対するポテンシャル $\frac{\boldsymbol{L}^2}{2mr^2}$ を表している.

方程式 (5.47) や (5.49) は磁気量子数 m によらないので, この方程式を解いて得られる固有値 E や固有関数 $R_l(r)$ も m によらない. (5.33) で見たように, 各 l に対し $m = 0, \pm 1, \ldots, \pm l$ に対応する $2l+1$ 個の Y_{lm} が存在するので, 中心力ポテンシャルでは各エネルギー固有値の固有関数は $2l+1$ 重に縮退している. 分光学の用語を用いて, $l = 0, 1, 2, 3, 4, 5, \ldots$ の状態を s, p, d, f, g, h, ... 状態（または軌道）と呼ぶ.

以下では, 動径方向の方程式を解く際に波動関数に課すべき条件を考える. 波動関数の規格化条件 (5.26) は

$$\int_0^\infty |\chi_l(r)|^2 \, dr = 1 \tag{5.51}$$

を与え, $r \to \infty$ で

$$\chi_l(r) \to o\left(r^{-\frac{1}{2}}\right) \Leftrightarrow R_l(r) \to o\left(r^{-\frac{3}{2}}\right) \tag{5.52}$$

を要請する. ここで, $o(r^\alpha)$ は r^α よりも速く 0 に近づくことを意味する. 規格化可能性は $r \to 0$ でも (5.52) と同じ条件を要求するが, 以下の議論でわかるように, $r \to 0$ ではより強い条件 (5.54) を課す必要がある.

$r \to 0$ で $V(r) \to o(r^{-2})$ の場合, 方程式 (5.49) は

$$\left[-\frac{\hbar^2}{2m}\frac{d^2}{dr^2} + \frac{\hbar^2 l(l+1)}{2mr^2}\right]\chi_l(r) \simeq 0 \tag{5.53}$$

と近似できる. これに $\chi_l(r) = r^s$ を代入し, $s(s-1) - l(l+1) = 0$ を得, $s = -l, l+1$ を得る. よって, $r \to 0$ で $\chi_l(r) \sim r^{-l}$ または $\chi_l(r) \sim r^{l+1}$ となる.

$l \geq 1$ の場合, 解 $\chi_l(r) = r^{-l}$ は, $r \to 0$ での条件 (5.52) より棄却される. $l = 0$ の場合, $\chi_l(r) = r^{-l} = r^0$ は条件 (5.52) を満たすが, 実はこれは方程式の解ではない. 実際, このとき $R_0(r) = \frac{\chi_0(r)}{r} = r^{-1}$ となり, (5.36) より球面調和関数 $Y_{00}(\theta, \varphi) = \frac{1}{\sqrt{4\pi}}$ は定数なので,

$$\tilde{\phi}(r, \theta, \varphi) = R_0(r)Y_{00}(\theta, \varphi) = \frac{1}{\sqrt{4\pi}}r^{-1}$$

となる．$\nabla^2 r^{-1} = -4\pi\delta^{(3)}(\boldsymbol{r})$ なので，これは $r \sim 0$ でシュレーディンガー方程式 (5.7) を満たさない．

結局，全ての l について，$\chi_l(r) = r^{-l}$ が棄却され，$\chi_l(r) = r^{l+1}$ が許される．$l = 0$ の $\chi_l(r) = r^{-l} = r^0$ を棄却するため，(5.52) よりも強い，$r \to 0$ での境界条件

$$\chi_l(0) = rR_l(r)|_{r\to 0} = 0 \tag{5.54}$$

を課す．まとめると，動径方向の波動関数は，方程式 (5.47) もしくは (5.49) を，$r \to \infty$ での条件 (5.52) と $r \to 0$ での条件 (5.54) のもとに解けば得られる．

参　考

波動関数の一価性の条件 (5.27) の第2条件は，$r = 0$ で波動関数が θ や φ によらないことを要請する．$l = 0$ では球面調和関数 $Y_{00}(\theta, \varphi) = \frac{1}{\sqrt{4\pi}}$ が定数なので，この要請は満たされている．$l \geq 1$ では，(5.53) の下の段落で述べたように規格化条件より $r \sim 0$ で $\chi_l(r) \sim r^{l+1}$ となるので，$R_l(r) = \frac{\chi_l(r)}{r} \sim r^l$ より $R_l(0) = 0$ となり，やはりこの要請は満たされている．

5.6 水　素　原　子

水素原子は，正電荷 e を帯びた陽子と負電荷 $-e$ を帯びた電子から構成された，最も簡単な原子である．その間に働く力はクーロンポテンシャル

$$V(r) = -\frac{e^2}{4\pi\varepsilon_0 r} \tag{5.55}$$

で与えられる．原点に静止した陽子のまわりの電子の状態は，この中心力ポテンシャルでのシュレーディンガー方程式を解くことにより得られる．動径方向の方程式 (5.49) は，

$$\left[-\frac{\hbar^2}{2m}\frac{d^2}{dr^2} - \frac{e^2}{4\pi\varepsilon_0 r} + \frac{\hbar^2 l(l+1)}{2mr^2} \right]\chi_l(r) = E\chi_l(r) \tag{5.56}$$

となる．ここで，m は電子の質量である．実際は，陽子も静止せず運動しているが，その場合も 10 章の (10.16) のように陽子と電子の相対運動についての方程式を考えると，(5.56) の m として，電子の質量 m_e と陽子の質量 m_p の換算質量 $\frac{m_\mathrm{e} m_\mathrm{p}}{m_\mathrm{e} + m_\mathrm{p}}$ を用いた方程式が得られる．しかし，

$$\frac{m_e}{m_p} \simeq \frac{1}{1840} \ll 1$$

なので，換算質量は電子の質量に近い値となるなので，(5.56) で m を電子の質量と近似した．

　以下では，方程式 (5.56) を解いてエネルギー固有値と固有関数を求める．1.4 節でボーアの仮説を用いてエネルギー固有値 (1.22) を得たが，ここでは量子力学の第一原理からこれを導出する．結果は (5.68)，および (5.74) 以降にまとめられている．初めて量子力学を学ぶ読者には以下の導出が難しく思えるかもしれないが，その場合は導出の流れと結果を把握し，再度学ぶ際に詳しい計算を追えばよい．導出の流れは，3.4 節で調和振動子のシュレーディンガー方程式を解いたときと同じである．

　束縛状態を考えるので $E < 0$ とする．(5.56) で

$$\rho = \beta r \ , \quad \beta^2 = \frac{-8mE}{\hbar^2} \tag{5.57}$$

と変数変換し，

$$n = \frac{2me^2}{4\pi\varepsilon_0\hbar^2\beta} = \frac{e^2}{4\pi\varepsilon_0\hbar}\left(\frac{m}{-2E}\right)^{\frac{1}{2}} \tag{5.58}$$

とおくと，(5.56) は

$$\left[\frac{d^2}{d\rho^2} + \frac{n}{\rho} - \frac{1}{4} - \frac{l(l+1)}{\rho^2}\right]\chi_l\left(\frac{\rho}{\beta}\right) = 0 \tag{5.59}$$

と書き換えられる．ここで，ρ や n は無次元量（単位のない量）である．

　$\rho \to \infty$ で (5.59) は

$$\left(\frac{d^2}{d\rho^2} - \frac{1}{4}\right)\chi_l \simeq 0 \tag{5.60}$$

と近似できる．2 つの独立な解 $e^{\pm\frac{\rho}{2}}$ のうち規格化可能なものは $e^{-\frac{\rho}{2}}$ である．

$$\chi_l\left(\frac{\rho}{\beta}\right) = F_l(\rho)e^{-\frac{\rho}{2}} \tag{5.61}$$

とおくと，(5.59) は

$$\left[\frac{d^2}{d\rho^2} - \frac{d}{d\rho} + \frac{n}{\rho} - \frac{l(l+1)}{\rho^2}\right]F_l(\rho) = 0 \tag{5.62}$$

と書き替えられる．

(5.54) の上で見たように, $\rho \to 0$ で $F_l(\rho) \sim \rho^{l+1}$ とふるまうので,

$$F_l(\rho) = \rho^{l+1} L(\rho) \tag{5.63}$$

とおくと, (5.62) は

$$\left[\rho \frac{d^2}{d\rho^2} + (2l + 2 - \rho) \frac{d}{d\rho} + (n - l - 1) \right] L(\rho) = 0 \tag{5.64}$$

と書き替えられる. 冪級数の形 $L(\rho) = \sum_{i=0}^{\infty} c_i \rho^i$ を仮定して, (5.64) に代入すると,

$$\sum_{i=0}^{\infty} \{ (i+1)(i+2l+2)c_{i+1} + (n-l-1-i)c_i \} \rho^i = 0 \tag{5.65}$$

となる. あらゆる ρ の値に対して (5.65) が成り立つためには, 全ての i に対する ρ^i の係数が零, すなわち

$$(i+1)(i+2l+2)c_{i+1} = -(n-l-1-i)c_i \tag{5.66}$$

が必要である.

(5.66) より $i \to \infty$ で $\frac{c_{i+1}}{c_i} \to \frac{1}{i}$ となるので, $\rho \to \infty$ で $L(\rho) \sim e^\rho$ となる. さらに (5.61) より $\chi_l \sim e^{\frac{\rho}{2}}$ となり, 発散する. よって, 波動関数が規格化可能であるためには, 級数 $L(\rho) = \sum_{i=0}^{\infty} c_i \rho^i$ が有限の次数の項で終わらなければならず, (5.66) の右辺の係数が零になる i が存在することが必要である. その i を n_r と書く.

$$n = l + 1 + n_r \tag{5.67}$$

を満たす整数 $n_r \geq 0$ が存在するとき, $c_{n_r+1} = c_{n_r+2} = \cdots = 0$ となり, $L(\rho)$ は最高次が ρ^{n_r} の多項式となる.

(5.58) で n を導入した時点では n に制限がなかったが, (5.67) より n は 1 以上の整数でなければならないことがわかった. よって, 水素原子のエネルギー固有値は, (5.58) より,

$$E_n = -\frac{me^4}{2(4\pi\varepsilon_0)^2 \hbar^2} \frac{1}{n^2} = -\frac{13.6 \, \text{eV}}{n^2} \quad (n = 1, 2, \ldots) \tag{5.68}$$

となり, n でラベルされた離散的な値をとる. これは 1.4 節で得た (1.22) を量子力学の第一原理から導出したことになる. この n を**主量子数**という. また,

(5.67) での n_r を**動径量子数**という.

(5.67) より, 各 n に対し $0 \leq l \leq n-1$ を満たす l が許される. (5.68) で見たように水素原子のエネルギー固有値は量子数 n のみによるので, この

$$l = 0, 1, \ldots, n-1 \tag{5.69}$$

の状態は同じエネルギー固有値を与える.

● **水素原子の波動関数** 微分方程式

$$\left[\rho \frac{d^2}{d\rho^2} + (p+1-\rho)\frac{d}{d\rho} + (q-p) \right] L_q^p(\rho) = 0 \tag{5.70}$$

の多項式の解は

$$L_q^p(\rho) = \frac{d^p}{d\rho^p} e^\rho \frac{d^q}{d\rho^q}(\rho^q e^{-\rho}) \tag{5.71}$$

で与えられ, **ラゲールの陪多項式**という (詳しくは A.3 節を参照されたい). 方程式 (5.64) は (5.70) で $p = 2l+1$, $q = n+l$ とおいたものなので, (5.64) の解は $L_{n+l}^{2l+1}(\rho)$ となる.

(5.61), (5.63) より, 動径方向の波動関数は

$$\chi_{nl}\left(\frac{\rho}{\beta}\right) = \rho^{l+1} L_{n+l}^{2l+1}(\rho) e^{-\frac{\rho}{2}}$$

となる. ここで, χ が量子数 n と l によることを χ_{nl} と記した. (5.57) に (5.68) を代入し

$$\rho = \frac{2r}{nr_0} , \quad r_0 = \frac{4\pi\varepsilon_0 \hbar^2}{me^2} = 5.29 \times 10^{-11} \text{ m} \tag{5.72}$$

となる. r_0 は (1.20) で導入した**ボーア半径**で, 波動関数の動径 r 方向での広がりのスケールを表す. 結局, 動径波動関数 $R_{nl}(r) = \frac{\chi_{nl}(r)}{r}$ は, 規格化因子も含め,

$$R_{nl}(r) = -\left[\left(\frac{2}{nr_0}\right)^3 \frac{(n-l-1)!}{2n\{(n+l)!\}^3} \right]^{\frac{1}{2}} e^{-\frac{r}{nr_0}} \left(\frac{2r}{nr_0}\right)^l L_{n+l}^{2l+1}\left(\frac{2r}{nr_0}\right)$$
$$\tag{5.73}$$

となる. (5.73) が規格化条件 (5.26) を満たすことは, 関係式 (A.42) で $p = 2l+1$, $q = n+l$ とおいたものを用いれば示せる.

┌─── **例題 5.3** ─────────────────────────────┐

$n = 1, 2$ の場合の $R_{nl}(r)$ を求めよ.

└───────────────────────────────────────┘

【解答】　　(5.73) に (5.71) の結果を代入し,

$$R_{10}(r) = -2\left(\frac{1}{r_0}\right)^{\frac{3}{2}} L_1^1\left(\frac{2r}{r_0}\right) e^{-\frac{r}{r_0}} = 2\left(\frac{1}{r_0}\right)^{\frac{3}{2}} e^{-\frac{r}{r_0}}$$

$$R_{20}(r) = -\frac{1}{2}\left(\frac{1}{2r_0}\right)^{\frac{3}{2}} L_2^1\left(\frac{r}{r_0}\right) e^{-\frac{r}{2r_0}}$$

$$= \left(\frac{1}{2r_0}\right)^{\frac{3}{2}} \left(2 - \frac{r}{r_0}\right) e^{-\frac{r}{2r_0}}$$

$$R_{21}(r) = -\frac{1}{2}\left(\frac{1}{3!\, r_0}\right)^{\frac{3}{2}} \left(\frac{r}{r_0}\right) L_3^3\left(\frac{r}{r_0}\right) e^{-\frac{r}{2r_0}}$$

$$= \frac{1}{\sqrt{3}}\left(\frac{1}{2r_0}\right)^{\frac{3}{2}} \left(\frac{r}{r_0}\right) e^{-\frac{r}{2r_0}}$$

となる. (5.73) での因子 $e^{-\frac{r}{nr_0}}$ のため, 主量子数 n の大きな状態の波動関数は外側に広がる. また, ラゲール陪多項式 L_{n+l}^{2l+1} のため, 動径量子数 $n_r = n - l - 1$ の大きい状態の波動関数は節が多くなる.　　　　　□

　電子が半径 r と $r + dr$ の 2 つの球面の間の球殻に見つけられる確率は

$$|\chi_{nl}(r)|^2 = r^2 |R_{nl}(r)|^2$$

で与えられる. この確率の r 依存性を, $n = 1, 2$ の場合について図 5.4 に示す.

　まとめると, 水素原子の波動関数は, 主量子数 n, 軌道量子数 l, 磁気量子数 m で指定され,

$$\tilde{\phi}_{nlm}(r, \theta, \varphi) = R_{nl}(r) Y_{lm}(\theta, \varphi) \tag{5.74}$$

となる. ここで, 動径方向の波動関数 $R_{nl}(r)$ は (5.73), 角度方向の波動関数 $Y_{lm}(\theta, \varphi)$ は (5.32) である. エネルギー固有値 (5.68) は主量子数 n のみによるが, (5.69) で見たように各 n に対し $l = 0, 1, \ldots, n-1$, (5.33) で見たように各 l に対し $m = 0, \pm 1, \ldots, \pm l$ が許される. このように 1 つのエネルギー固有値に対し複数の異なる固有関数が存在することを**縮退**という. l に対する $m = 0, \pm 1, \ldots, \pm l$ の縮退は中心力ポテンシャルの場合は常に存在するが,

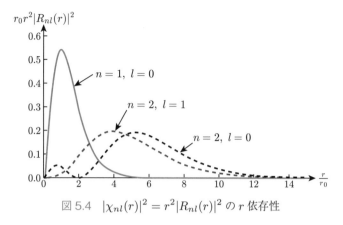

図 5.4 $|\chi_{nl}(r)|^2 = r^2|R_{nl}(r)|^2$ の r 依存性

n に対する $l = 0, 1, \dots, n-1$ の縮退は水素原子に特有のものである.

表 5.1 に, $n = 1, 2, 3$ に対して取り得る l と m の値を示す. 分光学で n と l で指定される状態を 1s, 2s などと表すので, それも合わせて記した. また, 各 l および各 n の状態数(縮退度)も示した. 各 n での縮退度は

$$\sum_{l=0}^{n-1} \sum_{m=-l}^{l} 1 = \sum_{l=0}^{n-1} (2l+1) = n^2 \tag{5.75}$$

となる. 図 5.5 に, エネルギー固有値 (5.68) とエネルギー固有状態を示す.

表 5.1 水素原子のエネルギー固有状態を指定する量子数 n, l, m

n	l	m	分光学での記法	各 l の状態数	各 n の状態数
1	0	0	1s	1	1
2	0	0	2s	1	4
	1	0, ±1	2p	3	
3	0	0	3s	1	9
	1	0, ±1	3p	3	
	2	0, ±1, ±2	3d	5	

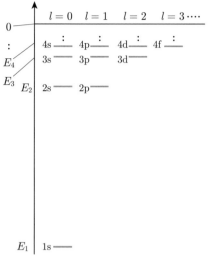

図5.5　水素原子のエネルギー準位

演　習　問　題

演習 5.1　He^+ や Li^{2+} のように，原子核と電子1個からなるイオンを**水素類似原子**または**水素型イオン**という．原子核の陽子数が Z の水素類似原子でのエネルギー固有値および固有関数を求めよ．

演習 5.2　**ミュー粒子**は電子と同じ電荷と電子の207倍の質量を持つ粒子である．電子の代わりにミュー粒子が原子核に束縛されたものを**ミューオニック原子**という．陽子とミュー粒子からなるミューオニック原子のエネルギー固有値と固有関数を求めよ．

演習 5.3　3次元での球対称な井戸型ポテンシャル

$$V(r) = \begin{cases} 0 & (0 \leq r \leq a) \\ V_0 & (a < r) \end{cases}$$

での束縛状態を考える．図3.11の横軸を動径座標 r に置き換えたものである．

(1)　$l = 0$ の場合の動径方向の方程式を求め，エネルギー準位を考察せよ．

(2)　$l \geq 1$ の場合の動径方向の方程式を求め，エネルギー準位を考察せよ．

演習 5.4　3次元の調和振動子ポテンシャル

$$V = \frac{1}{2}m\omega^2 r^2 = \frac{1}{2}m\omega^2(x^2 + y^2 + z^2)$$

を考える.

(1)　変数分離形の解 $\phi(x,y,z) = X(x)Y(y)Z(z)$ が存在し，エネルギー固有値は $\hbar\omega\left(n+\frac{3}{2}\right)$，ただし $n = 0,1,2,\ldots$ であり，各 n の準位は $\frac{(n+2)(n+1)}{2}$ 重に縮退していることを示せ.

(2)　次に極座標で解析しよう.

$$\rho = \alpha r\ ,\quad \alpha = \sqrt{\frac{m\omega}{\hbar}}\ ,\quad E = \frac{1}{2}\hbar\omega\varepsilon$$

$$\tilde{\phi}(r,\theta,\varphi) = \rho^l f_l(\rho)e^{-\frac{\rho^2}{2}}Y_{lm}(\theta,\varphi)$$

とおいて $f_l(\rho)$ に対する方程式を求め，$f_l(\rho)$ が多項式解を持つための条件を求めよ.

演習 5.5　水素原子の動径座標（電子と陽子の距離）の期待値を以下のように計算せよ.

(1)　(5.73), (A.43) を用いて次を示せ.

$$\langle r \rangle = \int_0^\infty r|R_{nl}(r)|^2 r^2\, dr = \frac{r_0}{2}\{3n^2 - l(l+1)\} \tag{5.76}$$

(2)　(5.73), (A.41) を用いて

$$\left\langle \frac{1}{r} \right\rangle = \int_0^\infty \frac{1}{r}|R_{nl}(r)|^2 r^2\, dr = \frac{1}{n^2 r_0} \tag{5.77}$$

を示せ．これはボーアの仮説から得られた結果 (1.20) で両辺の逆数をとったものに一致する.

第6章

量子力学の体系

　前章までで1次元や3次元中心力ポテンシャルの問題を扱うことにより，量子力学がミクロな世界をどのように記述するかおよそ理解できたであろう．本章では，再び量子力学の理論体系を整理する．やや馴染みの薄い抽象的な表現を用いるが，これにより理論をコンパクトに表すことができ，量子論とはこんなものだと全体を捉えることができる．また，量子論の適用範囲は，原子，分子のみならず原子核，素粒子などあらゆる微視的な現象に及ぶ．そのような様々な系を表すためにも，一般的な定式化が必要なのである．

6.1　古典論の体系

　量子論を説明する前に古典論の枠組みを復習しよう．ニュートンの運動方程式 (1.1) は

$$m\frac{d^2}{dt^2}\boldsymbol{x} = \boldsymbol{f} \tag{6.1}$$

と書けるが，これは時間についての2階の微分方程式なので，これを時刻 $t = t_0$ での位置 $\boldsymbol{x}(t_0)$ と速度 $\frac{d}{dt}\boldsymbol{x}(t_0)$ を初期条件として解けば，任意の時刻 t での位置 $\boldsymbol{x}(t)$ と速度 $\frac{d}{dt}\boldsymbol{x}(t)$ が一意的に求まる．多粒子系でも，例えば3次元空間での N 粒子系の場合，座標の数を x_i $(i = 1, 2, \ldots, 3N)$ のように増やせば同様に扱うことができ，原理的にはあらゆるマクロな系を記述することができる．

　ここで，古典論の特徴を2つ挙げよう．

- 各時刻での状態は位置と速度 $(x_i, \frac{d}{dt}x_i)$ の値で指定される．正準形式，またはハミルトニアン形式を学んだ読者なら，位置と運動量 (x_i, p_i) の値と言ってもよい．いずれにせよ，いくつかの物理量（直接観測できる量）の値で状態が指定される．

- 運動方程式 (6.1) を解くことにより，初期状態が与えられれば，任意の時刻での状態が一意的に求まる．

しかしながら，ミクロな世界では，不確定性関係 (2.28) に表されるように，一般に複数の物理量を同時に指定できない．また，1 章で見たように粒子と波動の二重性が存在するので，波動関数で状態を指定し確率解釈を導入すべきである．このようにミクロな世界は古典論では記述できない．6.3 節で，古典論に代わってミクロな世界を記述する，量子論での法則を紹介する．その前に次節で数学的準備を行う．

6.2 線形代数の復習

この節では，6.3 節で必要になる線形代数の復習をする．

(1) 線形空間

和と定数倍の定義された空間を**線形空間**という．すなわち，v_1 と v_2 が集合 V の任意の元で，c_1 と c_2 が任意の複素数（実数）のとき，$c_1 v_1 + c_2 v_2$ が定義されこれも V の元の場合，集合 V を**複素線形空間**（**実線形空間**），もしくは**複素ベクトル空間**（**実ベクトル空間**）という．

関数にも和と定数倍が定義されるので，関数の集合も線形空間であり，これを**関数空間**と呼ぶ．6.3 節で参照しやすいよう，以下では線形空間として関数空間を用いた説明をする（とくに，複素数値関数の集合の複素線形空間を考える）．関数空間に慣れていない読者は，以下の表現で「関数 $\psi(x)$」を「線形空間の元（またはベクトル）ψ」などと読み替えれば，馴染みのある表現になるであろう．

(2) 線形演算子

関数 $\psi(x)$ に作用し，別の関数 $\hat{A}\psi(x)$ に変換する規則を**演算子**という．

$$\hat{A}: \psi(x) \to \hat{A}\psi(x) \tag{6.2}$$

（ここで，$\psi(x)$ は多変数関数でもよく，その場合 x は複数の変数の総称である）．また，

$$\hat{A}\big(c_1\psi_1(x) + c_2\psi_2(x)\big) = c_1\hat{A}\psi_1(x) + c_2\hat{A}\psi_2(x) \tag{6.3}$$

のように，線形結合をとってから $\hat{A}$ を作用させたものが，先に $\hat{A}$ を作用させてから線形結合をとったものに常に等しいとき，$\hat{A}$ を**線形演算子**という．

(3)　内積

2 つの関数 $\psi(x),\,\phi(x)$ から複素数 F への対応規則 $F[\psi(x),\phi(x)]$ を考え，これを簡単のため (ψ,ϕ) と表そう．この対応規則で

$$(\psi,\phi) = (\phi,\psi)^* \tag{6.4}$$

$$(\psi, c_1\phi_1 + c_2\phi_2) = c_1(\psi,\phi_1) + c_2(\psi,\phi_2) \tag{6.5}$$

$$(c_1\psi_1 + c_2\psi_2, \phi) = c_1^*(\psi_1,\phi) + c_2^*(\psi_2,\phi) \tag{6.6}$$

を満たすものを**内積**という（ここで用いる内積の具体的表式は (6.23) に示す）．(6.5) と (6.6) を**内積の双線形性**という．(6.6) は (6.4) と (6.5) から示せる．

【証明】　(6.6) の左辺は，

$$(c_1\psi_1 + c_2\psi_2, \phi) = (\phi, c_1\psi_1 + c_2\psi_2)^* = \bigl(c_1(\phi,\psi_1) + c_2(\phi,\psi_2)\bigr)^*$$

$$= c_1^*(\phi,\psi_1)^* + c_2^*(\phi,\psi_2)^* = c_1^*(\psi_1,\phi) + c_2^*(\psi_2,\phi) \tag{6.7}$$

より，右辺に等しいことが示される．1 番目と 4 番目の等号で (6.4)，2 番目の等号で (6.5) を用いた．　　　　　　　　　　　　　　　　　　　　□

(4)　正定値，ノルム

任意の関数 $\psi(x)$ について $(\psi,\psi) \geq 0$ が成り立ち，かつ $(\psi,\psi) = 0$ となるのは $\psi(x) = 0$ の場合に限るとき，その関数空間（線形空間）と内積は**正定値**であるという．このとき，関数 $\psi(x)$ の**ノルム**を

$$|\psi| = \sqrt{(\psi,\psi)} \tag{6.8}$$

で定義する．本書では，正定値な線形空間と内積を考える．

(5)　基底

関数 $f_i(x)$ の線形結合が零（$\sum_i c_i f_i(x) = 0$）となるのは，全ての i についての係数が零（$c_i = 0$）の場合に限るとき，これらの関数 $f_i(x)$ は互いに**線形独立**であるという．任意の関数 $\psi(x)$ が，互いに線形独立な関数の集合 $\{f_i(x)\}$ を用いて

$$\psi(x) = \sum_i c_i f_i(x) \tag{6.9}$$

と表せるとき，$\{f_i(x)\}$ を関数空間（線形空間）の**基底**といい，c_i を**展開係数**という．必要な $f_i(x)$ の総数を線形空間の**次元**という．関数 $\psi(x)$ は線形空間の元，すなわちベクトルなので，その基底による展開係数 c_i はベクトルの成分といえる．

関数 $f_i(x)$ が内積

$$(f_i, f_j) = \delta_{ij} = \begin{cases} 1 & (i = j) \\ 0 & (i \neq j) \end{cases} \tag{6.10}$$

を満たすとき，$f_i(x)$ は**正規直交**であるといい，そのような基底を**正規直交基底**という．このとき，(6.9) の展開係数 c_i は

$$c_i = (f_i, \psi) \tag{6.11}$$

で与えられる．

【証明】 (6.11) の右辺に (6.9) を代入し，

$$(f_i, \psi) = \left(f_i, \sum_j c_j f_j\right) = \sum_j c_j(f_i, f_j) = \sum_j c_j \delta_{ij} = c_i \tag{6.12}$$

となり，(6.11) の左辺に等しいことが示される．2 番目の等号で内積の線形性 (6.5)，3 番目の等号で $\{f_i(x)\}$ の正規直交性 (6.10) を用いた． $\square$

関数 $\psi(x)$ が (6.9) のように，関数 $\phi(x)$ が $\phi(x) = \sum_i d_i f_i(x)$ のようにそれぞれ係数 c_i と d_i で展開されている場合，

$$(\psi, \phi) = \sum_i c_i^* d_i \tag{6.13}$$

が成り立つ．

【証明】 $\psi(x)$ と $\phi(x)$ の展開の式を左辺に代入し，

$$\left(\sum_i c_i f_i, \sum_j d_j f_j\right) = \sum_{i,j} c_i^* d_j(f_i, f_j) = \sum_{i,j} c_i^* d_j \delta_{ij} = \sum_i c_i^* d_i \tag{6.14}$$

となり，右辺に等しいことが示される．1 番目の等号で内積の双線形性 (6.5)，(6.6)，2 番目の等号で $\{f_i(x)\}$ の正規直交性 (6.10) を用いた． $\square$

(6.13) の右辺は，関数を基底で展開したときの係数，すなわちベクトルの成分の積の和であり，馴染み深い内積の表式であろう．また，(6.13) で $\phi(x) = \psi(x)$ とおくと $(\psi, \psi) = \sum_i |c_i|^2$ となり，関数 $\psi(x)$ が $(\psi, \psi) = 1$ と規格化されていれば展開係数 c_i も $\sum_i |c_i|^2 = 1$ と規格化される．

● **グラム–シュミットの正規直交化法**　以下の手順により，互いに線形独立な関数の集合 $\{f_i(x)\}$ から正規直交関係 $(v_i, v_j) = \delta_{ij}$ を満たす関数の集合 $\{v_i(x)\}$ を得ることができる．

まず，関数 $v_1(x)$ を

$$v_1(x) = \frac{f_1(x)}{|f_1|} , \quad |f_1| = \sqrt{(f_1, f_1)} \tag{6.15}$$

と定義すれば，$|v_1| = 1$ を満たす．次に関数 $v_2(x)$ を

$$u_2(x) = f_2(x) - v_1(x)\,(v_1, f_2) \tag{6.16}$$

$$v_2(x) = \frac{u_2(x)}{|u_2|} \tag{6.17}$$

と定義すれば，$(v_1, v_2) = 0, |v_2| = 1$ を満たす．さらに，関数 $v_3(x)$ を

$$u_3(x) = f_3(x) - v_1(x)\,(v_1, f_3) - v_2(x)\,(v_2, f_3) \tag{6.18}$$

$$v_3(x) = \frac{u_3(x)}{|u_3|} \tag{6.19}$$

と定義すれば，$(v_1, v_3) = 0, (v_2, v_3) = 0, |v_3| = 1$ を満たす．同様の手順を繰り返せば，任意の数の互いに線形独立な関数の組 $\{f_i(x)\}$ から，正規直交関係 $(v_i, v_j) = \delta_{ij}$ を満たす関数の組 $\{v_i(x)\}$ を得ることができる．

6.3　量子論の枠組み

量子論での法則は以下の4つにまとめることができる．ニュートンの運動の法則によりあらゆるマクロな現象を記述できたように，この法則を認めればあらゆるミクロな現象を記述できる．

① 状態は波動関数で指定される.

波動関数は $\psi(x_1, x_2, \ldots, x_f, t)$ のように，系を記述するのに必要な座標 x_i と時刻 t を変数とする，複素数値関数で表される．3次元空間中の1粒子の場

合ならば，その位置の x, y, z 座標を x_1, x_2, x_3 と表せば，これは 5.1 節で導入した波動関数に相当する．スピンのような内部自由度を含む場合は，8.3.2 項で導入するスピン座標を波動関数の変数に追加すればよい．多粒子系の場合は，10 章で見るように，全ての粒子についての座標を波動関数の変数に入れればよい．この波動関数 $\psi(x_1, x_2, \ldots, x_f, t)$ が各時刻 t での系の状態を指定する．

前節 6.2 で見たように，関数には和と定数倍が定義されるので，関数空間は線形空間である．任意の系で，波動関数は複素線形空間の元で表される．これは下の ③ で述べる重ね合わせの原理を表すために必要である．

② **物理量は演算子で表される．**

物理量は，波動関数に作用する演算子，とくに線形演算子 (6.3) で表される．例えば，位置と運動量の演算子は (5.1), (5.2)，つまり

$$\hat{x}_i = x_i , \quad \hat{p}_i = -i\hbar \frac{\partial}{\partial x_i} \tag{6.20}$$

で与えられる．この表式は多粒子系へ拡張しても成り立つ．位置と運動量で書かれた古典的物理量 $\mathcal{O}(\{x_i\}, \{p_i\})$ は，量子論では，x_i と p_i をそれぞれ演算子で置き換えた $\mathcal{O}(\{\hat{x}_i\}, \{\hat{p}_i\})$ で表される．ここで，$\{x_i\}$ は集合 $\{x_1, x_2, \ldots, x_f\}$，$\{p_i\}$ は集合 $\{p_1, p_2, \ldots, p_f\}$ を意味する．

参　考

7.3 節でも見るが，一般に演算子は積の順序によって異なった結果を与え，例えば $\hat{x}_i \hat{p}_i \neq \hat{p}_i \hat{x}_i$ である．よって，古典的物理量 $\mathcal{O}(\{x_i\}, \{p_i\})$ から量子的物理量 $\mathcal{O}(\{\hat{x}_i\}, \{\hat{p}_i\})$ を定義する際，演算子順序による不定性が生じる．また，位置と運動量の演算子 (6.20) は直交座標で与えているが，これらを例えば極座標で (6.20) と同様に定義すると，直交座標で定義してから極座標に変換したものと異なる量子論を与える．このように個々の古典論から量子論は一意的には定まらない．これを定めるためには，対称性など別の要請を理論に課す必要がある．

③ **状態の時間発展はシュレーディンガー方程式で与えられる．**

波動関数の時間発展はシュレーディンガー方程式

$$i\hbar \frac{\partial}{\partial t} \psi(\{x_i\}, t) = \hat{H} \psi(\{x_i\}, t) \tag{6.21}$$

で与えられる．ここで，$\hat{H}$ はハミルトニアン演算子である．時刻 $t = t_0$ での状態 $\psi(\{x_i\}, t_0)$ が与えられれば，この微分方程式を解くことにより，任意の

時刻 t での状態 $\psi(\{x_i\}, t)$ が一意的に求まる．これは古典論 (6.1) と同じ構造をしている．

シュレーディンガー方程式 (6.21) において，演算子 $i\hbar\frac{\partial}{\partial t}$ とハミルトニアン演算子 $\hat{H}$ が線形演算子なので，ψ_1 と ψ_2 がシュレーディンガー方程式の解ならば，その線形結合 $c_1\psi_1 + c_2\psi_2$ も解である．これは**重ね合わせの原理**を表している．

④ 観測

観測という操作をする際，必ずミクロな系がマクロな観測器と相互作用することになる（図 6.1 参照）．このとき，ミクロな系の時間発展はシュレーディンガー方程式に従わない．その代わりに従う法則を 6.3.1 項に示す（この部分は古典論と大きく異なり，量子論を初めて学ぶ読者は違和感を感じるであろうが，まずはあまり悩まずに受け止めてほしい）．

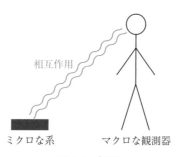

相互作用

ミクロな系　　　マクロな観測器

図 6.1　観測

6.3.1　確率解釈，波束の収縮，および期待値

時刻 t に波動関数 $\psi(x, t)$ の状態で物理量 $\hat{A}$ を観測する場合を考える．簡単のため座標の集合 $\{x_i\}$ を x と書いた．

まず，演算子 $\hat{A}$ の固有方程式

$$\hat{A}f_i(x) = a_i f_i(x) \tag{6.22}$$

を考える．ただし，a_i は固有値，$f_i(x)$ は固有関数，i は異なる固有関数を区別する添え字である．固有関数の集合 $\{f_i(x)\}$ として正規直交基底 (6.10) をとる（そのようにとれることは 7.1 節で示す）．ここで，関数 $\psi(x)$ と $\phi(x)$ の内

積は，積分を用いて

$$(\psi, \phi) = \int \psi^*(x)\phi(x)\,dx \tag{6.23}$$

で定義する．これは確かに内積の満たすべき性質 (6.4)–(6.6)，および正定値性
を満たす．

参　考

関数の内積 (6.23) は，ベクトルの成分による内積の表示 (6.13) で

$$i \to x \;,\quad \sum_i \to \int dx$$

と置き換えたものになっており，もっともらしい形をしている．実は，(6.32) や
(7.117) で見るように，$\psi(x)$ という表示は ψ というベクトルの x 成分とみなすこと
ができる．

複数の位置座標 x_i で系が記述される場合，(6.23) は多重積分になる．内積は直交
座標での積分で定義し，(6.23) は $dx_1 dx_2 \cdots dx_f$ を dx と略記したものである．例え
ば極座標など，別の座標系に移るとヤコビアン因子が現れるので，その重みを伴う積
分で内積を定義しなければならない．

これで準備が整った．「状態 $\psi(x, t)$ で物理量 $\hat{A}$ を観測する」とき，系の従う
法則は以下の通りである（図 6.2 参照）．

(i) 観測値は，演算子 $\hat{A}$ の固有値 a_i のいずれかをとる．

(ii) 各観測値 a_i が得られる確率は $|c_i|^2$ で与えられる．ここで，c_i は波
動関数 $\psi(x, t)$ の固有関数 $f_i(x)$ による展開 (6.9) での展開係数であり，
(6.11) で与えられる．この展開係数 c_i を**確率振幅**という．$\psi(x, t)$ の t
依存性を反映し，展開係数も $c_i(t)$ と時刻 t に依存するが，とくに必要
のない限りこの t を省略する．また，

$$(\psi, \psi) = \sum_i |c_i|^2 = 1$$

と規格化されているとする．

(iii) 観測値が a_i の場合，観測後，状態は瞬時にその固有関数 $f_i(x)$ に変
わる．

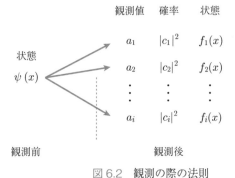

図 6.2 観測の際の法則

　原子のエネルギー準位が離散的なのは、3 章や 5 章で見たように束縛状態の
エネルギー固有値が離散的で、上記の法則 (i) より観測値はそのいずれかの値
をとるからである。また、古典論では状態を決めれば観測値が決まるが、量子
論では一意的には決まらず、各観測値を得る確率が法則 (ii) によって与えられ
る。これを量子論での**確率解釈**という。上記 (ii) が、2.2 節で紹介した確率解釈
を一般化したものであることは 100 ページで説明する。さらに、量子論では観
測の結果、状態が $\psi(x)$ から固有関数 $f_i(x)$ に瞬時に変化する。この法則 (iii)
を**波束の収縮**、**状態の収縮**、**波動関数の収縮**などという。

● $\boldsymbol{\psi(x) = f_i(x)}$ **の場合**　観測前の状態 $\psi(x)$ が固有関数 $f_i(x)$ に一致する
場合、(6.9) での展開係数は

$$c_i = 1 , \quad c_j = 0 \quad (j \neq i) \tag{6.24}$$

となる。よって、法則 (ii) より、a_i を観測する確率は $|c_i|^2 = 1$、a_j $(j \neq i)$ を
観測する確率は $|c_j|^2 = 0$ となり、必ず a_i を観測する。また、法則 (iii) より、
観測後の状態は $f_i(x)$ となるが、これは観測前と変わらない。このように観測
前の状態が固有状態の場合は、観測の結果が一意的に決まり、状態の瞬時の変
化もなく、古典論の場合と同様になる。

● **期待値**　状態 $\psi(x)$ で物理量 $\hat{A}$ を観測したときの**期待値**は

$$(\psi, \hat{A}\psi) = \int \psi^*(x) \hat{A}\psi(x) \, dx \tag{6.25}$$

で与えられる。

【証明】 左辺に (6.9) を代入し,

$$(\psi, \hat{A}\psi) = \left(\sum_i c_i f_i, \hat{A}\sum_j c_j f_j\right) = \left(\sum_i c_i f_i, \sum_j c_j \hat{A} f_j\right)$$

$$= \left(\sum_i c_i f_i, \sum_j c_j a_j f_j\right) = \sum_{i,j} c_i^* c_j a_j (f_i, f_j) = \sum_{i,j} c_i^* c_j a_j \delta_{ij}$$

$$= \sum_i |c_i|^2 a_i \tag{6.26}$$

となる. 2 番目の等号で演算子 $\hat{A}$ の線形性 (6.3), 3 番目の等号で固有方程式 (6.22), 4 番目の等号で内積の双線形性 (6.5), (6.6), 5 番目の等号で $\{f_i(x)\}$ の正規直交性 (6.10) を用いた. ところで, 法則 (ii) より $|c_i|^2$ は観測値 a_i を得る確率なので, これはまさに期待値を与える. □

(6.25) は, 2.2.1 項で導入した期待値の, 一般の物理量に拡張された定義である.

● **連続固有値の場合** 演算子 $\hat{A}$ の固有値が連続的な値をとる場合, 固有方程式 (6.22) を拡張して

$$\hat{A}f_a(x) = af_a(x) \tag{6.27}$$

と表そう. a は固有値, $f_a(x)$ はその固有関数である. 関数 $\{f_a(x)\}$ の正規直交性は, (6.10) を拡張し, デルタ関数を用いて

$$(f_a, f_b) = \delta(a - b) \tag{6.28}$$

と表される. 任意の関数 $\psi(x)$ は, (6.9) を拡張した表式

$$\psi(x) = \int c_a f_a(x)\, da \tag{6.29}$$

によって, 基底 $\{f_a(x)\}$ で展開される. 展開係数 c_a は, (6.11) と同様に,

$$c_a = (f_a, \psi) \tag{6.30}$$

で与えられる.

このとき, 法則 (ii) は次のように表される:

a から $a + da$ の間の観測値が得られる確率は $|c_a|^2\, da$ で与えられる.

● **2.2 節での確率解釈，および 1.3.2 項での二重スリット実験の再考**

　法則 (ii) が，2.2 節で紹介した確率解釈を内包することを示そう．そこで，状態 $\psi(x)$ で位置 $\hat{x}$ を観測する場合を考える．演算子 $\hat{x}$ の固有関数はデルタ関数で与えられ，固有方程式は

$$\hat{x}\delta(x - x_0) = x\delta(x - x_0) = x_0\delta(x - x_0) \tag{6.31}$$

と表される．1 番目の等号では演算子 $\hat{x}$ の定義式 $\hat{x} = x$ を用いた．2 番目の等号は，デルタ関数が $x = x_0$ でのみ非零の値を持つので成り立つ．(6.31) の最左辺と最右辺を比較すると，この式は，x_0 が演算子 $\hat{x}$ の固有値で，$\delta(x - x_0)$ がその固有関数であることを表している．

　デルタ関数の定義式 (4.55) より

$$\psi(x) = \int \psi(x_0)\delta(x - x_0)\, dx_0 \tag{6.32}$$

が成り立つ．これを波動関数 $\psi(x)$ の基底 $\delta(x - x_0)$ での展開とみなすと，$\psi(x_0)$ は (6.29) での展開係数 c_{x_0} に対応する．したがって，法則 (ii) より，位置を測定した際，x_0 から $x_0 + dx_0$ の間の観測値が得られる確率は

$$|c_{x_0}|^2\, dx_0 = |\psi(x_0)|^2\, dx_0$$

で与えられる．これはまさに 2.2 節で紹介した確率解釈である．

　さらに，法則 (iii) を考えよう．観測前の波動関数 $\psi(x)$ は空間の中で広がっているが，位置を観測すると，$x = x_0$ に局在した状態 $\delta(x - x_0)$ に変化する．広がった波束がデルタ関数に局在化するので，まさに波束の収縮というイメージに合う．1.3.2 項で二重スリット実験の紹介をしたが，電子がスクリーン上にポツン，ポツンと点状の輝点を作って検出されるのは，その際位置が観測され，局在した波動関数に変化するからである．観測される直前まで状態は広がった波動関数で表され，二重スリットの両方を通りその後干渉する．法則 (ii) より，その絶対値の二乗がスクリーン上の各位置での観測確率を与えるのである．

参　考

　確率解釈や波束の収縮は，古典論にない量子論の法則であり，量子力学を最初学ぶ際に誰しも違和感を感じる．実は，量子論が創出された 20 世紀初頭の物理学者もそうで，例えば，アインシュタインは神はサイコロをふらないと言って確率解釈を嫌った．物理学の基本法則に確率が導入されるのは受け入れがたい．また，観測により波

動関数が瞬時に変化するのは感覚的に受け入れがたいだけでなく，因果律に反するかもしれない．例えば，アインシュタイン，ポドルスキー（B. Podolsky），ローゼン（N. Rosen）は，1つの粒子が2個の粒子に崩壊し遠くに離れた後，一方の粒子に関して観測を行うと，波束の収縮が生じ遠く離れたもう1つの粒子に瞬時に影響を与えてしまい，因果律を破るように見えるというパラドクスを提示した．3人の頭文字をとって EPR パラドックスと呼ばれている．

量子論での観測に関する研究はその後も行われ様々な結果が出されている．観測の対象となるミクロな系と観測器系，およびその間の相互作用を含めた全体（図6.1）を1つの量子系として扱うことは可能で，実際の測定過程においてそれがどのように時間発展し波束の収縮が起こるのかを明らかにするのは重要である．また，EPR パラドックスにも見られる量子的な相関，もしくは量子的なもつれに関しても，様々な研究がなされ興味深い結果が出されている．しかし，初めて量子力学を学ぶ際にこのような研究の話を聞くと，量子論は怪しげな理論だという誤解を受けてしまうかもしれない．必ず覚えておいてほしいのは，量子論は正しいということだ．この節でまとめた法則 ①–④ から得られる計算結果と，人類が今まで行ったあらゆる実験や観測の結果が一致しており，ずれは見つかっていない．

そもそも古典論をさほど難なく受け入れらるのは，ニュートンにより運動の法則が示されてから300年以上がたち，その間に次のことが進められたからであろう．一つは，最小作用の原理や正準形式など，見やすく，様々な系に拡張しやすい形式への書き換えが行われ，また，電磁気学，統計力学，相対論なども発展し，それら全体が矛盾のない古典論としてまとめられたことである．さらに，20世紀には古典論の限界にぶつかり量子論という新たな枠組みが創られ，本質的に一段深い理解が得られた．もう一つは，教育課程に古典論の内容が取り入れられ，小学生から滑車やてこ，力のつり合いなどの教育が行われ，わかりやすい教科書も多く出版され，教育制度が整えられたことである．さらに，自動車や電気製品など，古典論を用いた科学技術が身のまわりにあふれ，身近に感じられるようになった．

このように，理論の整備と発展，教育の整備，科学技術の普及により，人々は違和感なく古典論を受け入れるようになってきた．量子論が提示されて100年ほどたったが，量子論もこのような発展を続け，今後徐々に違和感なく受け入れられるようになるであろう．今量子力学を初めて学ぶ人は，あまり悩まずに受け止めて先に進んでほしい．

演習 6.1 互いに線形独立な関数 $f_i(x)$ で関数 $\psi(x)$ が (6.9) のように展開されているとき,その展開係数 c_i は一意的に決まることを示せ.

演習 6.2 1次元の無限に深い井戸型ポテンシャル (3.9) を考える.時刻 $t = 0$ での状態が

$$\psi_0(x) = \frac{1}{\sqrt{2}}(\phi_1(x) + \phi_2(x))$$

であったとする.ただし,$\phi_1(x)$ と $\phi_2(x)$ はそれぞれ (3.17) に与えられている基底状態と第1励起状態である.

(1) 時刻 t での波動関数 $\psi(x, t)$ を求めよ.

(2) 時刻 t での状態 $\psi(x, t)$ において $\psi_0(x)$ を見出す確率振幅および確率を求めよ.

第7章

演算子の諸性質

本章では，前章に続き量子力学の体系，とくに演算子の代数的な性質について説明する．量子力学では物理量を演算子で表すが，とくにエルミート演算子を用いるので，これを 7.1 節で紹介する．7.2 節では，基底を定めることにより演算子が行列で表現できることを説明する．7.3 節では，演算子の交換関係，または交換子について説明する．7.4 節では，演算子の代数的手法を用いて調和振動子のシュレーディンガー方程式を解く．最後に 7.5 節で，ブラとケットの記法を紹介する．

7.1 エルミート演算子

物理量の観測値は実数なので，対応する演算子の固有値も実数でなければならない．この節では，固有値が全て実数である，エルミート演算子を紹介する．

まずエルミート共役を定義する．これは演算子から演算子への変換 $\hat{A} \to \hat{A}^\dagger$ で，任意の関数 $\psi(x)$ と $\phi(x)$ に対し，

$$(\psi, \hat{A}^\dagger \phi) = (\hat{A}\psi, \phi) \tag{7.1}$$

$$= (\phi, \hat{A}\psi)^* \tag{7.2}$$

を満たすものである．2番目の等号で (6.4) を用いた．**エルミート演算子**，**反エルミート演算子**は，それぞれ

$$\begin{aligned} \text{エルミート演算子：} \quad & \hat{A}^\dagger = \hat{A} \\ \text{反エルミート演算子：} \quad & \hat{A}^\dagger = -\hat{A} \end{aligned} \tag{7.3}$$

を満たす演算子のことである．

例題 7.1

運動量演算子 $\hat{p} = -i\hbar\dfrac{d}{dx}$ はエルミートであることを示せ.

【解答】 まず，微分演算子 $\dfrac{d}{dx}$ を考えよう．(7.2) に $\hat{A} = \dfrac{d}{dx}$ を代入し，内積の定義 (6.23) を用いて

$$\left(\phi, \frac{d}{dx}\psi\right)^* = \left(\int \phi^*(x)\frac{d}{dx}\psi(x)\,dx\right)^* = \int \phi(x)\frac{d}{dx}\psi^*(x)\,dx \quad (7.4)$$

となる．部分積分を実行すると，これは

$$-\int \psi^*(x)\frac{d}{dx}\phi(x)\,dx = -\left(\psi, \frac{d}{dx}\phi\right) \quad (7.5)$$

となる．ここで，関数 $\psi(x)$ や $\phi(x)$ が積分区間の境界（例えば遠方 $x \to \pm\infty$）で零になると仮定し，部分積分の表面項を落とした．これと (7.1) の左辺を比較し，

$$\frac{d}{dx}^\dagger = -\frac{d}{dx}$$

を得る．よって，$\dfrac{d}{dx}$ は反エルミート演算子である．したがって，運動量演算子 $\hat{p} = -i\hbar\dfrac{d}{dx}$ はエルミート演算子である． □

エルミート共役に関して次の2つの関係が成り立つ．
- 共役の共役はもとに戻る．つまり

$$(\hat{A}^\dagger)^\dagger = \hat{A} \quad (7.6)$$

【証明】 (7.2) を2度用いて，

$$(\psi, (\hat{A}^\dagger)^\dagger\phi) = (\phi, \hat{A}^\dagger\psi)^* = (\psi, \hat{A}\phi)^{**} = (\psi, \hat{A}\phi) \quad (7.7)$$

となる．これが任意の関数 $\psi(x)$ と $\phi(x)$ について成り立つので，演算子としての関係式 (7.6) が成り立つ． □

- 演算子の積のエルミート共役に関して

$$(\hat{A}\hat{B})^\dagger = \hat{B}^\dagger\hat{A}^\dagger \quad (7.8)$$

が成り立つ．

【証明】 (7.1) より

$$(\psi, (\hat{A}\hat{B})^{\dagger}\phi) = (\hat{A}\hat{B}\psi, \phi)$$
$$= (\hat{B}\psi, \hat{A}^{\dagger}\phi) = (\psi, \hat{B}^{\dagger}\hat{A}^{\dagger}\phi) \qquad (7.9)$$

となる. 1番目の等号で左辺から右辺に移るときは (7.1) の左辺から右辺への変換, 2番目, 3番目の等号では (7.1) の右辺から左辺への変換を用いた. これが任意の関数 $\psi(x)$, $\phi(x)$ について成り立つので, 演算子としての関係式 (7.8) が成り立つ. □

とくに, $(\hat{A}^n)^{\dagger} = (\hat{A}^{\dagger})^n$ となる. よって, $\hat{A}$ がエルミート演算子なら $\hat{A}^n$ もエルミートである. 位置と運動量の演算子 $\hat{x}$, $\hat{p}$ がエルミートなので, $\hat{H} = \frac{\hat{p}^2}{2m} + V(\hat{x})$ の形をしたハミルトニアン演算子もエルミートである.

次に, エルミート演算子に関する定理を3つ述べる.

> **定理 7.1** エルミート演算子の固有値は実数である.

【証明】 $f(x)$ が演算子 $\hat{A}$ の固有値 a に対する固有関数とする.

$$\hat{A}f(x) = af(x) \qquad (7.10)$$

これと内積の線形性 (6.5) より

$$(f, \hat{A}f) = (f, af) = a(f, f) \qquad (7.11)$$

となる. $\hat{A}$ がエルミート演算子のとき, $\hat{A} = \hat{A}^{\dagger}$ なので, エルミート共役の定義 (7.2) を用いて,

$$(f, \hat{A}f) = (f, \hat{A}^{\dagger}f) = (f, \hat{A}f)^* = a^*(f, f) \qquad (7.12)$$

となる. 最後の等号で (7.11) と $(f, f)^* = (f, f)$ を用いた. ところで $f(x) = 0$ は自明に固有方程式 (7.10) を満たすので, 固有関数として考えに入れない. 正定値な内積を考えているので, $f(x) \neq 0$ のノルムは $(f, f) \neq 0$ を満たす. よって, (7.11) と (7.12) を比較し, $a = a^*$ でなければならない. したがって, 固有値 a は実数である. □

> **定理 7.2**　エルミート演算子の期待値は実数である.

【証明】　任意の関数 $\psi(x)$ について, (7.12) と同様に,

$$(\psi, \hat{A}\psi) = (\psi, \hat{A}^\dagger\psi) = (\psi, \hat{A}\psi)^* \tag{7.13}$$

が成り立つ. よって, 期待値 $(\psi, \hat{A}\psi)$ は実数である.

【別証】　(6.26) の最右辺において, 定理 7.1 を用いれば, 明らかである.　□

> **定理 7.3**　エルミート演算子の異なる固有値に対する固有関数は直交する.

【証明】　異なる固有値 $a_i \neq a_j$ に対する固有関数を $f_i(x)$, $f_j(x)$ とする.

$$\hat{A}f_i(x) = a_i f_i(x) \,, \quad \hat{A}f_j(x) = a_j f_j(x) \tag{7.14}$$

このとき

$$(f_i, \hat{A}f_j) = (f_i, a_j f_j) = a_j(f_i, f_j) \tag{7.15}$$

$$= (f_j, \hat{A}f_i)^* = (f_j, a_i f_i)^* = a_i^*(f_j, f_i)^* = a_i(f_i, f_j) \tag{7.16}$$

が成り立つ. (7.15) での 2 つの等号, および (7.16) での最初の 3 辺間の等号は, (7.11) と同様に成り立つ. (7.15) の最左辺と (7.16) の最左辺は, (7.12) と同様の議論により等しい. (7.16) の最右辺に移る際, 定理 7.1 と (6.4) を用いた. (7.15) の最右辺と (7.16) の最右辺を比較することにより, $a_i \neq a_j$ を仮定しているので,

$$(f_i, f_j) = 0$$

が得られる.　　　　　　　　　　　　　　　　　　　　　　　　　　　□

定理 7.1 より，量子論で物理量を表す演算子としてエルミート演算子を用いる．とくに，ハミルトニアン演算子 $\hat{H}$ のエルミート性からエネルギー固有値が実数となり，(3.7) で見たように，定常状態では確率密度

$$\rho(x,t) = |\psi(x,t)|^2 = |\phi(x)|^2$$

が時間によらず一定になる．

例題 7.2

任意の状態において全確率 $\int \rho(x,t)\,dx$ が保存することを示せ．

【解答】　任意の状態 $\psi(x,t)$ について，

$$\frac{d}{dt}\int \rho(x,t)\,dx$$

$$= \frac{d}{dt}(\psi,\psi)$$

$$= \left(\frac{d}{dt}\psi,\psi\right) + \left(\psi,\frac{d}{dt}\psi\right)$$

$$= \left(\frac{1}{i\hbar}\hat{H}\psi,\psi\right) + \left(\psi,\frac{1}{i\hbar}\hat{H}\psi\right)$$

$$= -\frac{1}{i\hbar}(\hat{H}\psi,\psi) + \frac{1}{i\hbar}(\psi,\hat{H}\psi) = 0 \tag{7.17}$$

が成り立つ．3番目の等号でシュレーディンガー方程式 (6.21) を用い，4番目の等号で内積の双線形性 (6.5), (6.6) を用い，5番目の等号で $\hat{H}$ のエルミート性を用いた．　　　　　　　　　　　　　　　　　　　　　　□

定理 7.3 より固有関数は直交しているので，適当に定数倍して規格化すれば，固有関数は正規直交 (6.10) になる．ただし，1 つの固有値に異なる複数の固有関数がある場合，すなわち縮退がある場合には，定理 7.3 からそれらのの直交性を示すことはできない．しかしこの場合も，(6.15)–(6.19) に示したグラム－シュミットの正規直交化法を用いることにより，縮退した固有関数を正規直交にすることができる．したがって，エルミート演算子の固有関数の集合 $\{f_i\}$ として，いつでも正規直交 (6.10) なものがとれる．

演算子の行列表現

(6.9) で見たように，任意の関数は基底で展開でき，その展開係数が関数と同等の情報を含んでいる．そこで，

$$\psi(x) := \begin{pmatrix} c_1 \\ c_2 \\ \vdots \end{pmatrix} \tag{7.18}$$

のように関数を縦ベクトルで表すことができる．ここで，記号 := を用いたのは，$\psi(x)$ の基底 $\{f_i(x)\}$ での表現が右辺により与えられるという意味である（本書では，記号 := をこの意味で用いることとする）．以下では，基底 $\{f_i(x)\}$ は正規直交とする．

関数の内積は，(6.13) で見たように，

$$(\psi, \phi) = \sum_i c_i^* d_i = \begin{pmatrix} c_1^* & c_2^* & \cdots \end{pmatrix} \begin{pmatrix} d_1 \\ d_2 \\ \vdots \end{pmatrix} \tag{7.19}$$

という具合に，ベクトルの成分の積の和，すなわち横ベクトルと縦ベクトルの積で表すことができる．

関数 $\psi(x)$ に演算子 $\hat{A}$ を作用した関数 $\hat{A}\psi(x)$ も，基底 $\{f_i(x)\}$ で

$$\hat{A}\psi(x) = \sum_i b_i f_i(x) \tag{7.20}$$

のように展開することができる．この展開係数 b_i は，(6.11) と同様に

$$b_i = (f_i, \hat{A}\psi) \tag{7.21}$$

で与えられる．(7.21) の右辺に (6.9) を代入し，演算子 $\hat{A}$ と内積の線形性を用いると，

$$b_i = \left(f_i, \hat{A}\sum_j c_j f_j \right) = \sum_j c_j (f_i, \hat{A}f_j) = \sum_j A_{ij} c_j \tag{7.22}$$

が得られる．ただし，最後の等号で

$$A_{ij} = (f_i, \hat{A}f_j) \tag{7.23}$$

と定義した. (7.23) によって，演算子 $\hat{A}$ の基底 $\{f_i(x)\}$ での表現

$$\hat{A} := \begin{pmatrix} A_{11} & A_{12} & \cdots \\ A_{21} & A_{22} & \cdots \\ \vdots & \vdots & \vdots \end{pmatrix} \tag{7.24}$$

が与えられる. このような表現を**演算子の行列表現**といい，その行列を**表現行列**という. すると，(7.22) の最左辺と最右辺は

$$\hat{A}\psi(x) := \begin{pmatrix} A_{11} & A_{12} & \cdots \\ A_{21} & A_{22} & \cdots \\ \vdots & \vdots & \vdots \end{pmatrix} \begin{pmatrix} c_1 \\ c_2 \\ \vdots \end{pmatrix} \tag{7.25}$$

を意味しており，演算子の関数への作用を，行列の縦ベクトルへの作用で表したことになる.

定理 **7.4** エルミート演算子の表現行列はエルミート行列である.

【証明】 (7.23) より，

$$A_{ij} = (f_i, \hat{A}f_j) = (f_i, \hat{A}^{\dagger}f_j) = (f_j, \hat{A}f_i)^* = (A_{ji})^* \tag{7.26}$$

となる. 2 番目の等号でエルミート演算子の定義 (7.3)，3 番目の等号でエルミート共役の定義 (7.2) を用いた. よって，エルミート演算子の表現行列はエルミート行列である. $\square$

● **基底の変換**　$\{f_i(x)\}$ とは別の正規直交基底 $\{g_i(x)\}$ を考える. 関数 $g_i(x)$ の基底 $\{f_i(x)\}$ での展開

$$g_i(x) = \sum_j f_j(x) U_{ji} \tag{7.27}$$

を考えると，展開係数 U_{ji} は，(6.11) と同様に

$$U_{ji} = (f_j, g_i) \tag{7.28}$$

で与えられる. U_{ji} を ji 成分とする行列を**変換行列**という.

> **定理 7.5**　変換行列はユニタリ行列である.

【証明】　(7.27) と同様に,関数 $f_i(x)$ の基底 $\{g_i(x)\}$ での展開

$$f_i(x) = \sum_j g_j(x) V_{ji} \tag{7.29}$$

を考えると,その展開係数は

$$V_{ji} = (g_j, f_i) = (f_i, g_j)^* = (U_{ij})^* = (U^\dagger)_{ji} \tag{7.30}$$

となる. 2 番目の等号で (6.4), 3 番目の等号で (7.28) を用いた. よって,行列 V と行列 U は互いにエルミート共役である. また, (7.29) を (7.27) に代入して

$$g_i(x) = \sum_{jk} g_k(x) V_{kj} U_{ji} \tag{7.31}$$

が導かれ, $g_i(x)$ は互いに線形独立なので,

$$\sum_j V_{kj} U_{ji} = \delta_{ki} \tag{7.32}$$

が得られる. よって,行列 V と行列 U は互いに逆行列である. (7.30), (7.32) より,変換行列はユニタリ行列であることが示された.　　　　□

　演算子 $\hat{A}$ の基底 $\{f_i(x)\}$ および基底 $\{g_i(x)\}$ での表現 (7.23) をそれぞれ

$$A^f_{ij} = (f_i, \hat{A} f_j) \tag{7.33}$$

$$A^g_{ij} = (g_i, \hat{A} g_j) \tag{7.34}$$

のように,基底を明示して表そう. 表現行列 A^g と A^f は変換行列 U により

$$A^g = U^\dagger A^f U \tag{7.35}$$

と関係づけられる.

【証明】　(7.34) に (7.27) を代入し,

$$A^g_{ij} = \left(\sum_k f_k U_{ki}, \hat{A} \sum_l f_l U_{lj} \right)$$

$$= \sum_{kl} U_{ki}^* U_{lj}(f_k, \hat{A}f_l)$$

$$= \sum_{kl} (U^\dagger)_{ik} A_{kl}^f U_{lj} \tag{7.36}$$

が得られる．2番目の等号で演算子と内積の線形性，3番目の等号で (7.33) を用いた． □

例えば演算子 $\hat{A}$ がエルミートの場合，7.1 節の最後の段落で見たように，その固有関数による正規直交基底をとることができる．基底 $\{g_i(x)\}$ を演算子 $\hat{A}$ の固有関数とすると，その表現行列 A^g は対角行列となり，(7.35) は行列 A^f のユニタリ行列 U による対角化を表している．

この節で述べたことは，7.5 節の基底の完全性の関係式 (7.113) を用いると，より簡潔に示すことができる（章末問題 7.4 参照）．

7.3 交 換 関 係

古典論では物理量が数で表されるので，2つの物理量 A, B の積の順序を入れ替えても等しく，常に $AB = BA$ が成り立つ．これを**交換可能**，または**可換**という．しかし，量子論では物理量が演算子で表されるので，積の順序により結果が変わり，一般に $\hat{A}\hat{B} \neq \hat{B}\hat{A}$ である．この非可換性を表す量として，

$$[\hat{A}, \hat{B}] = \hat{A}\hat{B} - \hat{B}\hat{A} \tag{7.37}$$

を導入する．これを**交換関係**，または**交換子**という．

例えば，位置と運動量の演算子 $\hat{x}$, $\hat{p}$ の交換関係は

$$[\hat{x}, \hat{p}] = i\hbar\hat{1} \tag{7.38}$$

で与えられる．ただし，$\hat{1}$ は恒等演算子である．(7.38) を**正準交換関係**という．

【証明】　左辺に $\hat{x} = x$, $\hat{p} = -i\hbar\dfrac{d}{dx}$ を代入し，任意の関数 $\psi(x)$ に作用させると，

$$[\hat{x}, \hat{p}]\psi(x) = x\left(-i\hbar\frac{d}{dx}\right)\psi(x) - \left(-i\hbar\frac{d}{dx}\right)x\psi(x)$$

$$= i\hbar\psi(x) \tag{7.39}$$

となる．ここで，1行目右辺の第2項で，微分演算子 $\frac{d}{dx}$ がその右にくる $x\psi(x)$ に作用し，

$$\frac{d}{dx}x\psi(x) = \left(\frac{d}{dx}x\right)\cdot\psi(x) + x\frac{d}{dx}\psi(x)$$

$$= \psi(x) + x\frac{d}{dx}\psi(x)$$

となることを用いた．ただし，記号 $\left(\frac{d}{dx}x\right)\cdot$ は微分演算子が括弧の外には作用しないことを意味する．(7.39) が任意の関数 $\psi(x)$ について成り立つので，演算子としての関係式 (7.38) が成り立つ．　　　　　　　　　　　　□

多自由度系では正準交換関係 (7.38) は

$$[\hat{x}_i, \hat{x}_j] = 0 \tag{7.40}$$

$$[\hat{p}_i, \hat{p}_j] = 0 \tag{7.41}$$

$$[\hat{x}_i, \hat{p}_j] = i\hbar\delta_{ij}\hat{1} \tag{7.42}$$

と拡張される．これは (7.38) と同様に，(6.20) から導出できる．

参　　考

古典力学の正準形式でポアソン括弧

$$\{A, B\}_{\text{P.B.}} = \sum_i \left(\frac{\partial A}{\partial x_i}\frac{\partial B}{\partial p_i} - \frac{\partial A}{\partial p_i}\frac{\partial B}{\partial x_i}\right) \tag{7.43}$$

が用いられる．ポアソン括弧は交換子と同じ代数的性質を持つ．また，古典論と量子論の諸法則は，

$$\{A, B\}_{\text{P.B.}} \longleftrightarrow \frac{1}{i\hbar}[\hat{A}, \hat{B}] \tag{7.44}$$

という置き換えにより対応させることができる．例えば，(7.43) より容易に

$$\{x_i, x_j\}_{\text{P.B.}} = 0 , \quad \{p_i, p_j\}_{\text{P.B.}} = 0 , \quad \{x_i, p_j\}_{\text{P.B.}} = \delta_{ij}$$

が成り立つことを確認できるが，これは置き換え (7.44) より正準交換関係 (7.40)–(7.42) に対応する．

7.3.1　不確定性関係

2.3 節で紹介した**不確定性関係**は一般的には次のように表される．任意の物理量 $\hat{A}$, $\hat{B}$ について，任意の状態 $\psi(x)$ で不等式

$$\Delta A \cdot \Delta B \geq \frac{1}{2} |\langle [\hat{A}, \hat{B}] \rangle| \tag{7.45}$$

が成り立つ．ここで，$\Delta \mathcal{O}$ は標準偏差（$(\Delta \mathcal{O})^2$ が分散）を表し，

$$\Delta \mathcal{O} = \sqrt{\langle (\hat{\mathcal{O}} - \langle \hat{\mathcal{O}} \rangle)^2 \rangle} = \sqrt{\langle \hat{\mathcal{O}}^2 \rangle - \langle \hat{\mathcal{O}} \rangle^2} \tag{7.46}$$

で与えられる．また，$\langle \hat{\mathcal{O}} \rangle$ は期待値 (6.25) を表し，

$$\langle \hat{\mathcal{O}} \rangle = (\psi, \hat{\mathcal{O}} \psi) \tag{7.47}$$

で与えられる．明示されていないが，$\langle \hat{\mathcal{O}} \rangle$ は波動関数 $\psi(x)$ によっていることに注意されたい．

【証明】　エルミート演算子 $\hat{C}$, $\hat{D}$ と実数 α について，

$$\begin{aligned} \langle (\hat{C} + i\alpha\hat{D})^\dagger (\hat{C} + i\alpha\hat{D}) \rangle &= \langle (\hat{C} - i\alpha\hat{D})(\hat{C} + i\alpha\hat{D}) \rangle \\ &= \alpha^2 \langle \hat{D}^2 \rangle + \alpha \langle i[\hat{C}, \hat{D}] \rangle + \langle \hat{C}^2 \rangle \end{aligned} \tag{7.48}$$

が成り立つ．エルミート演算子の交換子は，

$$\begin{aligned} [\hat{C}, \hat{D}]^\dagger &= (\hat{C}\hat{D} - \hat{D}\hat{C})^\dagger = \hat{D}^\dagger \hat{C}^\dagger - \hat{C}^\dagger \hat{D}^\dagger \\ &= \hat{D}\hat{C} - \hat{C}\hat{D} = -[\hat{C}, \hat{D}] \end{aligned} \tag{7.49}$$

より反エルミートである．ここで，2 番目の等号で，積のエルミート共役に関する関係式 (7.8) を用いた．したがって，$i[\hat{C}, \hat{D}]$ はエルミート演算子であり，定理 7.2 より，その期待値 $\langle i[\hat{C}, \hat{D}] \rangle$ は実数である．

ところで，(7.48) の左辺は，エルミート共役の定義 (7.1) と内積の正定値性より

$$(\psi, (\hat{C} + i\alpha\hat{D})^\dagger (\hat{C} + i\alpha\hat{D}) \psi) = ((\hat{C} + i\alpha\hat{D})\psi, (\hat{C} + i\alpha\hat{D})\psi) \geq 0 \tag{7.50}$$

を満たす．同様に，$\langle \hat{C}^2 \rangle \geq 0$, $\langle \hat{D}^2 \rangle \geq 0$ が満たされる．不等式 (7.50) が任意の実数 α について成り立つための条件は，(7.48) の第 2 行での α についての 2 次式の判別式が負もしくは零になることである．

$$\langle i[\hat{C}, \hat{D}]\rangle^2 - 4\langle \hat{C}^2\rangle\langle \hat{D}^2\rangle \leq 0 \Leftrightarrow \sqrt{\langle \hat{C}^2\rangle}\sqrt{\langle \hat{D}^2\rangle} \geq \frac{1}{2}|\langle i[\hat{C}, \hat{D}]\rangle| \quad (7.51)$$

$\hat{C} = \hat{A} - \langle \hat{A}\rangle, \hat{D} = \hat{B} - \langle \hat{B}\rangle$ とおくと, $\langle \hat{A}\rangle$ と $\langle \hat{B}\rangle$ は数なので $[\hat{C}, \hat{D}] = [\hat{A}, \hat{B}]$
となり, (7.51) から (7.45) が得られる. □

(7.45) に $\hat{A} = \hat{x}, \hat{B} = \hat{p}$ を代入し, 正準交換関係 (7.38) を用いると, 位置と
運動量に関する不確定性関係 (2.28) が得られる. ここで, 任意の状態について
恒等演算子の期待値は

$$\langle \hat{1}\rangle = (\psi, \hat{1}\psi) = (\psi, \psi) = 1$$

であることを用いた.

7.3.2 可換な演算子

2 つの演算子 $\hat{A}, \hat{B}$ が

$$[\hat{A}, \hat{B}] = 0 \quad (7.52)$$

を満たすとき, これらを**可換な演算子**, または**両立する演算子**という. このと
き, 不確定性関係 (7.45) の右辺が零になるので, $\Delta A = \Delta B = 0$ が不可能であ
るとはいえない. 実は, $\Delta A = \Delta B = 0$ を満たす状態が必ず存在することが,
以下のように示せる.

定理 7.6 可換な演算子には同時固有関数が存在する.

【証明】 関数 $f_i(x)$ を, 演算子 $\hat{A}$ の固有値 a_i に対する固有関数とする.

$$\hat{A}f_i(x) = a_i f_i(x) \quad (7.53)$$

$\hat{A}$ と可換な演算子 $\hat{B}$ について

$$\hat{A}\hat{B}f_i(x) = \hat{B}\hat{A}f_i(x) = \hat{B}a_i f_i(x) = a_i \hat{B}f_i(x) \quad (7.54)$$

が成り立つ. 1 番目の等号で $\hat{A}$ と $\hat{B}$ の可換性 (7.52), 2 番目の等号で (7.53),
3 番目の等号で数 a_i と演算子の可換性を用いた. この式の最左辺と最右辺を比
較すると, 「関数 $\hat{B}f_i(x)$ が演算子 $\hat{A}$ の固有値 a_i に対する固有関数である」こ
とがわかる. この括弧内の主張を以下で # と呼ぶ.

(1) (7.53) で固有値 a_i に縮退がない場合

このとき，演算子 $\hat{A}$ の固有値 a_i に対する固有関数は $f_i(x)$ の定数倍しかない．よって，# より適当な数 b_i を用いて，

$$\hat{B}f_i(x) = b_i f_i(x) \tag{7.55}$$

と表せる．これは関数 $f_i(x)$ が演算子 $\hat{B}$ の固有値 b_i に対する固有関数であることを意味する．よって，関数 $f_i(x)$ は演算子 $\hat{A}$ と $\hat{B}$ の同時固有関数で，固有値はそれぞれ a_i, b_i である．

(2) (7.53) で固有値 a_i に縮退がある場合

縮退度を N とし (7.53) を

$$\hat{A}f_{ik}(x) = a_i f_{ik}(x) \tag{7.56}$$

と表す．ただし，$k = 1, 2, \ldots, N$ は縮退した固有関数をラベルする添え字である．# より，関数 $\hat{B}f_{ik}(x)$ は N 個の関数 $f_{il}(x)$ の線形結合で表される．

$$\hat{B}f_{ik}(x) = \sum_{l=1}^{N} f_{il}(x) b_{lk} \tag{7.57}$$

(7.57) の右辺に縮退空間の関数以外が現れないことに注意されたい．$\{f_{il}(x)\}$ が正規直交ならば，この展開係数 b_{lk} は

$$b_{lk} = (f_{il}, \hat{B}f_{ik}) \tag{7.58}$$

で与えられる．これは演算子 $\hat{B}$ の基底 $\{f_{ik}(x)\}$ での表現行列 (7.33) を与えるが，今は縮退空間内の基底のみ考えているので，行列のサイズは $N \times N$ である．$\hat{B}$ はエルミート演算子なので，定理 7.4 より，この $N \times N$ 行列もエルミート行列であり，(7.35) のように，$N \times N$ ユニタリ行列 U で対角化できる．

$$\sum_{l,k=1}^{N} (U^{\dagger})_{nl} b_{lk} U_{km} = b_m \delta_{nm} \Leftrightarrow \sum_{k=1}^{N} b_{lk} U_{km} = U_{lm} b_m \tag{7.59}$$

このユニタリ行列 U を用いて，(7.27) と同様に基底 $f_{ik}(x)$ から

$$g_{im}(x) = \sum_{k=1}^{N} f_{ik}(x) U_{km} \tag{7.60}$$

により変換された基底 $g_{im}(x)$ での表現行列 (7.34) が対角行列になる．つまり，関数 $g_{im}(x)$ は N 次元縮退空間内で演算子 $\hat{B}$ の固有値 b_m に対する固有関数で

ある. しかるに, (7.60) より $g_{im}(x)$ は $f_{ik}(x)$ の線形結合なので, (7.57) より, $\hat{B}$ を $g_{im}(x)$ に作用させても縮退空間内にとどまっている. よって, $g_{im}(x)$ は全空間でも演算子 $\hat{B}$ の固有値 b_m に対する固有関数である. このことは, 次の計算で直接的に示すこともできる.

$$\hat{B}g_{im}(x) = \sum_{k=1}^{N} \hat{B}f_{ik}(x)U_{km} = \sum_{l,k=1}^{N} f_{il}(x)b_{lk}U_{km}$$

$$= \sum_{l=1}^{N} f_{il}(x)U_{lm}b_m = g_{im}(x)b_m \tag{7.61}$$

1 番目と 4 番目の等号で (7.60), 2 番目の等号で (7.57), 3 番目の等号で (7.59) を用いた.

(7.60) より $g_{im}(x)$ は $f_{ik}(x)$ の線形結合なので, $g_{im}(x)$ は演算子 $\hat{A}$ の固有値 a_i に対する固有関数である. したがって, 関数 $g_{im}(x)$ は演算子 $\hat{A}$ と $\hat{B}$ の同時固有関数であり, 固有値はそれぞれ a_i, b_m である. □

7.4 調和振動子の生成消滅演算子

3.4 節で調和振動子のシュレーディンガー方程式を解いたが, 本章で学んだ代数的手法を用いて再度この問題を解いてみよう.

まず準備として, 交換子に関する関係式をいくつか示す. 任意の数 c_1, c_2 と任意の演算子 $\hat{A}$, $\hat{B}_1$, $\hat{B}_2$ について

$$[\hat{A}, c_1\hat{B}_1 + c_2\hat{B}_2] = c_1[\hat{A}, \hat{B}_1] + c_2[\hat{A}, \hat{B}_2] \tag{7.62}$$

$$[c_1\hat{B}_1 + c_2\hat{B}_2, \hat{A}] = c_1[\hat{B}_1, \hat{A}] + c_2[\hat{B}_2, \hat{A}] \tag{7.63}$$

が成り立つ. これを**交換子の双線形性**という. 証明は交換子の定義 (7.37) より明らかである. また, 積との交換子に関して

$$[\hat{A}, \hat{B}\hat{C}] = [\hat{A}, \hat{B}]\hat{C} + \hat{B}[\hat{A}, \hat{C}] \tag{7.64}$$

$$[\hat{A}\hat{B}, \hat{C}] = \hat{A}[\hat{B}, \hat{C}] + [\hat{A}, \hat{C}]\hat{B} \tag{7.65}$$

が成り立つ.

【証明】　交換子の定義 (7.37) より

$$(7.64) \text{ の左辺} = \hat{A}\hat{B}\hat{C} - \hat{B}\hat{C}\hat{A}$$

$$(7.64) \text{ の右辺} = (\hat{A}\hat{B} - \hat{B}\hat{A})\hat{C} + \hat{B}(\hat{A}\hat{C} - \hat{C}\hat{A})$$

となり，(7.64) が成り立つ．同様に (7.65) も成り立つ．　　　□

　1 次元調和振動子の問題を考えよう．シュレーディンガー方程式は (3.59) で与えられる．この量子系はハミルトニアン演算子

$$\hat{H} = \frac{1}{2m}\hat{p}^2 + \frac{1}{2}m\omega^2\hat{x}^2 \tag{7.66}$$

と，位置と運動量の演算子の正準交換関係 (7.38) で指定される．

　演算子 $\hat{a}$ とそのエルミート共役 $\hat{a}^\dagger$ を

$$\hat{a} = \sqrt{\frac{m\omega}{2\hbar}}\left(\hat{x} + \frac{i}{m\omega}\hat{p}\right) \tag{7.67}$$

$$\hat{a}^\dagger = \sqrt{\frac{m\omega}{2\hbar}}\left(\hat{x} - \frac{i}{m\omega}\hat{p}\right) \tag{7.68}$$

により導入する．(7.67) と (7.68) を $\hat{x}, \hat{p}$ について解くと

$$\hat{x} = \sqrt{\frac{\hbar}{2m\omega}}(\hat{a} + \hat{a}^\dagger) \tag{7.69}$$

$$\hat{p} = \sqrt{\frac{m\omega\hbar}{2}}i(-\hat{a} + \hat{a}^\dagger) \tag{7.70}$$

となる．理由は後で説明するが，演算子 $\hat{a}$ と $\hat{a}^\dagger$ をそれぞれ**消滅演算子**，**生成演算子**という．

　ハミルトニアン演算子 (7.66) および正準交換関係 (7.38) は，演算子 $\hat{a}$ と $\hat{a}^\dagger$ を用いて以下のように書き換えられる．

$$\hat{H} = \hbar\omega\left(\hat{a}^\dagger\hat{a} + \frac{1}{2}\hat{1}\right) \tag{7.71}$$

$$[\hat{a}, \hat{a}^\dagger] = \hat{1} \tag{7.72}$$

【証明】 (7.72) の左辺に (7.67) と (7.68) を代入して

$$[\hat{a}, \hat{a}^\dagger] = \left[\sqrt{\frac{m\omega}{2\hbar}} \left(\hat{x} + \frac{i}{m\omega} \hat{p} \right), \sqrt{\frac{m\omega}{2\hbar}} \left(\hat{x} - \frac{i}{m\omega} \hat{p} \right) \right]$$

$$= \frac{m\omega}{2\hbar} \left([\hat{x}, \hat{x}] - \frac{i}{m\omega} [\hat{x}, \hat{p}] + \frac{i}{m\omega} [\hat{p}, \hat{x}] + \frac{1}{m^2\omega^2} [\hat{p}, \hat{p}] \right)$$

$$= \frac{m\omega}{2\hbar} \left(0 - \frac{i}{m\omega} i\hbar\hat{1} + \frac{i}{m\omega} (-i\hbar\hat{1}) + \frac{1}{m^2\omega^2} 0 \right) = \hat{1} \quad (7.73)$$

となる．2 番目の等号で交換子の双線形性 (7.62), (7.63)，3 番目の等号で正準交換関係 (7.38) を用いた．また，(7.66) に (7.69) と (7.70) を代入して，

$$\hat{H} = \frac{1}{2m} \left(\sqrt{\frac{m\omega\hbar}{2}} i(-\hat{a} + \hat{a}^\dagger) \right)^2 + \frac{1}{2} m\omega^2 \left(\sqrt{\frac{\hbar}{2m\omega}} (\hat{a} + \hat{a}^\dagger) \right)^2$$

$$= \frac{\hbar\omega}{4} \left(-\hat{a}^2 + \hat{a}\hat{a}^\dagger + \hat{a}^\dagger\hat{a} - (\hat{a}^\dagger)^2 + \hat{a}^2 + \hat{a}\hat{a}^\dagger + \hat{a}^\dagger\hat{a} + (\hat{a}^\dagger)^2 \right)$$

$$= \frac{\hbar\omega}{2} (\hat{a}\hat{a}^\dagger + \hat{a}^\dagger\hat{a}) = \hbar\omega \left(\hat{a}^\dagger\hat{a} + \frac{1}{2}\hat{1} \right) \quad (7.74)$$

となる．最後の等号で，(7.72) より得られる $\hat{a}\hat{a}^\dagger = \hat{a}^\dagger\hat{a} + \hat{1}$ を用いた． □

次に，演算子 $\hat{N}$ を

$$\hat{N} = \hat{a}^\dagger\hat{a} \quad (7.75)$$

により導入する．これを**数演算子**という．これは

$$[\hat{N}, \hat{a}] = -\hat{a} \quad (7.76)$$

$$[\hat{N}, \hat{a}^\dagger] = \hat{a}^\dagger \quad (7.77)$$

を満たす．

【証明】 (7.76) の左辺に (7.75) を代入し，

$$[\hat{N}, \hat{a}] = [\hat{a}^\dagger\hat{a}, \hat{a}] = \hat{a}^\dagger[\hat{a}, \hat{a}] + [\hat{a}^\dagger, \hat{a}]\hat{a}$$

$$= -\hat{1}\hat{a} = -\hat{a} \quad (7.78)$$

となる．2 番目の等号で積との交換子に関する関係式 (7.65)，3 番目の等号で交換関係 (7.72) を用いた．よって (7.76) が示された．同様に (7.77) が示される．

□

$\hat{N}$ はエルミート演算子である.

【証明】 (7.75) より

$$\hat{N}^\dagger = (\hat{a}^\dagger \hat{a})^\dagger = \hat{a}^\dagger \hat{a} = \hat{N} \tag{7.79}$$

となる. 2番目の等号で, 積のエルミート共役の関係式 (7.8) を用いた. □

● **数演算子の固有関数**　数演算子 $\hat{N}$ の固有方程式を

$$\hat{N}\phi_n(x) = n\phi_n(x) \tag{7.80}$$

と表す. ここで, n は固有値, $\phi_n(x)$ は固有関数である. すると

$$\begin{aligned}
\hat{N}\hat{a}\phi_n(x) &= ([\hat{N}, \hat{a}] + \hat{a}\hat{N})\phi_n(x) \\
&= (-\hat{a} + \hat{a}n)\phi_n(x) = (n-1)\hat{a}\phi_n(x)
\end{aligned} \tag{7.81}$$

が成り立つ. 2番目の等号で (7.76) と (7.80) を用いた. この最左辺と最右辺を比較すると, $\hat{a}\phi_n(x)$ が演算子 $\hat{N}$ の固有値 $n-1$ に対する固有関数であることがわかる. 同様にして, $\hat{a}^\dagger \phi_n(x)$ が演算子 $\hat{N}$ の固有値 $n+1$ に対する固有関数であることが示せる. よって,

$$\hat{a}\phi_n(x) \propto \phi_{n-1}(x) \tag{7.82}$$

$$\hat{a}^\dagger \phi_n(x) \propto \phi_{n+1}(x) \tag{7.83}$$

となる. これを m 回繰り返すと, $\hat{a}^m \phi_n(x)$ の固有値は $n-m$, $(\hat{a}^\dagger)^m \phi_n(x)$ の固有値は $n+m$ となる.

一方,

$$\begin{aligned}
(\phi_n, \hat{N}\phi_n) &= (\phi_n, \hat{a}^\dagger \hat{a}\phi_n) = (\hat{a}\phi_n, \hat{a}\phi_n) \geq 0 \\
&= (\phi_n, n\phi_n) = n(\phi_n, \phi_n)
\end{aligned} \tag{7.84}$$

が成り立つ. 1行目2番目の等号でエルミート共役の定義 (7.1), 最後の不等号で内積の正定値性を用いた. 1行目最左辺から2行目左辺に移る際 (7.80) を用いた. 2行目右辺において $(\phi_n, \phi_n) > 0$ なので, 不等式 (7.84) より $n \geq 0$ でなければならない. すなわち, 数演算子 $\hat{N}$ の固有値は正もしくは零である.

ところが, 上で見たように $\hat{a}^m \phi_n(x)$ の固有値は $n-m$ なので, 十分大きい m をとると負の固有値が生じてしまう. この矛盾を回避するには, 最低固有値 n_0 が存在し, その固有関数 $\phi_{n_0}(x)$ が $\hat{a}\phi_{n_0}(x) = 0$ を満たさなければな

らない. この式に $\hat{a}^{\dagger}$ を作用させると $\hat{N}\phi_{n_0}(x) = \hat{a}^{\dagger}\hat{a}\phi_{n_0}(x) = 0$ となるので, (7.80) と比較し $n_0 = 0$ となる. 以上より, 数演算子 $\hat{N}$ の固有値は正の整数もしくは零である.

$$n = 0, 1, 2, \ldots \tag{7.85}$$

最後に固有関数の規格化を考える. 比例係数 c_n を用いて (7.82) を $\hat{a}\phi_n(x) = c_n\phi_{n-1}(x)$ と表す. これを (7.84) の 1 行目最右辺に代入し, 2 行目右辺と比較し, $|c_n|^2(\phi_{n-1}, \phi_{n-1}) = n(\phi_n, \phi_n)$ を得る. $(\phi_{n-1}, \phi_{n-1}) = 1$, $(\phi_n, \phi_n) = 1$ と規格化するには, $c_n = \sqrt{n}$ とすればよい. よって,

$$\phi_{n-1}(x) = \frac{1}{\sqrt{n}}\hat{a}\phi_n(x) \tag{7.86}$$

が得られる. (7.84) と同様に,

$$\begin{aligned}(\hat{a}^{\dagger}\phi_n, \hat{a}^{\dagger}\phi_n) &= (\phi_n, \hat{a}\hat{a}^{\dagger}\phi_n) = (\phi_n, (\hat{a}^{\dagger}\hat{a} + \hat{1})\phi_n) \\ &= (n+1)(\phi_n, \phi_n)\end{aligned} \tag{7.87}$$

が成り立つ. 2 番目の等号で交換関係 (7.72) を用いた. したがって,

$$\phi_{n+1}(x) = \frac{1}{\sqrt{n+1}}\hat{a}^{\dagger}\phi_n(x) \tag{7.88}$$

が得られる. (7.88) を繰り返し用いて,

$$\phi_n(x) = \frac{1}{\sqrt{n!}}(\hat{a}^{\dagger})^n\phi_0(x) \tag{7.89}$$

を得る.

● **調和振動子のエネルギー固有値, 固有関数** 調和振動子のハミルトニアン演算子が (7.71) で与えられるので, 数演算子 $\hat{N}$ の固有関数 $\phi_n(x)$ がその固有関数を与え, エネルギー固有値は

$$E_n = \hbar\omega\left(n + \frac{1}{2}\right) \tag{7.90}$$

となる. n の取り得る値は (7.85) である. これは 3.4 節の結果 (3.77) を再現する.

(7.82), (7.83) で見たように, 演算子 $\hat{a}$ と $\hat{a}^{\dagger}$ は固有値 n を 1 だけ下げたり上げたりするので, 調和振動子のエネルギー固有値を $\hbar\omega$ だけ下げたり上げた

りする．これを，エネルギー $\hbar\omega$ の量子を消滅したり生成したりすると解釈して，演算子 $\hat{a}$ と $\hat{a}^\dagger$ をそれぞれ**消滅演算子**，**生成演算子**と呼ぶ．

最後に，固有関数の具体形を求めよう．基底状態の波動関数 $\phi_0(x)$ は，(7.85) の上で見たように，

$$\hat{a}\phi_0(x) = 0 \tag{7.91}$$

を満たす．消滅演算子 $\hat{a}$ の定義 (7.67) に $\hat{x}=x$, $\hat{p}=-i\hbar\frac{d}{dx}$ を代入し，α として (3.60) を用いると，

$$\left(\frac{d}{dx} + \alpha^2 x\right)\phi_0(x) = 0 \tag{7.92}$$

を得る．この微分方程式の解は

$$\phi_0(x) = \frac{\alpha^{\frac{1}{2}}}{\pi^{\frac{1}{4}}} \exp\left(-\frac{1}{2}\alpha^2 x^2\right) \tag{7.93}$$

となる．ここで，規格化因子は

$$(\phi_0, \phi_0) = \left(\frac{\alpha^{\frac{1}{2}}}{\pi^{\frac{1}{4}}}\right)^2 \int e^{-\alpha^2 x^2}\, dx = 1 \tag{7.94}$$

となるように決めた．

励起状態の波動関数 $\phi_n(x)$ は (7.89) より求まる．生成演算子 $\hat{a}^\dagger$ は，(7.68) に $\hat{x}=x$, $\hat{p}=-i\hbar\frac{d}{dx}$ を代入し，α として (3.60) を用いると，

$$\begin{aligned}
\hat{a}^\dagger &= -\frac{1}{\sqrt{2}\,\alpha}\left(\frac{d}{dx} - \alpha^2 x\right) \\
&= -\frac{1}{\sqrt{2}\,\alpha} e^{\frac{1}{2}\alpha^2 x^2} \frac{d}{dx} e^{-\frac{1}{2}\alpha^2 x^2} \\
&= -\frac{1}{\sqrt{2}} e^{\frac{1}{2}\alpha^2 x^2} \frac{d}{d(\alpha x)} e^{-\frac{1}{2}\alpha^2 x^2}
\end{aligned} \tag{7.95}$$

となる．したがって，

$$\phi_n(x) = \left(\frac{\alpha}{\sqrt{\pi}\,2^n n!}\right)^{\frac{1}{2}} (-1)^n e^{-\frac{1}{2}\alpha^2 x^2} e^{\alpha^2 x^2} \frac{d^n}{d(\alpha x)^n} e^{-\alpha^2 x^2} \tag{7.96}$$

が得られる．これは (3.81) に (3.79) を代入したものを再現する．

7.5 ブラとケット

量子力学の文献でブラとケットの記法がよく用いられる．これは便利な記法なので紹介する．ただし，これはあくまで記法であり，それ以上の意味はない．

ケットは線形空間の元を表す．ψ という名の線形空間の元（またはベクトル）を $\boldsymbol{\psi}$ または $\vec{\psi}$ と表す記法には慣れているだろうが，それと同等な記法として $|\psi\rangle$ を導入し，これを ψ ケットと呼ぶ．

$$|\psi\rangle \sim \boldsymbol{\psi} \, , \, \vec{\psi} \tag{7.97}$$

線形空間として関数空間を考える場合は，$|\psi\rangle$ は関数 $\psi(x)$ を表すことになる．

$|\psi\rangle$ と $|\phi\rangle$ の内積を

$$(|\psi\rangle, |\phi\rangle) = \langle\psi||\phi\rangle \tag{7.98}$$
$$= \langle\psi|\phi\rangle \tag{7.99}$$

と表す．(7.98) は $|\psi\rangle$ を $\langle\psi|$ に変換し，内積の記号 (,) を消したものである．これがブラの定義を与え，$\langle\psi|$ を ψ ブラと呼ぶ．(7.99) では 2 本の縦棒 $||$ を 1 本に省略した．(7.98) によって $|\psi\rangle$ と $\langle\psi|$ が対応していることを

$$|\psi\rangle^{\dagger} = \langle\psi| \, , \quad \langle\psi|^{\dagger} = |\psi\rangle \tag{7.100}$$

と記し，$|\psi\rangle$ と $\langle\psi|$ が互いに共役であるという．ブラとケットの語源は，内積を表すブラケット（括弧）を 2 つに分けたことから来ている．

(7.98) にしたがって，$|\psi\rangle$ と $\hat{A}|\phi\rangle$ の内積を

$$(|\psi\rangle, \hat{A}|\phi\rangle) = \langle\psi|\hat{A}|\phi\rangle \tag{7.101}$$

と表す．ここで，(7.101) の右辺をブラ，演算子，ケットの積とみなし，その積に結合則

$$\langle\psi|\hat{A}|\phi\rangle = \langle\psi|\left(\hat{A}|\phi\rangle\right) = \left(\langle\psi|\hat{A}\right)|\phi\rangle \tag{7.102}$$

が成り立つとする．(7.101) の左辺は，エルミート共役の定義 (7.1) より，$(\hat{A}^{\dagger}|\psi\rangle, |\phi\rangle)$ に等しい．よって，(7.101) の両辺で $\hat{A}$ を $\hat{A}^{\dagger}$ に換えると，

$$(\hat{A}|\psi\rangle, |\phi\rangle) = \langle\psi|\hat{A}^{\dagger}|\phi\rangle \tag{7.103}$$

が得られる．(7.103) の左辺を，(7.98) の左辺で $|\psi\rangle$ を $\hat{A}|\psi\rangle$ に置き換えたものと思うと，$\hat{A}|\psi\rangle$ の共役は

$$\left(\hat{A}|\psi\rangle\right)^\dagger = \langle\psi|\hat{A}^\dagger \tag{7.104}$$

となることがわかる．ここで，(7.103) の右辺で結合則 (7.102) が成り立つことを用いた．このように演算子の積でのエルミート共役の規則 (7.8) が，演算子とブラやケットとの積にも成り立つ．

同様に，(6.4) も

$$\langle\phi|\psi\rangle^* = \left(\langle\phi||\psi\rangle\right)^\dagger = |\psi\rangle^\dagger\langle\phi|^\dagger = \langle\psi||\phi\rangle = \langle\psi|\phi\rangle \tag{7.105}$$

のように，ブラとケットの積にもエルミート共役の規則 (7.8) が成り立つと解釈できる．同様に (7.2) も，積の共役の規則 (7.8) を用いて

$$\langle\phi|\hat{A}|\psi\rangle^* = \left(\langle\phi|\hat{A}|\psi\rangle\right)^\dagger = |\psi\rangle^\dagger\hat{A}^\dagger\langle\phi|^\dagger = \langle\psi|\hat{A}^\dagger|\phi\rangle \tag{7.106}$$

のように表せる．

内積の線形性 (6.5) は，ブラとケットの記法を用いて，

$$\langle\psi|\left(c_1|\phi_1\rangle + c_2|\phi_2\rangle\right) = c_1\langle\psi|\phi_1\rangle + c_2\langle\psi|\phi_2\rangle \tag{7.107}$$

と表される．これはブラとケットの積での分配則と解釈できる．線形結合の共役を

$$\left(c_1|\psi_1\rangle + c_2|\psi_2\rangle\right)^\dagger = c_1^*\langle\psi_1| + c_2^*\langle\psi_2| \tag{7.108}$$

とすることにより，(6.6) も

$$\left(c_1^*\langle\psi_1| + c_2^*\langle\psi_2|\right)|\phi\rangle = c_1^*\langle\psi_1|\phi\rangle + c_2^*\langle\psi_2|\phi\rangle \tag{7.109}$$

のように積の分配則として表すことができる．

● **基底** 関数 $f_i(x)$ を $|f_i\rangle$ と表すと，正規直交性 (6.10) は

$$\langle f_i|f_j\rangle = \delta_{ij} \tag{7.110}$$

と表される．任意の関数 $\psi(x)$ が基底 $f_i(x)$ で展開されることを表す式 (6.9) は

$$|\psi\rangle = \sum_i c_i|f_i\rangle \tag{7.111}$$

$$= \sum_i \langle f_i|\psi\rangle|f_i\rangle = \sum_i |f_i\rangle\langle f_i|\psi\rangle \tag{7.112}$$

となる. 2番目の等号で (6.11) を用い, 3番目の等号で積の順序を入れ替えた. この等式が任意の $|\psi\rangle$ について成り立つことは, 演算子としての関係式

$$\hat{1} = \sum_i |f_i\rangle\langle f_i| \tag{7.113}$$

が成り立つことと等価である. ここで, 左辺の $\hat{1}$ は恒等演算子である. (7.113) は (6.9) と同じことを意味しており, 基底の**完全性**もしくは**完備性**という.

固有値が連続的な値を持つ場合の例として, 位置の演算子 $\hat{x}$ を考えよう. 固有方程式 (6.31) は, $|x_0\rangle \sim \delta(x - x_0)$ と対応させると,

$$\hat{x}|x_0\rangle = x_0|x_0\rangle \tag{7.114}$$

と表される. 基底 $\{|x_0\rangle\}$ の正規直交性 (6.28) は

$$\langle x_0|y_0\rangle = \delta(x_0 - y_0) \tag{7.115}$$

となり, 完全性 (7.113) は, 和を積分に置き換えて,

$$\hat{1} = \int |x_0\rangle\langle x_0|\, dx_0 \tag{7.116}$$

と表される. 任意の $|\psi\rangle$ に左から (7.116) を作用させ

$$|\psi\rangle = \int |x_0\rangle\langle x_0|\psi\rangle\, dx_0 \tag{7.117}$$

となり, $|\psi\rangle$ の基底 $\{|x_0\rangle\}$ での展開の式が得られる. さらにこれに左から $\langle x|$ を作用させると

$$\langle x|\psi\rangle = \int \langle x|x_0\rangle\langle x_0|\psi\rangle\, dx_0 \tag{7.118}$$

となる. (7.115) より $\langle x|x_0\rangle = \delta(x - x_0)$ なので,

$$\langle x|\psi\rangle = \psi(x) \tag{7.119}$$

と表すと, (7.118) は (6.32) に他ならない. 今まで $|\psi\rangle$ が $\psi(x)$ に対応すると言ってきたが, より厳密に言うと, (7.117) で x_0 を x と置き換えればわかるように, $\psi(x) = \langle x|\psi\rangle$ は $|\psi\rangle$ の基底 $\{|x\rangle\}$ での展開係数であり, $|\psi\rangle$ は基底によらないより一般的な表示である.

演 習 問 題

演習 7.1　固有方程式

$$\hat{A}\psi(x) = a\psi(x)$$

の行列表現は

$$\sum_j A_{ij}c_j = ac_i$$

であり，固有値 a の満たすべき条件は

$$\det(A - a\mathbf{1}) = 0$$

であることを示せ．ただし，$\mathbf{1}$ は単位行列である．

演習 7.2　任意の物理量 $\hat{A}$ の任意の状態 $\psi(x,t)$ での期待値 $\langle\hat{A}\rangle$ について

$$i\hbar\frac{d}{dt}\langle\hat{A}\rangle = \langle[\hat{A},\hat{H}]\rangle$$

が成り立つことを示せ．ただし，$\hat{H}$ はハミルトニアン演算子である．

演習 7.3　$V(x+\ell) = V(x)$ を満たす，1 次元の周期的ポテンシャルを考える．ハミルトニアン演算子は $\hat{H} = \frac{\hat{p}^2}{2m} + V(\hat{x})$ で与えられる．このハミルトニアン演算子の固有関数を見つけるために平行移動の演算子

$$\hat{U} = \exp\left(i\frac{\hat{p}}{\hbar}\ell\right)$$

を考える．

(1)　任意の関数 $f(x)$ について $\hat{U}f(x) = f(x+\ell)$ が成り立つことを示せ．

(2)　$[\hat{U},\hat{H}] = 0$ を示せ．

(3)　$\hat{U}$ の固有値は絶対値 1 の複素数であることを示せ．よって，固有関数を $\phi(x)$ とすると固有方程式は

$$\hat{U}\phi(x) = e^{i\theta}\phi(x)$$

と表される．ただし，θ は実数．

(4)　$\hat{H}$ の固有関数 $\phi(x)$ は

$$\phi(x+\ell) = e^{i\theta}\phi(x) \tag{7.120}$$

を満たすことを示せ．これは**ブロッホの定理**と呼ばれている．

演習 7.4　基底の完全性の関係式 (7.113) を用いて，行列表現での関係式 (7.22) および (7.35) を示せ．

第8章

角 運 動 量

電子や核子など多くの粒子は，スピン角運動量と呼ばれる，古典論では現れない内部自由度を持つ．本章では，軌道角運動量を復習してから，スピン角運動量，およびその演算子と表現を紹介する．そののち 8.4 節で，回転の変換という観点から角運動量演算子を説明する．8.5 節では角運動量演算子の固有値，固有状態についての一般論，8.6 節では角運動量の合成則を紹介する．最後の 3 節は，初めて量子力学を学ぶ読者にはやや難しいかもしれないが，まずは導出の流れと結果を把握してほしい．

8.1 軌道角運動量

5.4 節で角運動量演算子 $\hat{\boldsymbol{L}} = \hat{\boldsymbol{x}} \times \hat{\boldsymbol{p}}$ を導入した．具体的には (5.38) で与えられる．これは空間の中での粒子の回転運動に関する物理量であり，**軌道角運動量**と呼ばれる．(5.41), (5.42) で見たように，球面調和関数 $Y_{lm}(\theta, \varphi)$ が演算子 $\hat{\boldsymbol{L}}^2$ と $\hat{L}_z$ の同時固有関数で，固有値はそれぞれ $\hbar^2 l(l+1)$ と $\hbar m$ である．軌道量子数 l と磁気量子数 m は (5.33) を満たす整数である．

演算子 $\hat{\boldsymbol{L}}$ は交換関係

$$[\hat{L}_x, \hat{L}_y] = i\hbar \hat{L}_z \tag{8.1}$$

$$[\hat{L}_y, \hat{L}_z] = i\hbar \hat{L}_x \tag{8.2}$$

$$[\hat{L}_z, \hat{L}_x] = i\hbar \hat{L}_y \tag{8.3}$$

を満たす．

【証明】 (5.38) より，交換子の双線形性 (7.62), (7.63) を用いて，

$$[\hat{L}_x, \hat{L}_y] = [\hat{y}\hat{p}_z - \hat{z}\hat{p}_y, \hat{z}\hat{p}_x - \hat{x}\hat{p}_z]$$

$$= [\hat{y}\hat{p}_z, \hat{z}\hat{p}_x] - [\hat{y}\hat{p}_z, \hat{x}\hat{p}_z] - [\hat{z}\hat{p}_y, \hat{z}\hat{p}_x] + [\hat{z}\hat{p}_y, \hat{x}\hat{p}_z] \tag{8.4}$$

が得られる. (8.4) の 2 行目第 1 項は, (7.64), (7.65) を用いて,

$$[\hat{y}\hat{p}_z, \hat{z}\hat{p}_x] = \hat{y}[\hat{p}_z, \hat{z}]\hat{p}_x + [\hat{y}, \hat{z}]\hat{p}_z\hat{p}_x + \hat{z}\hat{y}[\hat{p}_z, \hat{p}_x] + \hat{z}[\hat{y}, \hat{p}_x]\hat{p}_z$$
$$= -i\hbar\hat{y}\hat{p}_x \tag{8.5}$$

となる. 2 番目の等号で正準交換関係 (7.40)–(7.42) を用いた. 同様に (8.4) の 2 行目の第 2 項–第 4 項を計算して, (8.1) が得られる. 同様にして (8.2), (8.3) が示される. $\qquad\qquad\qquad\qquad\qquad\qquad\qquad\qquad\qquad\qquad\qquad\square$

交換関係 (8.1)–(8.3) をまとめて

$$[\hat{L}_i, \hat{L}_j] = i\hbar \sum_k \varepsilon_{ijk}\hat{L}_k \tag{8.6}$$

と表すことができる. ここで i, j, k は x, y, z を表す. ε_{ijk} は

$$\varepsilon_{ijk} = \begin{cases} 1 & ((ijk) = (xyz), (yzx), (zxy)) \\ -1 & ((ijk) = (yxz), (xzy), (zyx)) \\ 0 & (\text{それ以外}) \end{cases} \tag{8.7}$$

で与えられ, **完全反対称テンソル**と呼ばれる. 確かに, ε_{ijk} の任意の 2 個の添え字の入れ替えについて反対称である（-1 倍される）. また, 添え字を $(i, j, k) \to (j, k, i)$ のように巡回しても変わらず, これを**巡回対称性**という.

$i \neq j$ で $[\hat{L}_i, \hat{L}_j] \neq 0$ なので, 不確定性関係 (7.45) より, $\hat{L}_i$ と $\hat{L}_j$ を同時に指定することは一般にできない. しかし, (8.58) で見るように, $[\hat{\boldsymbol{L}}^2, \hat{L}_i] = 0$ なので, $\hat{\boldsymbol{L}}^2$ と $\hat{L}_i$ の同時固有関数は存在し, それが球面調和関数である.

8.2 スピン角運動量

地球が太陽の周りを公転しつつ自転しているように, 水素原子中の電子も陽子の周りを回転しつつ自転しているような振る舞いを示す. この自転のような振る舞いに付随する角運動量を**スピン角運動量**, または**スピン**という. ただしこれはあくまで喩え話である. 現代の物理学での標準的な考えでは, 電子は大きさのない点粒子であり, 自転運動する自由度を持たない. とにかく電子は位置座標 $\boldsymbol{x}$ の他に別の自由度を持ち, その様態によりスピン角運動量の値が決まる. このように古典的な運動には現れない自由度を**内部自由度**という.

　電子がスピンを持つことは様々な実験や観測により示されている．9.4 節で見るように，一様磁場中の電子はスピンの値によって異なるエネルギーを持ち，実際，原子中の電子のエネルギー準位の縮退の，外部磁場よる分裂が観測されている．また，一様でない磁場中に原子ビームを入射すると，原子は原子中の電子のスピンの値によって異なる力を受け，異なる軌道を進むので，ビームが分かれる．また，9.5 節で見るように，スピン角運動量と軌道角運動量の間に相互作用が存在するため，外部磁場をかけない場合でも，原子中の電子のエネルギー準位に分裂が生じる．

　z 軸方向を向いた非一様磁場に入射した原子ビームが 2 つの軌道に分かれることから，スピン角運動量の z 成分は 2 つの値を取り得ることがわかる．(5.33) で見たように，軌道角運動量では，各 l に対し $2l+1$ 個の m の値が許される．よって，スピン角運動量でも，$2l+1=2$ より，$l=\frac{1}{2}$, $m=\pm\frac{1}{2}$ の固有状態が存在すると思われる．半整数の l が許されることは，8.5 節での一般論から示される．軌道角運動量では整数の l しか許されないことからも，スピン角運動量は別の自由度によって与えられることがわかる．今後は，スピン角運動量では，l, m の代わりにこれらを s, m_s と表そう．s, m_s をそれぞれ**スピン量子数**，**スピン磁気量子数**という（文献によっては m_s をスピン量子数と呼ぶこともある）．l が整数値をとるのに対し，$s=\frac{1}{2}$ である．

8.3　スピン角運動量演算子とその表現

　スピン角運動量の演算子を $\hat{\boldsymbol{S}}$，その x 成分，y 成分，z 成分をそれぞれ $\hat{S}_x$, $\hat{S}_y$, $\hat{S}_z$ と表す．実は，スピン角運動量演算子は軌道角運動量での (8.6)（つまり (8.1)–(8.3)）と同じ交換関係を満たす．

$$[\hat{S}_i, \hat{S}_j] = i\hbar \sum_k \varepsilon_{ijk} \hat{S}_k \tag{8.8}$$

ここで，ε_{ijk} は完全反対称テンソル (8.7) である．(8.8) の成り立つ理由は 8.4.1 項で説明する．

　前節での議論より，$s=\frac{1}{2}$, $m_s=\pm\frac{1}{2}$ が許される．$m_s=\frac{1}{2}$ の固有状態を $\left|\frac{1}{2}\right\rangle$，$m_s=-\frac{1}{2}$ の固有状態を $\left|-\frac{1}{2}\right\rangle$ と表そう（他の教科書では，$\left|\frac{1}{2}\right\rangle$, $\left|-\frac{1}{2}\right\rangle$ が $|\uparrow\rangle$, $|\downarrow\rangle$，

または $|\alpha\rangle$, $|\beta\rangle$ などと表記されることもある). $\hat{\boldsymbol{S}}^2$ の固有値が $s(s+1)\hbar^2 = \frac{3}{4}\hbar^2$, $\hat{S}_z$ の固有値が $m_s\hbar$ で与えられるので, 固有方程式は

$$\hat{\boldsymbol{S}}^2\left|\tfrac{1}{2}\right\rangle = \frac{3}{4}\hbar^2\left|\tfrac{1}{2}\right\rangle , \quad \hat{S}_z\left|\tfrac{1}{2}\right\rangle = \frac{1}{2}\hbar\left|\tfrac{1}{2}\right\rangle \tag{8.9}$$

$$\hat{\boldsymbol{S}}^2\left|-\tfrac{1}{2}\right\rangle = \frac{3}{4}\hbar^2\left|-\tfrac{1}{2}\right\rangle , \quad \hat{S}_z\left|-\tfrac{1}{2}\right\rangle = -\frac{1}{2}\hbar\left|-\tfrac{1}{2}\right\rangle \tag{8.10}$$

となる. $\left|\tfrac{1}{2}\right\rangle$ と $\left|-\tfrac{1}{2}\right\rangle$ は正規直交関係

$$\left\langle\tfrac{1}{2}\middle|\tfrac{1}{2}\right\rangle = \left\langle-\tfrac{1}{2}\middle|-\tfrac{1}{2}\right\rangle = 1 , \quad \left\langle\tfrac{1}{2}\middle|-\tfrac{1}{2}\right\rangle = \left\langle-\tfrac{1}{2}\middle|\tfrac{1}{2}\right\rangle = 0 \tag{8.11}$$

を満たすものとする. スピンに関する任意の状態 $|\psi\rangle$ は基底 $\left|\tfrac{1}{2}\right\rangle$ と $\left|-\tfrac{1}{2}\right\rangle$ で

$$|\psi\rangle = a\left|\tfrac{1}{2}\right\rangle + b\left|-\tfrac{1}{2}\right\rangle \tag{8.12}$$

と展開できる. 展開係数は $a = \left\langle\tfrac{1}{2}\middle|\psi\right\rangle$, $b = \left\langle-\tfrac{1}{2}\middle|\psi\right\rangle$ で与えられ, その絶対値の 2 乗 $|a|^2$, $|b|^2$ がそれぞれ $S_z = \frac{1}{2}\hbar$ および $S_z = -\frac{1}{2}\hbar$ を観測する確率を与える. 完全性の関係式は

$$\left|\tfrac{1}{2}\right\rangle\left\langle\tfrac{1}{2}\right| + \left|-\tfrac{1}{2}\right\rangle\left\langle-\tfrac{1}{2}\right| = \hat{1}_s \tag{8.13}$$

と書かれる. ここで, 右辺の $\hat{1}_s$ はスピンの自由度を表す空間での恒等演算子である.

8.3.1 パウリ行列とスピノル

7.2 節で見たように, 演算子は行列, 状態は縦ベクトルで表すことができる. 基底 $\left|\tfrac{1}{2}\right\rangle$, $\left|-\tfrac{1}{2}\right\rangle$ による行列表現を考えてみよう. 任意の状態 $|\psi\rangle$ は, (8.12) の展開係数 a, b を並べた縦ベクトルで表される ((7.18) 参照).

$$|\psi\rangle := \begin{pmatrix} a \\ b \end{pmatrix} \tag{8.14}$$

ここで記号 := を用いたのは, $|\psi\rangle$ の基底 $\left|\tfrac{1}{2}\right\rangle$, $\left|-\tfrac{1}{2}\right\rangle$ での表現が右辺で与えられるという意味である. このような 2 次元複素ベクトルを**スピノル**という. この表現では, 基底 $\left|\tfrac{1}{2}\right\rangle$ と $\left|-\tfrac{1}{2}\right\rangle$ はそれぞれ

$$\left|\tfrac{1}{2}\right\rangle := \begin{pmatrix} 1 \\ 0 \end{pmatrix} , \quad \left|-\tfrac{1}{2}\right\rangle := \begin{pmatrix} 0 \\ 1 \end{pmatrix} \tag{8.15}$$

となる. これらの共役はそれぞれ横ベクトル

$$\langle \psi | := \begin{pmatrix} a^* & b^* \end{pmatrix} , \quad \langle \tfrac{1}{2} | := \begin{pmatrix} 1 & 0 \end{pmatrix} , \quad \langle -\tfrac{1}{2} | := \begin{pmatrix} 0 & 1 \end{pmatrix} \qquad (8.16)$$

で表される.

スピン角運動量演算子は

$$\hat{S}_x := \frac{\hbar}{2}\sigma_x , \quad \hat{S}_y := \frac{\hbar}{2}\sigma_y , \quad \hat{S}_z := \frac{\hbar}{2}\sigma_z \qquad (8.17)$$

$$\sigma_x = \begin{pmatrix} 0 & 1 \\ 1 & 0 \end{pmatrix} , \quad \sigma_y = \begin{pmatrix} 0 & -i \\ i & 0 \end{pmatrix} , \quad \sigma_z = \begin{pmatrix} 1 & 0 \\ 0 & -1 \end{pmatrix} \qquad (8.18)$$

で表される. $\sigma_x, \sigma_y, \sigma_z$ は**パウリ行列**と呼ばれる. (8.18) よりパウリ行列は

$$[\sigma_i, \sigma_j] = 2i \sum_k \varepsilon_{ijk} \sigma_k \qquad (8.19)$$

$$\{\sigma_i, \sigma_j\} = 2\delta_{ij} \mathbf{1}_2 \qquad (8.20)$$

を満たす. ここで, $\{\ ,\ \}$ は $\{A, B\} = AB + BA$ を表し, **反交換関係**または**反交換子**という. (8.20) の右辺の $\mathbf{1}_2$ は 2×2 の単位行列である.

例題 8.1

(8.18) から (8.19), (8.20) を示せ.

【解答】 (8.19) で $i = x$, $j = y$ としたものは,

$$[\sigma_x, \sigma_y] = \begin{pmatrix} 0 & 1 \\ 1 & 0 \end{pmatrix}\begin{pmatrix} 0 & -i \\ i & 0 \end{pmatrix} - \begin{pmatrix} 0 & -i \\ i & 0 \end{pmatrix}\begin{pmatrix} 0 & 1 \\ 1 & 0 \end{pmatrix} = 2\begin{pmatrix} i & 0 \\ 0 & -i \end{pmatrix} = 2i\sigma_z$$

より, 確かに成り立つ. 同様にして, 他の i, j についても (8.19) を示すことができる. また, (8.20) で $i = x$, $j = y$ としたものは,

$$\{\sigma_x, \sigma_y\} = \begin{pmatrix} 0 & 1 \\ 1 & 0 \end{pmatrix}\begin{pmatrix} 0 & -i \\ i & 0 \end{pmatrix} + \begin{pmatrix} 0 & -i \\ i & 0 \end{pmatrix}\begin{pmatrix} 0 & 1 \\ 1 & 0 \end{pmatrix} = \mathbf{0}_2$$

より, 確かに成り立つ. ここで $\mathbf{0}_2$ は 2×2 の零行列である. (8.20) で $i = j = x$ としたものは,

$$\{\sigma_x, \sigma_x\} = \begin{pmatrix} 0 & 1 \\ 1 & 0 \end{pmatrix}\begin{pmatrix} 0 & 1 \\ 1 & 0 \end{pmatrix} + \begin{pmatrix} 0 & 1 \\ 1 & 0 \end{pmatrix}\begin{pmatrix} 0 & 1 \\ 1 & 0 \end{pmatrix} = 2\begin{pmatrix} 1 & 0 \\ 0 & 1 \end{pmatrix} = 2\mathbf{1}_2$$

より成り立つ. 同様にして, 他の i, j についても (8.20) が成り立つことを示すことができる. $\qquad\square$

(8.17) と (8.19) から，スピン演算子が交換関係 (8.8) を満たすことがわかる．また，(8.17) と (8.18) の z 成分から，(8.9) および (8.10) の 2 番目の式が成り立つことがわかる．また，(8.20) より $\sigma_x^2 = \sigma_y^2 = \sigma_z^2 = \mathbf{1}_2$ であり，(8.17) より $\hat{S}_x^2 = \hat{S}_y^2 = \hat{S}_z^2 = \frac{1}{4}\hbar^2 \mathbf{1}_2$ となり，

$$\hat{\boldsymbol{S}}^2 = \frac{3}{4}\hbar^2 \mathbf{1}_2$$

が得られ，(8.9) および (8.10) の 1 番目の式が成り立つことがわかる．

8.3.2 スピン座標

粒子の位置を表すのに座標 x を用いたように，スピンの自由度を表す座標 σ を導入してみよう．位置の演算子 $\hat{x}$ の固有方程式 (7.114) を再度

$$\hat{x}|x\rangle = x|x\rangle \tag{8.21}$$

と書くと，この固有値 x が位置の座標を与える．同様に，スピン演算子 $\hat{S}_z$ の固有方程式を

$$\hat{S}_z|\sigma\rangle = \sigma\hbar|\sigma\rangle \tag{8.22}$$

と書き，その固有値 σ が**スピン座標**を与えるとしよう．x が任意の実数値をとるのに対し，σ は $\pm\frac{1}{2}$ のみをとる．(8.22) を，(8.9) および (8.10) の 2 番目の式と比較して，$|\sigma\rangle$ は (8.9), (8.10) で定義された $\left|\pm\frac{1}{2}\right\rangle$ に一致することがわかる．

(7.119) で見たように，$\langle x|\psi\rangle$ が座標 x を変数とする波動関数 $\psi(x)$ を与える．同様に

$$\psi(\sigma) = \langle\sigma|\psi\rangle \tag{8.23}$$

により，スピン座標 σ を変数とする波動関数 $\psi(\sigma)$ が与えられる．(8.12) の状態 $|\psi\rangle$ については

$$\psi\left(\tfrac{1}{2}\right) = \left\langle\tfrac{1}{2}\middle|\psi\right\rangle = a \tag{8.24}$$

$$\psi\left(-\tfrac{1}{2}\right) = \left\langle-\tfrac{1}{2}\middle|\psi\right\rangle = b \tag{8.25}$$

となる．スピノル表現 (8.14) は，これを並べて縦ベクトルで表したものにすぎない．

位置とスピンの演算子は可換なので同時固有状態が存在する. これを $|x, \sigma\rangle$,
その共役を $\langle x, \sigma|$ と書こう. 位置とスピンの自由度をそれぞれの座標で表した
波動関数は

$$\psi(x, \sigma) = \langle x, \sigma|\psi\rangle \tag{8.26}$$

で与えられる. ここまでは時刻 t を省略してきたが, 状態の時間依存性も含め
て表すと,

$$\psi(x, \sigma, t) = \langle x, \sigma|\psi(t)\rangle \tag{8.27}$$

となる. スピノル表現 (8.14) では, これを

$$\Psi(x, t) = \begin{pmatrix} \psi\left(x, \frac{1}{2}, t\right) \\ \psi\left(x, -\frac{1}{2}, t\right) \end{pmatrix} \tag{8.28}$$

と表す.

8.4 回 転 の 変 換

回転の変換を考えよう (粒子の位置を回転させる変換, またはそのような座
標変換を考えるのであって, 粒子の回転運動を議論するわけではない). 2次元
空間で原点の周りに角度 θ の回転を行うと, 粒子の位置は

$$\begin{pmatrix} x \\ y \end{pmatrix} \to \begin{pmatrix} \cos\theta & -\sin\theta \\ \sin\theta & \cos\theta \end{pmatrix} \begin{pmatrix} x \\ y \end{pmatrix} \approx \begin{pmatrix} 1 & -\theta \\ \theta & 1 \end{pmatrix} \begin{pmatrix} x \\ y \end{pmatrix} \tag{8.29}$$

のように変換される. 最後の $\approx$ は $|\theta| \ll 1$ のとき有効な近似で, θ の2次以上
を無視した. これを**無限小変換**という. 3次元空間での回転は, 単位ベクトル
$\boldsymbol{n}$ についての右ねじの向きに角度 θ だけ回転させる変換 (図8.1 (a)) を考える
ことにより, ベクトル $\boldsymbol{\theta} = \theta\boldsymbol{n}$ で指定される. 位置 $\boldsymbol{x}$ は

$$\boldsymbol{x} \to M(\boldsymbol{\theta})\boldsymbol{x} \approx \boldsymbol{x} + \boldsymbol{\theta} \times \boldsymbol{x} \tag{8.30}$$

のように変換される (図8.1 (b)). ここで, $M(\boldsymbol{\theta})$ は 3×3 の変換行列であり,
無限小変換での $\times$ はベクトルの外積を表す. 成分で表すと, (8.30) は

$$x_i \to \sum_j M(\boldsymbol{\theta})_{ij} x_j \approx \sum_{jk} (\delta_{ij} + \varepsilon_{ikj}\theta_k) x_j \tag{8.31}$$

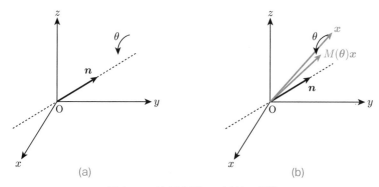

図 8.1 3 次元空間での回転の変換

となる．ここで，ε_{ikj} は完全反対称テンソル (8.7) である．(8.7) の上で述べたように i, j, k は x, y, z を表すので，記法 x_i は $x_x = x$, $x_y = y$, $x_z = z$ を表すこととする．

量子力学では，位置の演算子 $\hat{\boldsymbol{x}}$，および固有方程式

$$\hat{\boldsymbol{x}}|\boldsymbol{x}\rangle = \boldsymbol{x}|\boldsymbol{x}\rangle \iff \hat{x}_i|x, y, z\rangle = x_i|x, y, z\rangle \tag{8.32}$$

で与えられる固有状態 $|\boldsymbol{x}\rangle$ を考え，$|\boldsymbol{x}\rangle$ に

$$|\boldsymbol{x}\rangle \to \hat{U}(\boldsymbol{\theta})|\boldsymbol{x}\rangle = |M(\boldsymbol{\theta})\boldsymbol{x}\rangle \tag{8.33}$$

と作用するユニタリ演算子 $\hat{U}(\boldsymbol{\theta})$ により，回転変換が表される．演算子 $\hat{U}(\boldsymbol{\theta})$ は演算子 $\hat{\boldsymbol{x}}$ に対し

$$\hat{U}(\boldsymbol{\theta})^\dagger \hat{\boldsymbol{x}} \hat{U}(\boldsymbol{\theta}) = M(\boldsymbol{\theta})\hat{\boldsymbol{x}} \tag{8.34}$$

$$\iff \hat{U}(\boldsymbol{\theta})^\dagger \hat{x}_i \hat{U}(\boldsymbol{\theta}) = \sum_j M(\boldsymbol{\theta})_{ij} \hat{x}_j \tag{8.35}$$

のように作用する．

【証明】 (8.34) に左から $\hat{U}(\boldsymbol{\theta})$ をかけ，

$$\hat{\boldsymbol{x}} \hat{U}(\boldsymbol{\theta}) = \hat{U}(\boldsymbol{\theta}) M(\boldsymbol{\theta})\hat{\boldsymbol{x}} \tag{8.36}$$

と書き替える．この両辺をそれぞれ $|\boldsymbol{x}\rangle$ に作用させる．左辺は

$$\hat{\boldsymbol{x}} \hat{U}(\boldsymbol{\theta})|\boldsymbol{x}\rangle = \hat{\boldsymbol{x}}|M(\boldsymbol{\theta})\boldsymbol{x}\rangle = M(\boldsymbol{\theta})\boldsymbol{x}|M(\boldsymbol{\theta})\boldsymbol{x}\rangle \tag{8.37}$$

となる. 1番目の等号で (8.33), 2番目の等号で (8.32) を用いた. 右辺は

$$\hat{U}(\boldsymbol{\theta})M(\boldsymbol{\theta})\hat{\boldsymbol{x}}|\boldsymbol{x}\rangle = \hat{U}(\boldsymbol{\theta})M(\boldsymbol{\theta})\boldsymbol{x}|\boldsymbol{x}\rangle = M(\boldsymbol{\theta})\boldsymbol{x}\hat{U}(\boldsymbol{\theta})|\boldsymbol{x}\rangle$$
$$= M(\boldsymbol{\theta})\boldsymbol{x}|M(\boldsymbol{\theta})\boldsymbol{x}\rangle \qquad (8.38)$$

となり左辺と一致する. ここで, 1番目の等号で (8.32) を用いた. 2番目の等号では $M(\boldsymbol{\theta})\boldsymbol{x}$ が数なので演算子 $\hat{U}(\boldsymbol{\theta})$ と交換させ, 3番目の等号で (8.33) を用いた. この左辺と右辺の一致が任意の状態 $|\boldsymbol{x}\rangle$ について成り立つので, 演算子としての関係式 (8.34) が成り立つ. □

実は, このユニタリ演算子 $\hat{U}(\boldsymbol{\theta})$ は軌道角運動量演算子 $\hat{\boldsymbol{L}}$ を用いて

$$\hat{U}(\boldsymbol{\theta}) = \exp\left(-\frac{i}{\hbar}\boldsymbol{\theta}\cdot\hat{\boldsymbol{L}}\right) \qquad (8.39)$$

$$\approx \hat{1} - \frac{i}{\hbar}\boldsymbol{\theta}\cdot\hat{\boldsymbol{L}} \qquad (8.40)$$

と与えられる. ここで, $\boldsymbol{\theta}\cdot\hat{\boldsymbol{L}} = \theta_x\hat{L}_x + \theta_y\hat{L}_y + \theta_z\hat{L}_z$ である.

まず $|\boldsymbol{\theta}| \ll 1$ の無限小変換の場合を考えよう. (8.35) に (8.40) と (8.31) を代入し

$$\left(\hat{1} + \frac{i}{\hbar}\boldsymbol{\theta}\cdot\hat{\boldsymbol{L}}\right)\hat{x}_i\left(\hat{1} - \frac{i}{\hbar}\boldsymbol{\theta}\cdot\hat{\boldsymbol{L}}\right) = \sum_{jk}(\delta_{ij} + \varepsilon_{ikj}\theta_k)\hat{x}_j \qquad (8.41)$$

となる. θ の 1 次の係数を比較し

$$[\hat{x}_i, \hat{L}_j] = i\hbar\sum_k \varepsilon_{ijk}\hat{x}_k \qquad (8.42)$$

を得る. 次に示すように軌道角運動量演算子 $\hat{L}_i$ は確かに (8.42) を満たす.

【証明】　$\hat{\boldsymbol{L}} = \hat{\boldsymbol{x}} \times \hat{\boldsymbol{p}}$ より,

$$[\hat{x}_i, \hat{L}_j] = \left[\hat{x}_i, \sum_{kl}\varepsilon_{jkl}\hat{x}_k\hat{p}_l\right] = \sum_{kl}\varepsilon_{jkl}([\hat{x}_i, \hat{x}_k]\hat{p}_l + \hat{x}_k[\hat{x}_i, \hat{p}_l])$$

$$= \sum_{kl}\varepsilon_{jkl}\hat{x}_k\, i\hbar\delta_{il}\hat{1} = i\hbar\sum_k \varepsilon_{jki}\hat{x}_k = i\hbar\sum_k \varepsilon_{ijk}\hat{x}_k \qquad (8.43)$$

となる. 2番目の等号で交換子の線形性 (7.62), および積との交換子の公式 (7.64) を用いた. 3番目の等号で正準交換関係 (7.40), (7.42) を用いた. 5番目の等号ではテンソル ε_{ijk} の添え字に関する巡回対称性を用いた. □

有限の大きさの θ では，変換 (8.35) は無限小変換 (8.41) を繰り返すことにより得られる．ユニタリ演算子 $\hat{U}(\boldsymbol{\theta})$ は，

$$\hat{U}(\boldsymbol{\theta}) = \lim_{N \to \infty} \left[\hat{U}\left(\frac{\boldsymbol{\theta}}{N} \right) \right]^N$$

$$= \lim_{N \to \infty} \left(\hat{1} - \frac{1}{N} \frac{i}{\hbar} \boldsymbol{\theta} \cdot \hat{\boldsymbol{L}} \right)^N = \exp\left(-\frac{i}{\hbar} \boldsymbol{\theta} \cdot \hat{\boldsymbol{L}} \right) \tag{8.44}$$

より，(8.39) となる．2番目の等号で無限小変換 (8.40)，3番目の等号で $e = \lim_{N \to \infty} \left(1 + \frac{1}{N} \right)^N$ を用いた．このように無限小変換 (8.40) で定義された演算子 $\hat{L}_i$ は，有限の θ の変換を生成するので，変換の**生成子**という．

実は，(8.34) の要請だけではユニタリ演算子 $\hat{U}(\boldsymbol{\theta})$ に，$\boldsymbol{\theta}$ に依存する位相をかける不定性が残るが，要請 (8.33) では基底 $\{|\boldsymbol{x}\rangle\}$ を決めれば $\hat{U}(\boldsymbol{\theta})$ は一意的に決まる．説明は省略するが，(8.39) は (8.33) を満たす．

8.4.1　角運動量の回転

古典論では，軌道角運動量 $\boldsymbol{L}$ も位置 $\boldsymbol{x}$ と同様にベクトルであり，回転に対して同じ変換をする．量子論でも，軌道角運動量演算子 $\hat{\boldsymbol{L}}$ がユニタリ演算子 (8.39) によって，(8.34) と同様に，

$$\hat{U}(\boldsymbol{\theta})^{\dagger} \hat{\boldsymbol{L}} \hat{U}(\boldsymbol{\theta}) = M(\boldsymbol{\theta}) \hat{\boldsymbol{L}} \tag{8.45}$$

と変換されると思われる．実際，(8.34) が (8.42) に帰着したように，(8.45) は (8.6) に帰着する．(8.6) が成り立つことはその上で示したので，(8.45) も確かに成り立つ．

ここまでは軌道角運動量演算子 $\hat{\boldsymbol{L}}$ について議論してきたが，スピン角運動量演算子 $\hat{\boldsymbol{S}}$ もユニタリ演算子

$$\hat{U}_s(\boldsymbol{\theta}) = \exp\left(-\frac{i}{\hbar} \boldsymbol{\theta} \cdot \hat{\boldsymbol{S}} \right) \tag{8.46}$$

により

$$\hat{U}_s(\boldsymbol{\theta})^{\dagger} \hat{\boldsymbol{S}} \hat{U}_s(\boldsymbol{\theta}) = M(\boldsymbol{\theta}) \hat{\boldsymbol{S}} \tag{8.47}$$

と変換されることを課してみよう．ただし，これらの演算子は，$\left| \frac{1}{2} \right\rangle$ や $\left| -\frac{1}{2} \right\rangle$ で張られる内部空間に作用することに注意せよ．軌道角運動量 $\hat{\boldsymbol{L}}$ の場合と同

様の議論により，(8.47) は (8.8) に帰着する.

　古典力学で角運動量は回転変換の生成子であるので，量子力学でも角運動量演算子を回転変換の生成子として導入するのは自然である. 上の議論からわかるように，これは角運動量演算子に交換関係 (8.6) や (8.8) を課すことになる. 実は，(8.6), (8.8) と同じ交換関係を満たすエルミート演算子を一般に**角運動量演算子**という.

　生成子の交換関係が与えられれば，$|\boldsymbol{\theta}_1|, |\boldsymbol{\theta}_2| \ll 1$ で積 $\hat{U}(\boldsymbol{\theta}_1)\hat{U}(\boldsymbol{\theta}_2)$ の規則が決まる. 交換関係 (8.6) と (8.8) が同じ形をしているので，$|\boldsymbol{\theta}| \ll 1$ では $\hat{U}(\boldsymbol{\theta})$ と $\hat{U}_s(\boldsymbol{\theta})$ の間に積を保つ対応が存在するが，この対応は $|\boldsymbol{\theta}| \gtrsim 1$ の領域まで成り立つわけではない. 実際，$\theta = 2\pi$ で $\hat{U}(2\pi) = \hat{1}$ だが，次項で示すように $\hat{U}_s(2\pi) = -\hat{1}$ となる.

8.4.2　スピン波動関数の二価性

　(8.46) に (8.17) を代入し

$$\hat{U}_s(\boldsymbol{\theta}) := \exp\left(-\frac{i}{2}\boldsymbol{\theta} \cdot \boldsymbol{\sigma}\right) \tag{8.48}$$

となる. ところで，(8.19), (8.20) より

$$(\boldsymbol{\theta} \cdot \boldsymbol{\sigma})^2 = \theta_i\theta_j\sigma_i\sigma_j = \theta_i\theta_j\frac{1}{2}([\sigma_i, \sigma_j] + \{\sigma_i, \sigma_j\}) = \theta^2\mathbf{1}_2 \tag{8.49}$$

が得られる. ここで，$\theta = \sqrt{\sum_i(\theta_i)^2}$ は回転の角度の大きさである. これにより (8.48) での指数関数の展開が容易にでき，

$$\hat{U}_s(\boldsymbol{\theta}) := \cos\left(\frac{\theta}{2}\right)\mathbf{1}_2 - \frac{i}{2}\sin\left(\frac{\theta}{2}\right)\boldsymbol{\theta} \cdot \boldsymbol{\sigma} \tag{8.50}$$

となる. これに $\theta = 2\pi$ を代入すると，$\boldsymbol{\theta}$ の向き，つまり回転の向きによらず，

$$\hat{U}_s(\theta = 2\pi) := -\mathbf{1}_2 \tag{8.51}$$

が得られる. よって，スピン自由度を含む系での任意の状態 $|\psi\rangle$ を 2π 回転させると

$$|\psi\rangle \to \hat{U}_s(\theta = 2\pi)|\psi\rangle = -|\psi\rangle \tag{8.52}$$

となり，波動関数が -1 倍される. これを**スピン波動関数の二価性**という.

スピン自由度を含まない系では，波動関数 $\psi(\boldsymbol{x}) = \langle \boldsymbol{x} | \psi \rangle$ は $\boldsymbol{x}$ の一価関数であり，そのため，5.3 節で見たように，軌道量子数 l は整数値しか許されない．スピン自由度を含む系では，

$$\psi(\boldsymbol{x}, \sigma) = \langle \boldsymbol{x}, \sigma | \psi \rangle$$

$$\rightarrow \langle \boldsymbol{x}, \sigma | \hat{U}(\theta = 2\pi) \hat{U}_s(\theta = 2\pi) | \psi \rangle = -\langle \boldsymbol{x}, \sigma | \psi \rangle = -\psi(\boldsymbol{x}, \sigma) \quad (8.53)$$

のように，波動関数は二価になる．これはスピン量子数 $s = \frac{1}{2}$ が半整数のためである（章末問題 8.2 参照）．

8.5 角運動量演算子の固有状態

8.4.1 項で示したように，交換関係 (8.6) や (8.8) が角運動量演算子の定義式を与える．そこで，軌道角運動量かスピン角運動量かを特定せず，交換関係

$$[\hat{J}_i, \hat{J}_j] = i\hbar \sum_k \varepsilon_{ijk} \hat{J}_k \quad (8.54)$$

を満たす一般の角運動量演算子 $\hat{\boldsymbol{J}}$ を考え，関係式 (8.54) と演算子 $\hat{\boldsymbol{J}}$ のエルミート性だけから $\hat{\boldsymbol{J}}$ の固有状態を求めてみよう（結果は (8.82) を含む 1 段落にまとめられている）．

まず，表記の簡便性のため演算子 $\hat{\boldsymbol{j}}$ を

$$\hat{\boldsymbol{J}} = \hbar \hat{\boldsymbol{j}} \quad (8.55)$$

のように導入し，(8.54) を

$$[\hat{j}_i, \hat{j}_j] = i \sum_k \varepsilon_{ijk} \hat{j}_k \quad (8.56)$$

と書き替える．次に，演算子

$$\hat{\boldsymbol{j}}^2 = \hat{j}_x^2 + \hat{j}_y^2 + \hat{j}_z^2 = \sum_i \hat{j}_i^2 \quad (8.57)$$

を導入する．(8.56) より

$$[\hat{\boldsymbol{j}}^2, \hat{j}_i] = 0 \quad (8.58)$$

が成り立つ．

【証明】　左辺に (8.57) を代入し

$$[\hat{\boldsymbol{j}}^2, \hat{j}_i] = \left[\sum_j \hat{j}_j^2, \hat{j}_i\right] = \sum_j \hat{j}_j[\hat{j}_j, \hat{j}_i] + \sum_j [\hat{j}_j, \hat{j}_i]\hat{j}_j$$

$$= i \sum_{jk} \varepsilon_{jik}(\hat{j}_j\hat{j}_k + \hat{j}_k\hat{j}_j) = 0 \tag{8.59}$$

となる．2 番目の等号で (7.63) と (7.65)，3 番目の等号で (8.56) を用いた．最後の等号では，ε_{jik} が j と k の入れ替えについて反対称であることを用いた．

$\square$

(8.58) と定理 7.6 より $\hat{\boldsymbol{j}}^2$ と $\hat{j}_i$ の同時固有状態が存在する．以下では，$\hat{\boldsymbol{j}}^2$ と $\hat{j}_z$ の同時固有状態を考える（$\hat{\boldsymbol{j}}^2$ と $\hat{j}_x$，$\hat{\boldsymbol{j}}^2$ と $\hat{j}_y$，または任意の単位ベクトル $\boldsymbol{n}$ の向きを選び，$\hat{\boldsymbol{j}}^2$ と $\sum_i n_i\hat{j}_i$ の同時固有状態を考えても同様である）．$\hat{\boldsymbol{j}}^2$ の固有値を $j(j+1)$，$\hat{j}_z$ の固有値を m で表し，その固有状態を $|j, m\rangle$ で表す．ここで，$j \geq 0$ とする．

$$\hat{\boldsymbol{j}}^2|j, m\rangle = j(j+1)|j, m\rangle \ , \quad \hat{j}_z|j, m\rangle = m|j, m\rangle \tag{8.60}$$

$\hat{\boldsymbol{j}}^2$ と $\hat{j}_z$ がエルミート演算子なので，固有状態は正規直交条件

$$\langle j, m|j', m'\rangle = \delta_{jj'}\delta_{mm'} \tag{8.61}$$

を満たすようにとれる．軌道角運動量では $\hat{\boldsymbol{L}}^2$ と $\hat{L}_z$ の同時固有関数が球面調和関数 $Y_{lm}(\theta, \varphi)$ で与えられるが，(8.60) の $|j, m\rangle$ は，$Y_{lm}(\theta, \varphi)$ を $|l, m\rangle$ と表すことに対応する（ただし，$|l, m\rangle$ は関数の変数 θ, φ を特定しない表現であり，正確な対応の式は $Y_{lm}(\theta, \varphi) = \langle\theta, \varphi|l, m\rangle$ である）．

● **昇降演算子**　演算子

$$\hat{j}_\pm = \hat{j}_x \pm i\hat{j}_y \tag{8.62}$$

を導入する．ここで，複号同順とし（以下の式での複号も同順とする）

$$[\hat{\boldsymbol{j}}^2, \hat{j}_\pm] = 0 \tag{8.63}$$

$$[\hat{j}_z, \hat{j}_\pm] = \pm\hat{j}_\pm \tag{8.64}$$

が成り立つ．

【証明】 (8.63) が成り立つのは (8.58) から容易にわかる. (8.64) は

$$[\hat{j}_z, \hat{j}_\pm] = [\hat{j}_z, \hat{j}_x \pm i\hat{j}_y] = [\hat{j}_z, \hat{j}_x] \pm i[\hat{j}_z, \hat{j}_y]$$
$$= i\hat{j}_y \pm i(-i\hat{j}_x) = \pm(\hat{j}_x \pm i\hat{j}_y) = \pm\hat{j}_\pm \tag{8.65}$$

より成り立つ. 3番目の等号で (8.56) を用いた. □

状態 $\hat{j}_\pm|j,m\rangle$ を考える. (8.63) と (8.60) より

$$\hat{\boldsymbol{j}}^2\hat{j}_\pm|j,m\rangle = \hat{j}_\pm\hat{\boldsymbol{j}}^2|j,m\rangle = j(j+1)\hat{j}_\pm|j,m\rangle \tag{8.66}$$

が成り立つ. また, (8.64) と (8.60) より

$$\hat{j}_z\hat{j}_\pm|j,m\rangle = ([\hat{j}_z, \hat{j}_\pm] + \hat{j}_\pm\hat{j}_z)|j,m\rangle$$
$$= (\pm\hat{j}_\pm + \hat{j}_\pm m)|j,m\rangle = (m \pm 1)\hat{j}_\pm|j,m\rangle \tag{8.67}$$

が成り立つ. これらは, 状態 $\hat{j}_\pm|j,m\rangle$ が $\hat{\boldsymbol{j}}^2$ と $\hat{j}_z$ の同時固有状態で, 固有値がそれぞれ $j(j+1)$, $m \pm 1$ であることを意味する. よって, $\hat{j}_\pm|j,m\rangle$ は定数倍を除いて $|j,m\pm1\rangle$ に一致する. 比例係数を $C_{jm}^\pm$ とすると,

$$\hat{j}_\pm|j,m\rangle = C_{jm}^\pm|j,m\pm1\rangle \tag{8.68}$$

となる. 演算子 $\hat{j}_\pm$ は状態 $|j,m\rangle$ に作用し $|j,m\pm1\rangle$ に変えるので, **昇降演算子**という. $|j,m\rangle$ に演算子 $\hat{j}_+$ または $\hat{j}_-$ を何回も作用させると

$$\ldots, |j,m-2\rangle, |j,m-1\rangle, |j,m\rangle, |j,m+1\rangle, |j,m+2\rangle, \ldots \tag{8.69}$$

という具合いに, $\hat{\boldsymbol{j}}^2$ の固有値は同じだが, $\hat{j}_z$ の固有値が整数だけ異なる一群の固有状態が作られる.

● **m の最大値と最小値** (8.57) と (8.60) を用いて

$$(\hat{j}_x^2 + \hat{j}_y^2)|j,m\rangle = (\hat{\boldsymbol{j}}^2 - \hat{j}_z^2)|j,m\rangle = \{j(j+1) - m^2\}|j,m\rangle \tag{8.70}$$

が得られる. 一方, $\hat{j}_x$ と $\hat{j}_y$ はエルミートなので,

$$\langle j,m|(\hat{j}_x^2 + \hat{j}_y^2)|j,m\rangle = \langle j,m|\hat{j}_x^\dagger\hat{j}_x|j,m\rangle + \langle j,m|\hat{j}_y^\dagger\hat{j}_y|j,m\rangle$$
$$= (\hat{j}_x|j,m\rangle, \hat{j}_x|j,m\rangle) + (\hat{j}_y|j,m\rangle, \hat{j}_y|j,m\rangle) \geq 0 \tag{8.71}$$

が成り立つ. 最後の不等号で内積の正定値性を用いた. よって, 不等式

$$j(j+1) \geq m^2 \tag{8.72}$$

が得られる. (8.69) の操作が果てしなく続けられると, j が一定で $|m|$ のいくらでも大きな $|j, m\rangle$ が存在するので, この不等式と矛盾する. よって,

$$\hat{j}_+|j, m_{\max}\rangle = 0 , \quad \hat{j}_-|j, m_{\min}\rangle = 0 \tag{8.73}$$

を満たす m の最大値 $m_{\max}$ と最小値 $m_{\min}$ が存在しなければならない.

この $m_{\max}$ と $m_{\min}$ の値を求めよう.

$$\begin{aligned}
\hat{j}_\pm\hat{j}_\mp &= (\hat{j}_x \pm i\hat{j}_y)(\hat{j}_x \mp i\hat{j}_y) \\
&= \hat{j}_x^2 + \hat{j}_y^2 \mp i[\hat{j}_x, \hat{j}_y] \\
&= \hat{\boldsymbol{j}}^2 - \hat{j}_z^2 \pm \hat{j}_z
\end{aligned} \tag{8.74}$$

が成り立つ. 1番目の等号で (8.62), 3番目の等号で (8.57) と (8.56) を用いた. (8.74) を $|j, m_{\max}\rangle$ と $|j, m_{\min}\rangle$ に作用させて, (8.73) を用いると,

$$\hat{j}_-\hat{j}_+|j, m_{\max}\rangle = \{j(j+1) - m_{\max}^2 - m_{\max}\}|j, m_{\max}\rangle = 0 \tag{8.75}$$

$$\hat{j}_+\hat{j}_-|j, m_{\min}\rangle = \{j(j+1) - m_{\min}^2 + m_{\min}\}|j, m_{\min}\rangle = 0 \tag{8.76}$$

が得られる. $|j, m_{\max}\rangle \neq 0, |j, m_{\min}\rangle \neq 0$ なので,

$$j(j+1) - m_{\max}^2 - m_{\max} = (j - m_{\max})(j + m_{\max} + 1) = 0 \tag{8.77}$$

$$j(j+1) - m_{\min}^2 + m_{\min} = (j + m_{\min})(j - m_{\min} + 1) = 0 \tag{8.78}$$

が導かれる. $m_{\min} \leq m_{\max}$ を用いてこれを解くと, $j \geq 0$ より,

$$m_{\max} = j , \quad m_{\min} = -j \tag{8.79}$$

が得られる.

よって, (8.69) の一群の状態で許される m の値は

$$m = -j, -j+1, \ldots, j-1, j \tag{8.80}$$

である. この状態の数 $2j+1$ が正の整数でなければならないので, j の値としては

$$j = 0, \frac{1}{2}, 1, \frac{3}{2}, 2, \ldots \tag{8.81}$$

が許される. このようにして j は整数か半整数の値をとることがわかった.

● **まとめ** (8.54) を満たす角運動量演算子は,

$$\hat{\boldsymbol{J}}^2|j,m\rangle = j(j+1)\hbar^2|j,m\rangle \ , \quad \hat{J}_z|j,m\rangle = m\hbar|j,m\rangle \qquad (8.82)$$

を満たす,$\hat{\boldsymbol{J}}^2$ と $\hat{J}_z$ の同時固有状態 $|j,m\rangle$ を持つ.j は,(8.81) のような整数値もしくは半整数値を取り得る.各 j に対し m は,(8.80) で与えられる $2j+1$ 個の値を取り得る.

● **(8.68) の係数 $C_{jm}^{\pm}$** 最後に (8.68) の係数 $C_{jm}^{\pm}$ を求めよう.$\hat{j}_\pm^\dagger = \hat{j}_\mp$ なので,(8.68) の両辺のノルムの 2 乗(自分自身との内積)を求めると,

$$\langle j,m|\hat{j}_\mp\hat{j}_\pm|j,m\rangle = |C_{jm}^{\pm}|^2\langle j,m\pm 1|j,m\pm 1\rangle \qquad (8.83)$$

が得られる.左辺に (8.74) を代入し,(8.60) を用いて

$$j(j+1) - m^2 \mp m = |C_{jm}^{\pm}|^2 \qquad (8.84)$$

が得られる.ここで,(8.61) より $\langle j,m|j,m\rangle = \langle j,m\pm 1|j,m\pm 1\rangle = 1$ であることを用いた.よって,(8.68) の係数は,位相の不定性を除き,

$$C_{jm}^{\pm} = \sqrt{j(j+1) - m(m\pm 1)} = \sqrt{(j\mp m)(j\pm m+1)} \qquad (8.85)$$

と求まる.

— 例題 8.2 —

$j = \frac{1}{2}$ の場合の,演算子 $\hat{j}_i$ の基底 $|j,m\rangle$ での表現行列を求めよ.

【解答】 $|j,m\rangle$ を,(8.9), (8.10) のように,$\left|\frac{1}{2}, \pm\frac{1}{2}\right\rangle = \left|\pm\frac{1}{2}\right\rangle$ と表そう(複号同順,以下も).(8.60) より

$$\hat{j}_z\left|\pm\tfrac{1}{2}\right\rangle = \pm\frac{1}{2}\left|\pm\tfrac{1}{2}\right\rangle$$

よって,

$$\left\langle\pm\tfrac{1}{2}\right|\hat{j}_z\left|\pm\tfrac{1}{2}\right\rangle = \pm\frac{1}{2} \ , \quad \left\langle\mp\tfrac{1}{2}\right|\hat{j}_z\left|\pm\tfrac{1}{2}\right\rangle = 0$$

となる.よって,$\hat{j}_z$ のこの基底での表現行列は

$$\hat{j}_z := \frac{1}{2}\begin{pmatrix} 1 & 0 \\ 0 & -1 \end{pmatrix}$$

となる. 同様に, (8.68), (8.85) より

$$\hat{j}_\pm \left| \pm \tfrac{1}{2} \right\rangle = 0 \ , \quad \hat{j}_\pm \left| \mp \tfrac{1}{2} \right\rangle = C^\pm_{\frac{1}{2},\mp\frac{1}{2}} \left| \pm \tfrac{1}{2} \right\rangle = \left| \pm \tfrac{1}{2} \right\rangle$$

なので,

$$\hat{j}_+ := \begin{pmatrix} 0 & 1 \\ 0 & 0 \end{pmatrix} , \quad \hat{j}_- := \begin{pmatrix} 0 & 0 \\ 1 & 0 \end{pmatrix}$$

となる. (8.62) より, $\hat{j}_x = \tfrac{1}{2}(\hat{j}_+ + \hat{j}_-), \hat{j}_y = \tfrac{1}{2i}(\hat{j}_+ - \hat{j}_-)$ なので,

$$\hat{j}_x := \frac{1}{2}\begin{pmatrix} 0 & 1 \\ 1 & 0 \end{pmatrix} , \quad \hat{j}_y := \frac{1}{2}\begin{pmatrix} 0 & -i \\ i & 0 \end{pmatrix}$$

となる. これらはパウリ行列による表現 (8.17), (8.18) を与える. □

8.6 角運動量の合成

　この節では, 2 つの角運動量演算子 $\hat{\boldsymbol{J}}_1$, $\hat{\boldsymbol{J}}_2$ の固有状態から, その和 $\hat{\boldsymbol{J}}_1 + \hat{\boldsymbol{J}}_2$ の固有状態を求める方法を紹介する. 例えば, 電子の軌道角運動量とスピン角運動量 $\hat{\boldsymbol{J}}_1 = \hat{\boldsymbol{L}}$, $\hat{\boldsymbol{J}}_2 = \hat{\boldsymbol{S}}$ から全角運動量 $\hat{\boldsymbol{J}}_1 + \hat{\boldsymbol{J}}_2 = \hat{\boldsymbol{L}} + \hat{\boldsymbol{S}}$ を得る場合や, 2 つの粒子のスピン角運動量から全スピン角運動量を得る場合などがこれに該当する.

　(8.55) のように, 演算子 $\hat{\boldsymbol{j}}_a$ を

$$\hat{\boldsymbol{J}}_a = \hbar \hat{\boldsymbol{j}}_a \tag{8.86}$$

として導入する. ここで, $a = 1, 2$ は 2 つの角運動量を区別する添え字である. 演算子 $\hat{\boldsymbol{j}}_a$ は

$$[\hat{j}_{ai}, \hat{j}_{aj}] = i \sum_k \varepsilon_{ijk} \hat{j}_{ak} \tag{8.87}$$

$$[\hat{j}_{1i}, \hat{j}_{2j}] = 0 \tag{8.88}$$

を満たす. ここで, 添え字 i, j, k は x, y, z を表す. 2 種類の添え字 a と i が存在するが, 混同の恐れはないだろう. $\hat{\boldsymbol{j}}_1$ と $\hat{\boldsymbol{j}}_2$ に関する固有状態がそれぞれ

$$\hat{\boldsymbol{j}}_1^2 |j_1, m_1\rangle = j_1(j_1+1)|j_1, m_1\rangle , \quad \hat{j}_{1z}|j_1, m_1\rangle = m_1|j_1, m_1\rangle \tag{8.89}$$

$$\hat{\boldsymbol{j}}_2^2 |j_2, m_2\rangle = j_2(j_2+1)|j_2, m_2\rangle , \quad \hat{j}_{2z}|j_2, m_2\rangle = m_2|j_2, m_2\rangle \tag{8.90}$$

のように与えられているとする.

角運動量の和

$$\hat{\boldsymbol{J}} = \hat{\boldsymbol{J}}_1 + \hat{\boldsymbol{J}}_2 \tag{8.91}$$

を考える. $\hat{\boldsymbol{J}} = \hbar\hat{\boldsymbol{j}}$ により演算子 $\hat{\boldsymbol{j}}$ を導入すれば

$$\hat{\boldsymbol{j}} = \hat{\boldsymbol{j}}_1 + \hat{\boldsymbol{j}}_2 \tag{8.92}$$

となる. (8.87), (8.88) より, 演算子 $\hat{\boldsymbol{j}}$ は

$$[\hat{j}_i, \hat{j}_j] = i \sum_k \varepsilon_{ijk} \hat{j}_k \tag{8.93}$$

を満たす. よって, 前節の議論より, 演算子 $\hat{\boldsymbol{j}}$ の固有状態も

$$\hat{\boldsymbol{j}}^2 |j,m\rangle\!\rangle = j(j+1)|j,m\rangle\!\rangle \,, \quad \hat{j}_z|j,m\rangle\!\rangle = m|j,m\rangle\!\rangle \tag{8.94}$$

のように得られる. 合成された角運動量の固有状態を, 合成前の (8.89) や (8.90) と区別して, $|\,\rangle\!\rangle$ で表した.

以下では, 合成後の固有状態を合成前の固有状態で

$$|j,m\rangle\!\rangle = \sum_{m_1=-j_1}^{j_1} \sum_{m_2=-j_2}^{j_2} C_{jm}^{m_1 m_2} |j_1,m_1\rangle |j_2,m_2\rangle \tag{8.95}$$

のように表すことを考える. ここで, j_1 と j_2 は固定している. つまり, $(2j_1+1)(2j_2+1)$ 個の基底 $|j_1,m_1\rangle|j_2,m_2\rangle$ の線形結合で, 合成された角運動量演算子の固有状態を表そうというわけである (結果は (8.108) を含む 1 段落ににまとめられている).

まず, (8.95) の両辺に $\hat{j}_z = \hat{j}_{1z} + \hat{j}_{2z}$ を作用させてみよう.

$$\hat{j}_z|j,m\rangle\!\rangle = m|j,m\rangle\!\rangle \tag{8.96}$$

$$(\hat{j}_{1z} + \hat{j}_{2z})|j_1,m_1\rangle|j_2,m_2\rangle = (m_1+m_2)|j_1,m_1\rangle|j_2,m_2\rangle \tag{8.97}$$

なので, (8.95) の右辺の和での非零の寄与, つまり非零の係数 $C_{jm}^{m_1 m_2} \neq 0$ は

$$m = m_1 + m_2 \tag{8.98}$$

のときのみ許される.

次に, (8.95) の両辺に $\hat{j}_\pm = \hat{j}_{1\pm} + \hat{j}_{2\pm}$ を作用させると, (8.68) より,

$$C_{jm}^{\pm}|j,m\pm 1\rangle\!\rangle = \sum_{m_1,m_2} C_{jm}^{m_1 m_2}(C_{j_1 m_1}^{\pm}|j_1,m_1\pm 1\rangle|j_2,m_2\rangle$$
$$+ C_{j_2 m_2}^{\pm}|j_1,m_1\rangle|j_2,m_2\pm 1\rangle) \tag{8.99}$$

が得られる. ここで, 係数 $C_{jm}^{\pm}$ の具体形は (8.85) である.

この状況を図 8.2 に示す. 図 (a) での各点は, $(2j_1 + 1)(2j_2 + 1)$ 個の基底 $|j_1, m_1\rangle|j_2, m_2\rangle$ を表す. 斜めの直線は $m_1 + m_2$ の値が一定の線を表す. 図 (b) の各点は (8.95) の左辺 $|j, m\rangle\!\rangle$ を表す. 横方向の直線は, m の値が一定の線を表す. これは (8.98) より, 図 (a) での斜め直線に対応する. つまり (8.95) は, この直線上の点での線形結合をとり, 基底の組み換えを行っている. また, (8.99) の操作では, 図 (b) の各点が縦方向に 1 だけ移動する.

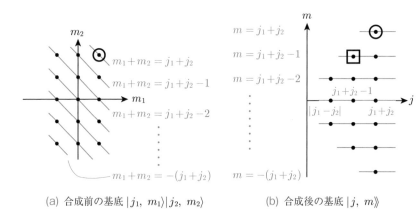

(a) 合成前の基底 $|j_1, m_1\rangle|j_2, m_2\rangle$ (b) 合成後の基底 $|j, m\rangle\!\rangle$

図 8.2 角運動量演算子の合成前後での基底. 例として, $j_1 = 1, j_2 = 2$ の場合を図示する.

● **状態 $|j_1 + j_2, m\rangle\!\rangle$** まず, 状態 $|j_1, j_1\rangle|j_2, j_2\rangle$ を考えよう. これは図 8.2 (a) での右上の, 丸で囲んだ点に相当する. これは $\hat{j}_z$ の固有状態で, (8.98) よりその固有値 m は $j_1 + j_2$ である. また, $|j_1, j_1\rangle|j_2, j_2\rangle$ に $\hat{j}_+ = \hat{j}_{1+} + \hat{j}_{2+}$ を作用させると零になる. その式に $\hat{j}_-$ を作用させ, (8.74) を用いると,

$$(\hat{\boldsymbol{j}}^2 - \hat{j}_z^2 - \hat{j}_z)|j_1, j_1\rangle|j_2, j_2\rangle = 0 \tag{8.100}$$

が得られる. よって, この状態は演算子 $\hat{\boldsymbol{j}}^2$ の固有値 $m(m+1)$ の固有状態である. $j(j+1) = m(m+1)$ を解くと, $j = m, j = -m-1$ を得るが, $j \geq 0$ より $j = m = j_1 + j_2$ となる. 以上より, この状態は $|j_1 + j_2, j_1 + j_2\rangle\!\rangle$ であることがわかる. つまり,

$$|j_1 + j_2, j_1 + j_2\rangle\!\rangle = |j_1, j_1\rangle|j_2, j_2\rangle \tag{8.101}$$

である. 図 8.2 (a) での丸で囲んだ点が, 図 (b) での丸で囲んだ点に対応する.

(8.101) の両辺に $\hat{j}_- = \hat{j}_{1-} + \hat{j}_{2-}$ を繰り返し作用させることにより，(8.99) を用いて，

$$|j_1 + j_2, m\rangle\!\rangle , \quad m = -(j_1 + j_2) , \quad \ldots, \quad j_1 + j_2 - 1, j_1 + j_2 \quad (8.102)$$

の一群の状態（図 8.2 (b) での右 1 列の状態）が得られる．

● **状態 $|j_1 + j_2 - 1, m\rangle\!\rangle$**　$m = j_1 + j_2 - 1$ の状態は，合成前の図 8.2 (a) では 2 個あるので，合成後も 2 個あり，(8.102) で得られた状態 $|j_1 + j_2, j_1 + j_2 - 1\rangle\!\rangle$ に直交するもう 1 つの状態がある．それを $|\perp, j_1 + j_2 - 1\rangle\!\rangle$ と表す．この状態は

$$\hat{j}_+ |\perp, j_1 + j_2 - 1\rangle\!\rangle = 0 \quad (8.103)$$

を満たす．

【証明】　$\hat{j}_+ |\perp, j_1 + j_2 - 1\rangle\!\rangle$ は $m = j_1 + j_2$ の状態なので，$|j_1 + j_2, j_1 + j_2\rangle\!\rangle$ に比例しなければならない．比例係数を c とし

$$\hat{j}_+ |\perp, j_1 + j_2 - 1\rangle\!\rangle = c |j_1 + j_2, j_1 + j_2\rangle\!\rangle \quad (8.104)$$

となる．この両辺と $|j_1 + j_2, j_1 + j_2\rangle\!\rangle$ の内積をとり

$$
\begin{aligned}
c &= \langle\!\langle j_1 + j_2, j_1 + j_2 | \hat{j}_+ | \perp, j_1 + j_2 - 1\rangle\!\rangle \\
&= \langle\!\langle j_1 + j_2, j_1 + j_2 | \hat{j}_-^\dagger | \perp, j_1 + j_2 - 1\rangle\!\rangle \\
&\propto \langle\!\langle j_1 + j_2, j_1 + j_2 - 1 | \perp, j_1 + j_2 - 1\rangle\!\rangle = 0 \quad (8.105)
\end{aligned}
$$

2 行目から 3 行目に移る際，$\hat{j}_-^\dagger$ を $\langle\!\langle j_1 + j_2, j_1 + j_2 |$ に作用させた．最後の等号で，$|\perp, j_1 + j_2 - 1\rangle\!\rangle$ が $|j_1 + j_2, j_1 + j_2 - 1\rangle\!\rangle$ に直交するという仮定を用いた．よって，(8.103) が示された．　　　　　□

(8.103) に $\hat{j}_-$ を作用させ，(8.100) から (8.101) と同様の議論をすることにより，

$$|j_1 + j_2 - 1, j_1 + j_2 - 1\rangle\!\rangle = |\perp, j_1 + j_2 - 1\rangle\!\rangle \quad (8.106)$$

が得られる．これは図 8.2 (b) での四角で囲んだ点に対応する．

(8.106) の両辺に $\hat{j}_- = \hat{j}_{1-} + \hat{j}_{2-}$ を繰り返し作用させることにより，(8.99) を用いて，

$$|j_1 + j_2 - 1, m\rangle\!\rangle , \quad m = -(j_1 + j_2 - 1) , \quad \ldots, \quad j_1 + j_2 - 2, j_1 + j_2 - 1 \quad (8.107)$$

の一群の状態（図 8.2 (b) での右から 2 列目の状態）が得られる．

● **状態 $|j_1 + j_2 - 2, m\rangle\!\rangle \cdots |\,|j_1 - j_2|, m\rangle\!\rangle$**　この操作を繰り返すと,

$$|j_1 + j_2 - 2, m\rangle\!\rangle , \quad |j_1 + j_2 - 3, m\rangle\!\rangle , \quad \ldots$$

が得られる. このようにして得られる最小の j はいくらだろうか. j_1 と j_2 のうち小さい方の数を $\min(j_1, j_2)$ と表すと, 図 8.2 (a) での $m_1 + m_2$ 一定の斜めの直線上にある点の数は, 最大で $2\min(j_1, j_2) + 1$ である. これらの基底を組み直したものが, 図 8.2 (b) での m 一定の横方向の直線上の点に対応するので, その最大数も

$$2\min(j_1, j_2) + 1$$

となる. したがって, j の最小値は

$$j_1 + j_2 - 2\min(j_1, j_2) = |j_1 - j_2|$$

となる.

● **まとめ**　結局, 合成された角運動量の固有状態 (8.95) として

$$j = j_1 + j_2 , \quad j_1 + j_2 - 1 , \quad \ldots, \quad |j_1 - j_2|$$

が得られる. このことを

$$j_1 \otimes j_2 = (j_1 + j_2) \oplus (j_1 + j_2 - 1) \oplus \cdots \oplus |j_1 - j_2| \tag{8.108}$$

と表す. この両辺, すなわち合成前と後での基底の総数を比較して見よう. 合成後の基底の総数は

$$\sum_{j=|j_1-j_2|}^{j_1+j_2} (2j + 1)$$
$$= (j_1 + j_2 + |j_1 - j_2| + 1)(j_1 + j_2 - |j_1 - j_2| + 1)$$
$$= (2j_1 + 1)(2j_2 + 1) \tag{8.109}$$

となり, 合成前のものと確かに一致する.

例1 $\frac{1}{2} \otimes \frac{1}{2} = 1 \oplus 0$

合成前の固有状態 $|j_1, m_1\rangle$ および $|j_2, m_2\rangle$ を, (8.9), (8.10) のように,

$$\left|\tfrac{1}{2}, \pm\tfrac{1}{2}\right\rangle = \left|\pm\tfrac{1}{2}\right\rangle$$

と表そう. 合成後の $j = 1$ の固有状態は

$$|1, 1\rangle\!\rangle = \left|\tfrac{1}{2}\right\rangle\left|\tfrac{1}{2}\right\rangle$$

$$|1, 0\rangle\!\rangle = \frac{1}{\sqrt{2}}\left(\left|\tfrac{1}{2}\right\rangle\left|-\tfrac{1}{2}\right\rangle + \left|-\tfrac{1}{2}\right\rangle\left|\tfrac{1}{2}\right\rangle\right) \qquad (8.110)$$

$$|1, -1\rangle\!\rangle = \left|-\tfrac{1}{2}\right\rangle\left|-\tfrac{1}{2}\right\rangle$$

$j = 0$ の固有状態は

$$|0, 0\rangle\!\rangle = \frac{1}{\sqrt{2}}\left(\left|\tfrac{1}{2}\right\rangle\left|-\tfrac{1}{2}\right\rangle - \left|-\tfrac{1}{2}\right\rangle\left|\tfrac{1}{2}\right\rangle\right) \qquad (8.111)$$

となる.

【証明】

$$|1, 1\rangle\!\rangle = \left|\tfrac{1}{2}\right\rangle\left|\tfrac{1}{2}\right\rangle$$

の両辺に $\hat{j}_- = \hat{j}_{1-} + \hat{j}_{2-}$ を作用させる. (8.68), (8.85) より,

$$\hat{j}_-|1, 1\rangle\!\rangle = C_{11}^-|1, 0\rangle\!\rangle = \sqrt{2}|1, 0\rangle\!\rangle \qquad (8.112)$$

$$(\hat{j}_{1-} + \hat{j}_{2-})\left|\tfrac{1}{2}\right\rangle\left|\tfrac{1}{2}\right\rangle = C_{\frac{1}{2}\frac{1}{2}}^-\left|-\tfrac{1}{2}\right\rangle\left|\tfrac{1}{2}\right\rangle + C_{\frac{1}{2}\frac{1}{2}}^-\left|\tfrac{1}{2}\right\rangle\left|-\tfrac{1}{2}\right\rangle$$

$$= \left|-\tfrac{1}{2}\right\rangle\left|\tfrac{1}{2}\right\rangle + \left|\tfrac{1}{2}\right\rangle\left|-\tfrac{1}{2}\right\rangle \qquad (8.113)$$

となる. これより, (8.110) の 2 番目の式が得られる. さらに, (8.110) の 2 番目の式に $\hat{j}_- = \hat{j}_{1-} + \hat{j}_{2-}$ を作用させると,

$$\hat{j}_-|1, 0\rangle\!\rangle = C_{10}^-|1, -1\rangle\!\rangle = \sqrt{2}|1, -1\rangle\!\rangle \qquad (8.114)$$

$$(\hat{j}_{1-} + \hat{j}_{2-})\frac{1}{\sqrt{2}}\left(\left|\tfrac{1}{2}\right\rangle\left|-\tfrac{1}{2}\right\rangle + \left|-\tfrac{1}{2}\right\rangle\left|\tfrac{1}{2}\right\rangle\right)$$

$$= \frac{1}{\sqrt{2}}\left(C_{\frac{1}{2}\frac{1}{2}}^-\left|-\tfrac{1}{2}\right\rangle\left|-\tfrac{1}{2}\right\rangle + C_{\frac{1}{2}\frac{1}{2}}^-\left|-\tfrac{1}{2}\right\rangle\left|-\tfrac{1}{2}\right\rangle\right)$$

$$= \frac{1}{\sqrt{2}}\left(\left|-\tfrac{1}{2}\right\rangle\left|-\tfrac{1}{2}\right\rangle + \left|-\tfrac{1}{2}\right\rangle\left|-\tfrac{1}{2}\right\rangle\right) \qquad (8.115)$$

となり，(8.110) の 3 番目の式が得られる．(8.110) の 2 番目の式に直交する状態として (8.111) が得られる．　　　　　　　　　　　　　　　　　□

　合成前の 2 個のスピン $\frac{1}{2}$ を，8.3.2 項で導入したスピン座標 σ_1, σ_2 で表した波動関数では，合成スピン 1 の状態 (8.110) は

$$\chi_{1,1}(\sigma_1,\sigma_2) = \chi_{\frac{1}{2},\frac{1}{2}}(\sigma_1)\chi_{\frac{1}{2},\frac{1}{2}}(\sigma_2)$$

$$\chi_{1,0}(\sigma_1,\sigma_2) = \frac{1}{\sqrt{2}}\Big(\chi_{\frac{1}{2},\frac{1}{2}}(\sigma_1)\chi_{\frac{1}{2},-\frac{1}{2}}(\sigma_2) + \chi_{\frac{1}{2},-\frac{1}{2}}(\sigma_1)\chi_{\frac{1}{2},\frac{1}{2}}(\sigma_2)\Big)$$

$$\chi_{1,-1}(\sigma_1,\sigma_2) = \chi_{\frac{1}{2},-\frac{1}{2}}(\sigma_1)\chi_{\frac{1}{2},-\frac{1}{2}}(\sigma_2)$$

$$(8.116)$$

合成スピン 0 の状態 (8.111) は

$$\chi_{0,0}(\sigma_1,\sigma_2) = \frac{1}{\sqrt{2}}\Big(\chi_{\frac{1}{2},\frac{1}{2}}(\sigma_1)\chi_{\frac{1}{2},-\frac{1}{2}}(\sigma_2) - \chi_{\frac{1}{2},-\frac{1}{2}}(\sigma_1)\chi_{\frac{1}{2},\frac{1}{2}}(\sigma_2)\Big)$$

$$(8.117)$$

と表される．

例2　$l \otimes \frac{1}{2} = l + \frac{1}{2} \oplus l - \frac{1}{2}$

　合成後の $j = l + \frac{1}{2}$ の固有状態は

$$\left| l + \tfrac{1}{2}, m \right\rangle\!\!\rangle$$
$$= \sqrt{\frac{l + \frac{1}{2} + m}{2l+1}} |l, m - \tfrac{1}{2}\rangle |\tfrac{1}{2}\rangle + \sqrt{\frac{l + \frac{1}{2} - m}{2l+1}} |l, m + \tfrac{1}{2}\rangle |-\tfrac{1}{2}\rangle \quad (8.118)$$

$j = l - \frac{1}{2}$ の固有状態は

$$\left| l - \tfrac{1}{2}, m \right\rangle\!\!\rangle$$
$$= \sqrt{\frac{l + \frac{1}{2} - m}{2l+1}} |l, m - \tfrac{1}{2}\rangle |\tfrac{1}{2}\rangle - \sqrt{\frac{l + \frac{1}{2} + m}{2l+1}} |l, m + \tfrac{1}{2}\rangle |-\tfrac{1}{2}\rangle \quad (8.119)$$

となる．ここでも，合成前の固有状態 $\left|\frac{1}{2}, \pm\frac{1}{2}\right\rangle$ を $\left|\pm\frac{1}{2}\right\rangle$ と表した．(8.118)，(8.119) の導出は章末問題 8.4 を参照せよ．

　合成前のスピン $\frac{1}{2}$ の状態を 8.3.1 項で導入したスピノル，l の状態を球面調和関数 $Y_{lm}(\theta,\varphi)$ で表すと，(8.118) は

$$\mathcal{Y}^l_{l+\frac{1}{2},m}(\theta,\varphi) = \begin{pmatrix} \sqrt{\dfrac{l+\frac{1}{2}+m}{2l+1}}\, Y_{l,m-\frac{1}{2}}(\theta,\varphi) \\ \sqrt{\dfrac{l+\frac{1}{2}-m}{2l+1}}\, Y_{l,m+\frac{1}{2}}(\theta,\varphi) \end{pmatrix} \tag{8.120}$$

(8.119) は

$$\mathcal{Y}^l_{l-\frac{1}{2},m}(\theta,\varphi) = \begin{pmatrix} \sqrt{\dfrac{l+\frac{1}{2}-m}{2l+1}}\, Y_{l,m-\frac{1}{2}}(\theta,\varphi) \\ -\sqrt{\dfrac{l+\frac{1}{2}+m}{2l+1}}\, Y_{l,m+\frac{1}{2}}(\theta,\varphi) \end{pmatrix} \tag{8.121}$$

と表される．これを**球面スピノル**という．

演 習 問 題

演習 8.1 状態 $|j,m\rangle$ での演算子 $\hat{j}_x,\ \hat{j}_y,\ \hat{j}_x^2,\ \hat{j}_y^2$ の期待値を求めよ．

演習 8.2 回転変換のユニタリ演算子 (8.39) や (8.46) を，一般に

$$\hat{U}_j(\boldsymbol{\theta}) = \exp\left(-\frac{i}{\hbar}\boldsymbol{\theta}\cdot\hat{\boldsymbol{J}}\right)$$

と書こう．

(1)　$\boldsymbol{\theta}=2\pi\boldsymbol{e}_z$ について

$$\hat{U}_j(2\pi\boldsymbol{e}_z) = \exp\left(-\frac{i}{\hbar}2\pi\hat{J}_z\right) = a\hat{1}$$

が成り立てば，任意の向きの単位ベクトル $\boldsymbol{n}$ について

$$\hat{U}_j(2\pi\boldsymbol{n}) = a\hat{1}$$

が成り立つことを示せ．ただし，a は数．

(2)　状態 $|j,m\rangle$ で張られる空間では，j が整数の場合 $a=1$，j が半整数の場合 $a=-1$ となることを示せ．

演習 8.3 以下に従い，昇降演算子を用いて球面調和関数を求め，符号因子まで含めて (5.32) に一致することを示せ．

(1)　軌道角運動量演算子 $\hat{\boldsymbol{L}}=\hbar\hat{\boldsymbol{l}}$ の極座標表示 (5.39) より

$$\hat{l}_\pm = e^{\pm i\varphi}\left(\pm\frac{\partial}{\partial\theta} + i\cot\theta\frac{\partial}{\partial\varphi}\right),\quad \hat{l}_z = -i\frac{\partial}{\partial\varphi}$$

を示せ. さらに, 任意の θ の関数 $f(\theta)$ について

$$\hat{l}_{\pm} f(\theta) e^{im\varphi} = \pm(\sin\theta)^{\pm m} \frac{\partial}{\partial\theta} (\sin\theta)^{\mp m} f(\theta) e^{i(m\pm 1)\varphi}$$

が成り立つことを示せ.

(2) $\hat{l}_z Y_{ll}(\theta,\varphi) = l Y_{ll}(\theta,\varphi)$, $\hat{l}_+ Y_{ll}(\theta,\varphi) = 0$ より, $Y_{ll}(\theta,\varphi)$ を求めよ.

(3) $Y_{ll}(\theta,\varphi)$ に $\hat{l}_-$ を繰り返し作用させて $Y_{lm}(\theta,\varphi)$ を求めよ. 同様に, $Y_{l,-l}(\theta,\varphi)$ に $\hat{l}_+$ を繰り返し作用させて $Y_{lm}(\theta,\varphi)$ を求めよ.

演習 8.4. 以下に従い, (8.118), (8.119) を示せ.

(1) (8.68), (8.85) を繰り返し用い

$$(\hat{j}_-)^{j-m}|j,j\rangle = C_{j,j}^- \cdots C_{j,m+1}^- |j,m\rangle = \sqrt{\frac{(2j)!\,(j-m)!}{(j+m)!}}\,|j,m\rangle$$

となることを示せ.

(2) $\left|l+\frac{1}{2}, l+\frac{1}{2}\right\rangle\!\rangle = |l,l\rangle\left|\frac{1}{2}\right\rangle$ の両辺に $\hat{j}_- = \hat{j}_{1-} + \hat{j}_{2-}$ を繰り返し作用させ, (8.118) を求めよ.

(3) (8.119) を求めよ.

第9章

外場中の電子

　この章では，まず電磁場中での荷電粒子の運動を一般的に扱い，ゲージ対称性に言及する．そののち一様磁場中の荷電粒子を考え，軌道角運動量を持つ荷電粒子が磁気モーメントを持つことを見て，さらにスピン角運動量を持つ粒子も固有磁気モーメントを持つことを説明する．最後にスピン軌道相互作用を紹介する．8.2 節で電子がスピン角運動量を持つことを紹介したが，その実験や観測による証拠がこれらにより与えられる．

9.1 電磁場中の荷電粒子（古典論）

　電場 $\boldsymbol{E}(\boldsymbol{x}, t)$，磁場 $\boldsymbol{B}(\boldsymbol{x}, t)$ の中を運動する質量 m，電荷 q の粒子の従う古典力学の運動方程式は

$$m\ddot{\boldsymbol{x}} = q(\boldsymbol{E} + \dot{\boldsymbol{x}} \times \boldsymbol{B}) \tag{9.1}$$

である．ここで，記号 $\cdot$ は時間微分 $\frac{d}{dt}$ を表す．この運動方程式に対するラグランジアンは

$$L = \frac{1}{2}m\dot{\boldsymbol{x}}^2 + q\boldsymbol{A} \cdot \dot{\boldsymbol{x}} - q\phi \tag{9.2}$$

で与えられる．ここで，$\boldsymbol{A}(\boldsymbol{x}, t)$，$\phi(\boldsymbol{x}, t)$ はベクトルポテンシャルとスカラーポテンシャルで，電場 $\boldsymbol{E}$ と磁場 $\boldsymbol{B}$ はこれらを用いて次のように表される．

$$\boldsymbol{E} = -\nabla\phi - \frac{\partial}{\partial t}\boldsymbol{A} , \quad \boldsymbol{B} = \nabla \times \boldsymbol{A} \tag{9.3}$$

【証明】　オイラー－ラグランジュ方程式を

$$\frac{d}{dt}\frac{\partial L}{\partial \dot{x}_i} - \frac{\partial L}{\partial x_i} = 0 \tag{9.4}$$

と表す．ただし，記法 x_i は，(8.31) の下で説明したように，$x_x = x$, $x_y = y$, $x_z = z$ を表すものとする．(9.2) より

$$\frac{d}{dt}\frac{\partial L}{\partial \dot{x}_i} = \frac{d}{dt}(m\dot{x}_i + qA_i) = m\ddot{x}_i + q\frac{\partial}{\partial t}A_i + q\sum_j \left(\frac{\partial}{\partial x_j}A_i\right)\dot{x}_j$$

$$\frac{\partial L}{\partial x_i} = q\sum_j \left(\frac{\partial}{\partial x_i}A_j\right)\dot{x}_j - q\frac{\partial}{\partial x_i}\phi$$

が得られ，(9.4) は

$$m\ddot{x}_i = q\left(-\frac{\partial}{\partial t}A_i - \frac{\partial}{\partial x_i}\phi + \sum_j \left(\frac{\partial}{\partial x_i}A_j - \frac{\partial}{\partial x_j}A_i\right)\dot{x}_j\right) \quad (9.5)$$

となる．(9.3) より，これは (9.1) に他ならない．　　　　　　　　　　$\square$

次に，ラグランジアン (9.2) に対応するハミルトニアンを求めよう．$\boldsymbol{x}$ に共役な運動量は

$$\boldsymbol{p} = \frac{\partial}{\partial \dot{\boldsymbol{x}}}L = m\dot{\boldsymbol{x}} + q\boldsymbol{A} \quad (9.6)$$

ハミルトニアンは

$$H = \boldsymbol{p}\cdot\dot{\boldsymbol{x}} - L = \frac{1}{2m}(\boldsymbol{p} - q\boldsymbol{A})^2 + q\phi \quad (9.7)$$

となる．電磁場中の荷電粒子のハミルトニアン (9.7) は，電磁場がないときの H と $\boldsymbol{p}$ の関係式 $H = \frac{1}{2m}\boldsymbol{p}^2$ に

$$\boldsymbol{p} \to \boldsymbol{p} - q\boldsymbol{A}\ ,\quad H \to H - q\phi \quad (9.8)$$

という置き換えを行うことで得られる．

ところで，(9.3) より，ベクトルポテンシャル $\boldsymbol{A}$ とスカラーポテンシャル ϕ に，任意の関数 $\lambda(\boldsymbol{x}, t)$ を用いて，

$$\boldsymbol{A} \to \boldsymbol{A}' = \boldsymbol{A} + \nabla\lambda\ ,\quad \phi \to \phi' = \phi - \frac{\partial}{\partial t}\lambda \quad (9.9)$$

という変換をしても，電場 $\boldsymbol{E}$ と磁場 $\boldsymbol{B}$ は変わらない．運動方程式 (9.1) は $\boldsymbol{E}$ と $\boldsymbol{B}$ で書かれているので，変換 (9.9) で不変である．(9.1) は電磁場中の荷電粒子の従う方程式だが，クーロンの法則やアンペールの法則のような，電磁場の空間的，時間的変動を決める方程式も $\boldsymbol{E}$ と $\boldsymbol{B}$ で書かれているので，やはり変換 (9.9) で不変である．このように，古典電磁気学の方程式は変換 (9.9) のもとで不変である．(9.9) を**ゲージ変換**，そのもとで理論が不変であることを**ゲージ不変性**，もしくは**ゲージ対称性**という．

変換 (9.9) のもとでラグランジアン (9.2) やハミルトニアン (9.7) は変化するが，変換後のラグランジアンやハミルトニアンは変換前と等価な理論を表す（章末問題 9.1 参照）．

9.2 電磁場中の荷電粒子（量子論）

外場中の粒子を量子的に扱うには，古典的なハミルトニアン (9.7) を演算子

$$\hat{H} = \frac{1}{2m}(\hat{\boldsymbol{p}} - q\boldsymbol{A}(\hat{\boldsymbol{x}}, t))^2 + q\phi(\hat{\boldsymbol{x}}, t) \tag{9.10}$$

$$= \frac{1}{2m}(-i\hbar\nabla - q\boldsymbol{A}(\boldsymbol{x}, t))^2 + q\phi(\boldsymbol{x}, t) \tag{9.11}$$

に置き換え，シュレーディンガー方程式

$$i\hbar\frac{\partial}{\partial t}\psi(\boldsymbol{x}, t) = \hat{H}\psi(\boldsymbol{x}, t) \tag{9.12}$$

を考えればよい．(9.8) より，電磁場中の荷電粒子のシュレーディンガー方程式は，電磁場がないときのシュレーディンガー方程式に，

$$-i\hbar\nabla \to -i\hbar\nabla - q\boldsymbol{A} , \quad i\hbar\frac{\partial}{\partial t} \to i\hbar\frac{\partial}{\partial t} - q\phi \tag{9.13}$$

すなわち

$$\nabla \to \nabla - i\frac{q}{\hbar}\boldsymbol{A} , \quad \frac{\partial}{\partial t} \to \frac{\partial}{\partial t} + i\frac{q}{\hbar}\phi \tag{9.14}$$

という置き換えをした形になることがわかる．

ベクトルポテンシャル $\boldsymbol{A}$ とスカラーポテンシャル ϕ は，古典論では電場 $\boldsymbol{E}$ と磁場 $\boldsymbol{B}$ を (9.3) のように表すための道具にすぎなかったが，量子論ではシュレーディンガー方程式 (9.12) に直接現れるので，より本質的な役割を演ずると思われる．実際，ソレノイドの内側にのみ磁場 $\boldsymbol{B}$ が存在する状況を考えると，外側では $\boldsymbol{B} = \boldsymbol{0}$ だが $\boldsymbol{A} \neq \boldsymbol{0}$ になり，そこを電子ビームが通過すると，電子の波動関数は $\boldsymbol{A} \neq \boldsymbol{0}$ により位相の変化を受け干渉を起こす．これをアハロノフ–ボーム効果，略して **AB 効果**といい，実験により確かめられている．

シュレーディンガー方程式 (9.12) は，変換 (9.9) と同時に波動関数を

$$\psi(\boldsymbol{x}, t) \to \psi'(\boldsymbol{x}, t) = \exp\left(i\frac{q}{\hbar}\lambda(\boldsymbol{x}, t)\right)\psi(\boldsymbol{x}, t) \tag{9.15}$$

と変換することにより不変に保たれる．このように**量子力学でのゲージ変換**は (9.9) と (9.15) の同時変換で与えられる．

【証明】　変換後，シュレーディンガー方程式 (9.12) の左辺は

$$i\hbar\frac{\partial}{\partial t}\psi' = \left(i\hbar\frac{\partial}{\partial t}e^{i\frac{q}{\hbar}\lambda}\right)\cdot\psi + e^{i\frac{q}{\hbar}\lambda}\left(i\hbar\frac{\partial}{\partial t}\psi\right)$$

$$= e^{i\frac{q}{\hbar}\lambda}\left[-q\left(\frac{\partial}{\partial t}\lambda\right)\cdot + \hat{H}\right]\psi \tag{9.16}$$

となる．ここで，記号 $\left(\frac{\partial}{\partial t}\right)\cdot$ は微分演算子 $\frac{\partial}{\partial t}$ が括弧内までしか作用しないことを意味する．2 行目の第 2 項では，変換前のシュレーディンガー方程式を用いた．一方，右辺は

$$\hat{H}'\psi' = \left[\frac{1}{2m}(-i\hbar\nabla - q\boldsymbol{A}')^2 + q\phi'\right]e^{i\frac{q}{\hbar}\lambda}\psi$$

$$= \left[\frac{1}{2m}(-i\hbar\nabla - q\boldsymbol{A} - q(\nabla\lambda)\cdot)^2 + q\phi - q\left(\frac{\partial}{\partial t}\lambda\right)\cdot\right]e^{i\frac{q}{\hbar}\lambda}\psi$$

$$= e^{i\frac{q}{\hbar}\lambda}\left[\frac{1}{2m}(-i\hbar\nabla - q\boldsymbol{A})^2 + q\phi - q\left(\frac{\partial}{\partial t}\lambda\right)\cdot\right]\psi \tag{9.17}$$

となり，左辺に等しくなる． □

電磁場中の荷電粒子のシュレーディンガー方程式では，常に微分演算子とポテンシャルが (9.14) の右辺で示された和の形で現れることが，ゲージ不変性を保証している．

── 例題 9.1 ──

(9.14) の右辺をそれぞれ D_i, D_t と書こう．ゲージ変換による $\boldsymbol{D}\psi$ および $D_t\psi$ の変換を求めよ．

【解答】　ゲージ変換 (9.9), (9.15) より

$$\boldsymbol{D}\psi \to \boldsymbol{D}'\psi' = \left[\nabla - i\frac{q}{\hbar}\{\boldsymbol{A} + (\nabla\lambda)\cdot\}\right]e^{i\frac{q}{\hbar}\lambda}\psi = e^{i\frac{q}{\hbar}\lambda}\boldsymbol{D}\psi$$

$$D_t\psi \to D_t'\psi' = \left[\frac{\partial}{\partial t} + i\frac{q}{\hbar}\left\{\phi - \left(\frac{\partial}{\partial t}\lambda\right)\cdot\right\}\right]e^{i\frac{q}{\hbar}\lambda}\psi = e^{i\frac{q}{\hbar}\lambda}D_t\psi$$

となる．シュレーディンガー方程式には，両辺に因子 $e^{i\frac{q}{\hbar}\lambda}$ が共通に現れるだけなので，変換前に方程式が成り立てば変換後も成り立つ． □

参　考

　量子的なハミルトニアン演算子を定義する際に演算子順序による不定性が生じるが，ゲージ対称性を課すことによりハミルトニアン演算子の形が (9.11) に限定され，ハミルトニアン演算子がエルミートになる．さらに，ここでは外場中での荷電粒子の運動を考えたが，荷電粒子と光子の反応を量子的に記述するには，ベクトルポテンシャル $\boldsymbol{A}$，スカラーポテンシャル ϕ，荷電粒子の波動関数 ψ を演算子として扱う，場の量子論を用いる必要がある．実はそこでも (9.9), (9.15) と同様のゲージ不変性を課す．これにより理論の形が絞られるとともに，繰り込み可能性やユニタリティという，整合的な場の量子論にとって必要な性質が満たされる．素粒子物理では電磁場以外にも核力などを媒介する場が登場するが，このようなベクトル場の量子論においてゲージ対称性が重要な役割をする．

9.3 一様磁場中の荷電粒子

　空間的に一様で時間的にも一定な磁場を考える．磁場は z 軸方向を向いているとする．$\boldsymbol{B} = (0, 0, B)$ は，(9.3) よりベクトルポテンシャル

$$A_x = -\frac{1}{2}By , \quad A_y = \frac{1}{2}Bx , \quad A_z = 0 \tag{9.18}$$

で与えられる（これにゲージ変換 (9.9) を施したものも同じ磁場 $\boldsymbol{B}$ を与える）．これをハミルトニアン (9.11) に代入すると

$$\hat{H} = -\frac{\hbar^2}{2m}\nabla^2 - \frac{qB}{2m}\hat{L}_z + \frac{q^2B^2}{8m}(x^2 + y^2) + q\phi \tag{9.19}$$

が得られる．第 3 項は B の 2 次式なので，磁場が小さいときは無視できる．第 2 項の $\hat{L}_z$ は軌道角運動量演算子である．磁場が z 軸に限らず一般の向きを向いている場合には，第 2 項は $-\frac{q}{2m}\hat{\boldsymbol{L}} \cdot \boldsymbol{B}$ となる．これを磁場中に置かれた磁気モーメントのエネルギー

$$\hat{H} = -\hat{\boldsymbol{\mu}} \cdot \boldsymbol{B} \tag{9.20}$$

と比較すると，軌道角運動量を持つ荷電粒子は磁気モーメント

$$\hat{\boldsymbol{\mu}} = \frac{q}{2m}\hat{\boldsymbol{L}} \tag{9.21}$$

を持つことがわかる．

● **ゼーマン効果**　5.6 節で見たように，水素原子のエネルギー固有値は主量子数 n で指定され，軌道量子数 l，磁気量子数 m_l に対応する縮退がある（記号 m が複数の量に用いられ混同の恐れがあるときは，磁気量子数を m_l と書く）．また，より一般に，(5.49) あたりで見たように，中心力ポテンシャルでは磁気量子数 m_l に対応する縮退がある．

このような系に磁場をかけると，電子の電荷を $q = -e$，質量を m_e とすると，ハミルトニアンに

$$\hat{H} = \frac{eB}{2m_e}\hat{L}_z \tag{9.22}$$

が加わる．ここで，磁場は z 軸を向いているとした．(5.42) で見たように，球面調和関数 $Y_{lm_l}(\theta, \varphi)$ はこの演算子の固有関数で，固有値は

$$\frac{e\hbar}{2m_e}m_l B \tag{9.23}$$

となる．これにより磁気量子数 m_l に関する縮退が解ける（磁気量子数という名前の由来はこの現象にある）．準位間の遷移に伴い放出，吸収される光の振動数を観測することにより，この縮退の分裂が確認できる．この現象をゼーマン効果という（図 9.1 参照）．とくに，軌道角運動量の磁気モーメントによるゼーマン効果を**正常ゼーマン効果**という．(9.23) の係数

$$\mu_B = \frac{e\hbar}{2m_e} = 9.274 \times 10^{-24} \text{ J/T} = 5.788 \times 10^{-5} \text{ eV/T} \tag{9.24}$$

は原子物理での磁気モーメントの単位を与え，**ボーア磁子**という．

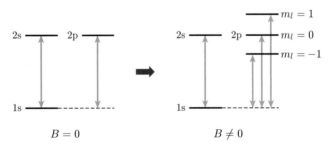

図 9.1　ゼーマン効果．2p（$n = 2, l = 1$）状態の縮退が解け，1s との遷移に伴い放出，吸収される光の振動数の値が分裂する．

参　考

磁気モーメントと軌道角運動量の関係 (9.21) は次のように示すこともできる．質量 m，電荷 q の粒子が速さ v，半径 r の等速円運動をしているとする．角運動量の大きさは $L = mrv$，円電流の大きさは $I = \frac{qv}{2\pi r}$ となるので，

$$\frac{q}{2m} L = \pi r^2 I \tag{9.25}$$

が得られる．一方，古典電磁気学の法則を用いると，この円電流が遠方に作る磁場は，大きさ $\pi r^2 I$ の磁気モーメントが遠方に作る磁場に一致することが示せる．これにより，(9.21) が得られる．

9.4 固有磁気モーメント

軌道角運動量を持つ荷電粒子が磁気モーメント (9.21) を持つように，スピン角運動量 $\hat{\boldsymbol{S}}$ を持つ粒子も磁気モーメント

$$\hat{\boldsymbol{\mu}} = g \frac{q}{2m} \hat{\boldsymbol{S}} \tag{9.26}$$

を持つ．これを**固有磁気モーメント**といい，比例係数 g は **g 因子**と呼ばれている．軌道角運動量の場合は $g = 1$ だが，スピン角運動量の場合は $g \neq 1$ で，粒子の種類に応じて決まった値を持つ．

電子の場合

$$\hat{\boldsymbol{\mu}}_{\mathrm{e}} = -g_{\mathrm{e}} \frac{e}{2m_{\mathrm{e}}} \hat{\boldsymbol{S}} \tag{9.27}$$

となる．8.2 節で見たように電子のスピンは $s = \frac{1}{2}$ である．$s = \frac{1}{2}$ の粒子についての相対論的な量子力学の方程式であるディラック方程式によると $g = 2$ が得られるが，電子が光子を放出，吸収する量子補正の効果まで取り入れるとおよそ

$$g_{\mathrm{e}} \simeq 2.00231930436256(35) \tag{9.28}$$

となる（括弧内の数値は標準的不確かさを表す）．これは理論的にも実験的にも高い精度で求められている．

陽子と中性子もスピン $s = \frac{1}{2}$ の粒子であり，固有磁気モーメント

$$\hat{\boldsymbol{\mu}}_{\mathrm{p}} = g_{\mathrm{p}} \frac{e}{2m_{\mathrm{p}}} \hat{\boldsymbol{S}} , \quad g_{\mathrm{p}} \simeq 5.5856946893(16) \tag{9.29}$$

$$\hat{\boldsymbol{\mu}}_{\mathrm{n}} = g_{\mathrm{n}} \frac{e}{2m_{\mathrm{p}}} \hat{\boldsymbol{S}} , \quad g_{\mathrm{n}} \simeq -3.82608545(90) \tag{9.30}$$

を持つ. ここで, m_p は陽子の質量である. 陽子の g_p が2から, 中性子の g_n が0から大きくずれるのは, 陽子や中性子がクォークと呼ばれるより基本的な粒子からなる複合粒子だからと考えられる.

● **一様磁場中の電子**　一様磁場中の電子は, ハミルトニアン演算子に

$$\hat{H} = \frac{e}{2m_\mathrm{e}}(\hat{\boldsymbol{L}} + g_\mathrm{e}\hat{\boldsymbol{S}}) \cdot \boldsymbol{B} = \frac{eB}{2m_\mathrm{e}}(\hat{L}_z + g_\mathrm{e}\hat{S}_z) \tag{9.31}$$

が加えられる. 2番目の等号で磁場が z 軸を向いているとした. 磁気量子数 $m_l = -l, \ldots, l-1, l$, スピン磁気量子数 $m_s = \pm\frac{1}{2}$ の状態はこの演算子の固有状態で, 固有値は

$$\frac{eB}{2m_\mathrm{e}}\hbar(m_l + g_\mathrm{e}m_s) = \mu_\mathrm{B}B(m_l + g_\mathrm{e}m_s) \tag{9.32}$$

となる. μ_B はボーア磁子 (9.24) である. 例えば水素原子に磁場をかけると, これによりエネルギー準位の縮退が解ける. このように軌道角運動量とスピン角運動量を考慮に入れた分裂を**異常ゼーマン効果**という. ただし, 9.5節で見るように, 軌道角運動量とスピン角運動量の間に相互作用があるため, 測定値と比較するにはそれも考慮に入れる必要がある.

● **シュテルン‐ゲルラッハの実験**　非一様な磁場 $\boldsymbol{B} = (0, 0, B(z))$ の中で, $m_s = \pm\frac{1}{2}$ の電子はそれぞれ

$$-\mu_\mathrm{B}g_\mathrm{e}m_s\frac{\partial}{\partial z}B(z) = \mp\mu_\mathrm{B}g_\mathrm{e}\frac{1}{2}\frac{\partial}{\partial z}B(z) \tag{9.33}$$

の力を z 軸方向に受ける. ここで, $l = 0$ の場合を考え (9.32) で $m_l = 0$ とした. 図9.2のように, x 軸に沿ってこの磁場中に入射された電子は, この力により軌道が z 軸方向に曲がる. $m_s = \pm\frac{1}{2}$ によって逆向きの力を受けるので, 軌道は2つに分かれる.

　ただし電子は電荷を持ち, 磁場中に入射された電子ビームの軌道はローレンツ力で曲げられ問題が生じるので, さらに電場をかけて電子ビームを直進させるなどの工夫が必要である. または, 電気的に中性な原子ビームを入射し, 原子中の電子がこのような力を受ける状況を考えてもよい (例えば銀原子には47個の電子があるが, そのうち46個は閉殻をなし全角運動量が零, もう1つ

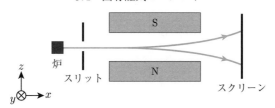

図 9.2　シュテルン – ゲルラッハの実験の概念図

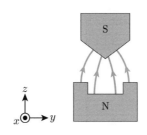

図 9.3　非一様磁場

の電子の軌道角運動量も零なので，結局銀原子の全角運動量はその 1 つの電子のスピン角運動量で決まる）．1921 年にシュテルン（O. Stern）とゲルラッハ（W. Gerlach）は，炉の中で銀を熱し，蒸発した銀をスリットで絞って細いビームにし，非一様な磁場に入射させ，軌道が 2 つに分かれることを見つけた（図 9.2 参照）．これは電子のスピンが $s = \frac{1}{2}$ であることを示している．なお，非一様磁場は図 9.3 のような装置で得られる．

参　考

　異常ゼーマン効果もシュテルン – ゲルラッハの実験も，電子の固有磁気モーメントを測定しているのであって，スピン角運動量を直接測っているわけではない．1916 年にアインシュタインとドハース（W. J. de Haas）は，鉄などの磁性体にかける磁場を変化させると，磁気モーメントが変化し，それに伴いスピン角運動量が変わるが，全角運動量は保存するので，磁性体がわずかに力学的に回転する現象を見つけた．このような現象を**磁気回転効果**という．これにより確かに電子がスピンという角運動量を持つことがわかる．今日では，様々な粒子の様々な反応が加速器実験などで観測されており，全ての反応においてスピン角運動量まで含めた全角運動量の保存が確認されている．

9.5 **スピン軌道相互作用**

スカラーポテンシャル $\phi(r)$（球対称な電場）中での質量 m，電荷 q，スピン $\frac{1}{2}$ の粒子には，その軌道角運動量 $\hat{\boldsymbol{L}}$ とスピン角運動量 $\hat{\boldsymbol{S}}$ の間に

$$\hat{H}_{LS} = \frac{q}{2m^2c^2r}\frac{d\phi}{dr}\hat{\boldsymbol{L}}\cdot\hat{\boldsymbol{S}} \tag{9.34}$$

という相互作用が生じる．これを**スピン軌道相互作用**あるいは **LS 相互作用**という．これはスピン $\frac{1}{2}$ の粒子に関する相対論的な量子力学の方程式であるディラック方程式から示すことができる．

例えば，水素原子中の電子のハミルトニアン演算子は

$$\hat{H} = \frac{\hat{\boldsymbol{p}}^2}{2m_{\mathrm{e}}} - \frac{e^2}{4\pi\varepsilon_0 r} + \frac{e^2}{8\pi\varepsilon_0 m_{\mathrm{e}}^2 c^2 r^3}\hat{\boldsymbol{L}}\cdot\hat{\boldsymbol{S}} \tag{9.35}$$

となる．第 3 項は第 1, 2 項に対し（または，LS 相互作用は基底状態のエネルギー固有値 (5.68) に対し），

$$\frac{\frac{e^2\hbar^2}{8\pi\varepsilon_0 m_{\mathrm{e}}^2 c^2 r_0^3}}{\frac{e^2}{8\pi\varepsilon_0 r_0}} = \frac{\hbar^2}{m_{\mathrm{e}}^2 c^2 r_0^2} = \left(\frac{e^2}{4\pi\varepsilon_0\hbar c}\right)^2 \simeq \left(\frac{1}{137}\right)^2 \tag{9.36}$$

倍程度の大きさを与える．ここで

$$r_0 = \frac{4\pi\varepsilon_0\hbar^2}{m_{\mathrm{e}}e^2}$$

はボーア半径 (5.72) である．

$$\frac{e^2}{4\pi\varepsilon_0\hbar c} \simeq \frac{1}{137}$$

は電磁相互作用の強さを表す無次元量 (2.31) で**微細構造定数**という（(9.36) で見たように，原子のスペクトル線に現れる微細な分裂の大きさを表す量なのでこう呼ばれる）．

全角運動量演算子 $\hat{\boldsymbol{J}} = \hat{\boldsymbol{L}} + \hat{\boldsymbol{S}}$ を考えよう．演算子 $\hat{\boldsymbol{J}}^2, \hat{J}_z, \hat{\boldsymbol{L}}^2, \hat{\boldsymbol{S}}^2$ は互いに可換である．

【証明】 $[\hat{\boldsymbol{J}}^2, \hat{J}_z] = 0, [\hat{\boldsymbol{L}}^2, \hat{\boldsymbol{S}}^2] = 0$ は明らか．

$$[\hat{\boldsymbol{L}}^2, \hat{J}_i] = [\hat{\boldsymbol{L}}^2, \hat{L}_i + \hat{S}_i] = [\hat{\boldsymbol{L}}^2, \hat{L}_i] + [\hat{\boldsymbol{L}}^2, \hat{S}_i] = 0 \tag{9.37}$$

$$[\hat{\boldsymbol{L}}^2, \hat{\boldsymbol{J}}^2] = \left[\hat{\boldsymbol{L}}^2, \sum_i \hat{J}_i \hat{J}_i\right] = \sum_i [\hat{\boldsymbol{L}}^2, \hat{J}_i]\hat{J}_i + \sum_i \hat{J}_i[\hat{\boldsymbol{L}}^2, \hat{J}_i] = 0 \tag{9.38}$$

$[\hat{\boldsymbol{S}}^2, \hat{J}_z] = 0, [\hat{\boldsymbol{S}}^2, \hat{\boldsymbol{J}}^2] = 0$ も同様に示せる． □

これらの演算子の同時固有状態 $|l, s, j, m\rangle$ を考える．

$$\hat{\boldsymbol{J}}^2|l, s, j, m\rangle = j(j+1)\hbar^2|l, s, j, m\rangle$$

$$\hat{J}_z|l, s, j, m\rangle = m\hbar|l, s, j, m\rangle$$

$$\hat{\boldsymbol{L}}^2|l, s, j, m\rangle = l(l+1)\hbar^2|l, s, j, m\rangle$$

$$\hat{\boldsymbol{S}}^2|l, s, j, m\rangle = s(s+1)\hbar^2|l, s, j, m\rangle = \frac{3}{4}\hbar^2|l, s, j, m\rangle \tag{9.39}$$

これは (8.95) で $j_1 = l$, $j_2 = s = \frac{1}{2}$ とおいたものに他ならない．(8.108) より，$j = l + \frac{1}{2}$ と $j = l - \frac{1}{2}$ が許される．固有関数の具体系は (8.118), (8.119) で与えられる．

LS 相互作用項での演算子 $\hat{\boldsymbol{L}} \cdot \hat{\boldsymbol{S}}$ は

$$\hat{\boldsymbol{L}} \cdot \hat{\boldsymbol{S}} = \frac{1}{2}(\hat{\boldsymbol{J}}^2 - \hat{\boldsymbol{L}}^2 - \hat{\boldsymbol{S}}^2) \tag{9.40}$$

と書けるので，状態 $|l, s, j, m\rangle$ は $\hat{\boldsymbol{L}} \cdot \hat{\boldsymbol{S}}$ の固有状態で，固有値は，(9.39) より

$$\frac{1}{2}\left(j(j+1) - l(l+1) - \frac{3}{4}\right)\hbar^2 = \begin{cases} \frac{1}{2}l\hbar^2 & (j = l + \frac{1}{2}) \\ -\frac{1}{2}(l+1)\hbar^2 & (j = l - \frac{1}{2}) \end{cases} \tag{9.41}$$

となる．

結局，水素原子のエネルギー固有値 (5.68) での縮退は LS 相互作用により (9.41) のように解け，その分裂の大きさの (5.68) に対する比は (9.36) 程度である．ここでは動径方向の波動関数について議論しなかったが，それを求めれば分裂の大きさがより正確に評価できる．

参　考

　LS 相互作用 (9.34) は次のようにも説明できる．イメージを具体的にするため，原点に置かれた原子核の周りを電子が運動する場合を考えよう．原子核の作る電場

$$\boldsymbol{E}(\boldsymbol{r}) = -\nabla\phi(r) = -\frac{d\phi}{dr}\frac{\boldsymbol{r}}{r}$$

の中で，電子が位置 $\boldsymbol{r}$ を速度 $\boldsymbol{v}$ で運動している．電子の静止系に移って考えると，原子核が速度 $-\boldsymbol{v}$ で運動するので，電子に磁場

$$\boldsymbol{B} = -\frac{1}{c^2}\boldsymbol{v} \times \boldsymbol{E} \tag{9.42}$$

がかかる（これは点電荷 Q の作る電場 $\boldsymbol{E} = \frac{1}{4\pi\varepsilon_0}\frac{Q}{r^2}\frac{\boldsymbol{r}}{r}$ と，速度 $-\boldsymbol{v}$ で運動する点電荷 Q の作る磁場 $\boldsymbol{B} = \frac{\mu_0}{4\pi}\frac{Q}{r^2}(-\boldsymbol{v}) \times \frac{\boldsymbol{r}}{r}$ を比較すれば得られる）．電子の固有磁気モーメント (9.26) とこの磁場の相互作用 (9.20) は

$$-\boldsymbol{\mu} \cdot \boldsymbol{B} = -\frac{gq}{2m}\boldsymbol{S} \cdot \left(-\frac{1}{c^2}\boldsymbol{v} \times \left(-\frac{d\phi}{dr}\frac{\boldsymbol{r}}{r}\right)\right)$$

$$= \frac{gq}{2m^2c^2 r}\frac{d\phi}{dr}\boldsymbol{S} \cdot \boldsymbol{L} \tag{9.43}$$

となる．ここで，$\boldsymbol{L} = m\boldsymbol{r} \times \boldsymbol{v}$ は電子の軌道角運動量である．これでほぼ (9.34) が得られたが，g ($\simeq 2$) 倍だけ異なる．実は電子の静止系は慣性系でないため修正が必要で，(9.43) にさらに因子 $\frac{1}{2}$ がかかる．この因子を**トーマス因子**という．

演 習 問 題

演習 9.1　古典論で，ゲージ変換 (9.9) によるラグランジアンとハミルトニアンの変化について考える．

(1)　変換 (9.9) でラグランジアン (9.2) はどう変わるか．それが変換前のラグランジアンと同じ運動を表すことを示せ．

(2)　変換 (9.9) でハミルトニアン (9.7) はどう変わるか．それが正準変換で表されることを示せ．

演習 9.2　一様磁場中の荷電粒子について，(9.18) をゲージ変換して得られるベクトルポテンシャル

$$A_x = 0 , \quad A_y = Bx , \quad A_z = 0 \tag{9.44}$$

を用いて考えよう．ハミルトニアン演算子は

$$\hat{H} = \frac{1}{2m}\{\hat{p}_x^2 + (\hat{p}_y - qB\hat{x})^2 + \hat{p}_z^2\} \tag{9.45}$$

となる. z 方向の運動は自明なので, xy 面内の運動のみを議論することにする.

(1)　エネルギー準位を求めよ. これは**ランダウ準位**と呼ばれている.

(2)　各エネルギー準位での xy 面の単位面積当たりの縮退度を求めよ.

演習 9.3　スピン $\frac{1}{2}$ の粒子は固有磁気モーメント (9.26) を持ち, 一様磁場との相互作用 (9.20) を持つ.

$$\hat{\boldsymbol{\mu}} = \mu \hat{\boldsymbol{S}} \tag{9.46}$$

$$\hat{H} = -\hat{\boldsymbol{\mu}} \cdot \boldsymbol{B} \tag{9.47}$$

ただし, $\mu = \frac{gq}{2m}$ である.

(1)　状態 (8.12) の時間依存性を

$$|\psi(t)\rangle = a(t)\left|\tfrac{1}{2}\right\rangle + b(t)\left|-\tfrac{1}{2}\right\rangle \tag{9.48}$$

のように表す. 磁場が z 軸を向いている ($\boldsymbol{B} = (0, 0, B)$) とき, シュレーディンガー方程式を解き, 状態の時間依存性を求めよ. また, その周期を求めよ.

(2)　各時刻でのスピン演算子の期待値を求めよ. この運動を**ラーモアの歳差運動**という. この運動の周期を求めよ.

(3)　問 (1), (2) で求めた周期が異なる理由を述べよ.

演習 9.4　前演習 9.3 を別の方法で解いてみよう.

(1)　系の時間発展を波動関数でなく, 演算子で表す方法を**ハイゼンベルク描像**という. 任意の演算子 $\hat{A}(t)$ の時間依存性は**ハイゼンベルク方程式**

$$i\hbar \frac{d}{dt}\hat{A} = [\hat{A}, \hat{H}] \tag{9.49}$$

で与えられる. ただし, $\hat{H}$ はハミルトニアン演算子である. 磁気モーメント $\hat{\boldsymbol{\mu}}$ に関するハイゼンベルク方程式を求めよ.

(2)　古典的に静磁気を扱い, 磁気モーメント $\boldsymbol{\mu}$ が一様磁場 $\boldsymbol{B}$ から受けるトルク $\boldsymbol{T}$ を求め, 磁気モーメントの従う運動方程式を求めよ.

(3)　問 (1), (2) で得た方程式を解き, 前演習 9.3 (2) の結果と一致することを示せ.

演習 9.5　一辺 $2r$ の正方形の辺に沿って, 大きさ I の定常電流が流れている. 正方形の面の法線方向の単位ベクトルを $\boldsymbol{n}$ とする. $\boldsymbol{n}$ の向きは, 電流の向きに右ねじを回したときにねじの進む向きにとる.

(1)　一様磁場 $\boldsymbol{B}$ の中に置かれたとき, この定常電流が受けるトルクを求めよ. これを前演習 9.4 (2) の結果と比較し, この定常電流の持つ磁気モーメントを求めよ.

(2)　この定常電流が, 質量 m, 電荷 q の粒子の速さ v での運動によるとき, その角運動量を求めよ. また, 問 (1) で得た磁気モーメントをこの角運動量を用いて表せ.

第 10 章

多 粒 子 系

　前章までは主に 1 粒子系を量子的に扱ってきたが，本章では多粒子系（2 粒子以上の系）を扱う．とくに同種粒子の多粒子系で，粒子の交換に対する波動関数の性質を議論し，全ての粒子がボース粒子とフェルミ粒子に分類されることを説明する．最後に独立粒子近似を紹介する．

10.1 多粒子系の波動関数

　3 次元空間中の粒子の波動関数は $\psi(x, y, z, t) = \psi(\boldsymbol{x}, t)$ で表されることを 5.1 節で学んだ．さらにスピンの自由度が入ると，8.3.2 項で導入したスピン座標 σ を用いて，波動関数は $\psi(\boldsymbol{x}, \sigma, t)$ と表される．では，例えばヘリウム原子には 2 個の電子が含まれるが，その波動関数はどう表されるだろうか．さらに原子核中の核子も量子的に扱う場合，それらの多粒子系の波動関数はどう表されるだろうか．一般に N 粒子系の波動関数は，それぞれの粒子の位置座標とスピン座標を $\boldsymbol{x}_i$, σ_i $(i = 1, 2, \ldots, N)$ とすると，

$$\psi(\boldsymbol{x}_1, \sigma_1, \boldsymbol{x}_2, \sigma_2, \ldots, \boldsymbol{x}_N, \sigma_N, t) \tag{10.1}$$

で表される．スピン 0 の粒子の場合はスピン座標 σ_i は不要である（また，同種粒子が含まれる場合は，次節で紹介する制限が波動関数に課される）．

　質量 m_i $(i = 1, 2, \ldots, N)$ の粒子がポテンシャル中に置かれている場合の，古典的なハミルトニアンは

$$H = \frac{\boldsymbol{p}_1^2}{2m_1} + \frac{\boldsymbol{p}_2^2}{2m_2} + \cdots + \frac{\boldsymbol{p}_N^2}{2m_N} + V(\boldsymbol{x}_1, \boldsymbol{x}_2, \ldots, \boldsymbol{x}_N) \tag{10.2}$$

で与えられる．量子論ではこれを演算子

$$\hat{H} = \frac{\hat{\boldsymbol{p}}_1^2}{2m_1} + \frac{\hat{\boldsymbol{p}}_2^2}{2m_2} + \cdots + \frac{\hat{\boldsymbol{p}}_N^2}{2m_N} + V(\hat{\boldsymbol{x}}_1, \hat{\boldsymbol{x}}_2, \ldots, \hat{\boldsymbol{x}}_N) \tag{10.3}$$

$$= -\frac{\hbar^2}{2m_1}\nabla_1^2 - \frac{\hbar^2}{2m_2}\nabla_2^2 - \cdots - \frac{\hbar^2}{2m_N}\nabla_N^2 + V(\boldsymbol{x}_1, \boldsymbol{x}_2, \ldots, \boldsymbol{x}_N)$$

$$(10.4)$$

に置き換えればよい. ここで, ∇_i は $\boldsymbol{x}_i$ に作用するラプラシアンである. スピンなどの内部自由度に関する相互作用も考慮に入れる場合は, それに対応する項がハミルトニアンに追加される.

シュレーディンガー方程式は

$$i\hbar\frac{\partial}{\partial t}\psi(\boldsymbol{x}_1, \sigma_1, \ldots, \boldsymbol{x}_N, \sigma_N, t) = \hat{H}\psi(\boldsymbol{x}_1, \sigma_1, \ldots, \boldsymbol{x}_N, \sigma_N, t) \qquad (10.5)$$

定常状態 $\psi = e^{-i\frac{E}{\hbar}t}\phi$ のシュレーディンガー方程式は

$$\hat{H}\phi(\boldsymbol{x}_1, \sigma_1, \ldots, \boldsymbol{x}_N, \sigma_N) = E\phi(\boldsymbol{x}_1, \sigma_1, \ldots, \boldsymbol{x}_N, \sigma_N) \qquad (10.6)$$

で与えられる. 波動関数 (10.1) の確率解釈は, 「時刻 t に, 粒子 1 が位置 x_1 から $x_1 + dx_1$, y_1 から $y_1 + dy_1$, z_1 から $z_1 + dz_1$ にスピン σ_1 で, $\cdots$, 粒子 N が位置 x_N から $x_N + dx_N$, y_N から $y_N + dy_N$, z_N から $z_N + dz_N$ にスピン σ_N で観測される確率が $|\psi(\boldsymbol{x}_1, \sigma_1, \ldots, \boldsymbol{x}_N, \sigma_N, t)|^2 \, dx_1 dy_1 dz_1 \cdots dx_N dy_N dz_N$ に比例する」となる. 規格化条件は

$$\sum_{\sigma_1, \ldots, \sigma_N} \int |\psi(\boldsymbol{x}_1, \sigma_1, \ldots, \boldsymbol{x}_N, \sigma_N, t)|^2 \, d^3\boldsymbol{x}_1 \cdots d^3\boldsymbol{x}_N = 1 \quad (10.7)$$

$$\sum_{\sigma_1, \ldots, \sigma_N} \int |\phi(\boldsymbol{x}_1, \sigma_1, \ldots, \boldsymbol{x}_N, \sigma_N)|^2 \, d^3\boldsymbol{x}_1 \cdots d^3\boldsymbol{x}_N = 1 \quad (10.8)$$

である.

参 考

$i = 1, \ldots, N$ の各粒子が x, y, z 方向の位置と運動量を持つとき, これらをまとめて改めて $i = 1, \ldots, 3N$ の添え字でラベルすると, 演算子 $\hat{x}_i$, $\hat{p}_i$ の定義は (6.20), 正準交換関係は (7.40)–(7.42) で与えられる.

● **2粒子系** 例として 2 粒子系を考えよう. ハミルトニアン演算子 (10.4) は

$$\hat{H} = \frac{\hat{\boldsymbol{p}}_1^2}{2m_1} + \frac{\hat{\boldsymbol{p}}_2^2}{2m_2} + V(\hat{\boldsymbol{x}}_1, \hat{\boldsymbol{x}}_2) \qquad (10.9)$$

となる. 座標 $\hat{\boldsymbol{x}}_1$, $\hat{\boldsymbol{x}}_2$ の代わりに重心座標 $\hat{\boldsymbol{X}}$, 相対座標 $\hat{\boldsymbol{x}}$ を

$$\hat{\boldsymbol{X}} = \frac{m_1\hat{\boldsymbol{x}}_1 + m_2\hat{\boldsymbol{x}}_2}{m_1 + m_2}, \quad \hat{\boldsymbol{x}} = \hat{\boldsymbol{x}}_1 - \hat{\boldsymbol{x}}_2 \qquad (10.10)$$

のように導入する．対応する運動量演算子 $\hat{\boldsymbol{P}} = -i\hbar\nabla_{\boldsymbol{X}}$, $\hat{\boldsymbol{p}} = -i\hbar\nabla_{\boldsymbol{x}}$ は $\hat{\boldsymbol{p}}_1 = -i\hbar\nabla_{\boldsymbol{x}_1}$, $\hat{\boldsymbol{p}}_2 = -i\hbar\nabla_{\boldsymbol{x}_2}$ を用いて

$$\hat{\boldsymbol{P}} = \hat{\boldsymbol{p}}_1 + \hat{\boldsymbol{p}}_2 , \quad \hat{\boldsymbol{p}} = \frac{m_2\hat{\boldsymbol{p}}_1 - m_1\hat{\boldsymbol{p}}_2}{m_1 + m_2} \tag{10.11}$$

と表される．ハミルトニアン演算子 (10.9) は

$$\hat{H} = \frac{\hat{\boldsymbol{P}}^2}{2M} + \frac{\hat{\boldsymbol{p}}^2}{2\mu} + \tilde{V}(\hat{\boldsymbol{X}}, \hat{\boldsymbol{x}}) \tag{10.12}$$

となる（章末問題 10.1 参照）．ここで，M は全質量，μ は換算質量であり

$$M = m_1 + m_2 , \quad \frac{1}{\mu} = \frac{1}{m_1} + \frac{1}{m_2} \tag{10.13}$$

である．また，$\tilde{V}(\hat{\boldsymbol{X}}, \hat{\boldsymbol{x}}) = V(\hat{\boldsymbol{x}}_1, \hat{\boldsymbol{x}}_2)$ である．

とくにポテンシャルが $\tilde{V}(\hat{\boldsymbol{X}}, \hat{\boldsymbol{x}}) = V(\hat{\boldsymbol{x}})$ のように相対座標のみによる場合を考える．このとき定常状態のシュレーディンガー方程式 (10.6) は

$$\phi(\boldsymbol{x}_1, \sigma_1, \boldsymbol{x}_2, \sigma_2) = \phi_{\mathrm{cm}}(\boldsymbol{X})\phi_{\mathrm{rel}}(\boldsymbol{x})\chi(\sigma_1, \sigma_2) \tag{10.14}$$

という変数分離形の解を持ち，$\phi_{\mathrm{cm}}(\boldsymbol{X})$ と $\phi_{\mathrm{rel}}(\boldsymbol{x})$ は

$$-\frac{\hbar^2}{2M}\nabla^2\phi_{\mathrm{cm}}(\boldsymbol{X}) = E_{\mathrm{cm}}\phi_{\mathrm{cm}}(\boldsymbol{X}) \tag{10.15}$$

$$\left(-\frac{\hbar^2}{2\mu}\nabla^2 + V(\boldsymbol{x})\right)\phi_{\mathrm{rel}}(\boldsymbol{x}) = E_{\mathrm{rel}}\phi_{\mathrm{rel}}(\boldsymbol{x}) \tag{10.16}$$

に従う．$E_{\mathrm{cm}} + E_{\mathrm{rel}} = E$ である．このようにポテンシャルが相対座標のみによる 2 粒子系の問題は 1 粒子の問題に帰着する．

10.2　ボース粒子とフェルミ粒子

例えばヘリウム原子は電子を 2 個含み，電子という同種の粒子を複数含む．また，その原子核は陽子 2 個，中性子 2 個からなり，それらの同種粒子を複数含む．本節ではこのような**同種多粒子系**を考える．

まず同種 2 粒子系を考えよう．古典論では一方の粒子を 1，他方の粒子を 2 と指定し，運動の軌道を追うことができる．例えば，図 10.1 (a) のように粒子が入れ替わる場合と，(b) のようにそのままの場合を区別できる．しかし，量子

論では，図 10.2 のように，量子揺らぎが存在するため各粒子の軌道を追うことができず，この 2 つの場合を区別できない．したがって，各時刻において，2 粒子のうちどちらが粒子 1 でどちらが粒子 2 と指定することができない．

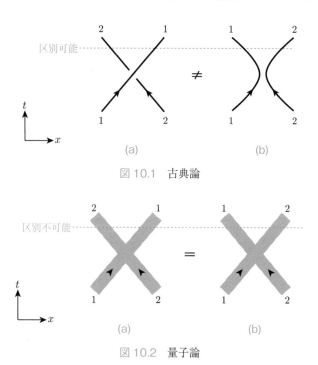

図 10.1 古典論

図 10.2 量子論

　粒子の位置座標 $\boldsymbol{x}$ とスピン座標 σ を合わせて ξ と表し，2 粒子系の波動関数 $\psi(\boldsymbol{x}_1, \sigma_1, \boldsymbol{x}_2, \sigma_2, t)$ を $\psi(\xi_1, \xi_2, t)$ と表そう．上の議論から，粒子 1 が ξ_1 にあり粒子 2 が ξ_2 にある $\psi(\xi_1, \xi_2, t)$ と，粒子 1 が ξ_2 にあり粒子 2 が ξ_1 にある $\psi(\xi_2, \xi_1, t)$ を区別できない．

$$\psi(\xi_1, \xi_2, t) \sim \psi(\xi_2, \xi_1, t) \tag{10.17}$$

しかし，波動関数には常に位相（絶対値 1 の複素数）をかける不定性があるので，波動関数に

$$\psi(\xi_1, \xi_2, t) = c\psi(\xi_2, \xi_1, t) \tag{10.18}$$

という関係を要請する．ここで，c は位相の定数である．この関係式を 2 度用いて

$$\psi(\xi_1, \xi_2, t) = c\psi(\xi_2, \xi_1, t) = c^2\psi(\xi_1, \xi_2, t) \tag{10.19}$$

が導かれ，これから $c^2 = 1$，したがって

$$c = 1 \text{ もしくは } c = -1 \tag{10.20}$$

が得られる．実は $c = 1$ か $c = -1$ かは粒子毎に決まっており，$c = 1$ の粒子を**ボース粒子（ボソン）**，$c = -1$ の粒子を**フェルミ粒子（フェルミオン）**という．

N 個の同種粒子の場合，任意の粒子のペアについて上の議論が成り立つ．よって，波動関数 $\psi(\xi_1, \dots, \xi_N, t)$ での，任意の変数のペア (ξ_i, ξ_j) の入れ替えについて，ボース粒子の場合

$$\psi(\xi_1, \dots, \xi_i, \dots, \xi_j, \dots, \xi_N, t) = \psi(\xi_1, \dots, \xi_j, \dots, \xi_i, \dots, \xi_N, t) \tag{10.21}$$

フェルミ粒子の場合

$$\psi(\xi_1, \dots, \xi_i, \dots, \xi_j, \dots, \xi_N, t) = -\psi(\xi_1, \dots, \xi_j, \dots, \xi_i, \dots, \xi_N, t) \tag{10.22}$$

が成り立つ．つまり，ボース粒子の波動関数は変数の入れ替えに対し**完全対称**，フェルミ粒子の波動関数は**完全反対称**である．

● **2 電子系** 例として，2 個の電子が相対座標 $\boldsymbol{x} = \boldsymbol{x}_1 - \boldsymbol{x}_2$ のみによるポテンシャル中を運動している場合を考えよう．このとき，変数分離形の波動関数 (10.14) が得られる．電子はフェルミ粒子なので，波動関数は $\phi(\boldsymbol{x}_1, \sigma_1, \boldsymbol{x}_2, \sigma_2) = -\phi(\boldsymbol{x}_2, \sigma_2, \boldsymbol{x}_1, \sigma_1)$ を満たさなければならない．$\boldsymbol{x}_1$ と $\boldsymbol{x}_2$ の入れ替えで，重心座標は $\boldsymbol{X} \to \boldsymbol{X}$，相対座標は $\boldsymbol{x} \to -\boldsymbol{x}$ と変換されるので，

$$\phi_{\mathrm{cm}}(\boldsymbol{X})\phi_{\mathrm{rel}}(\boldsymbol{x})\chi(\sigma_1, \sigma_2) = -\phi_{\mathrm{cm}}(\boldsymbol{X})\phi_{\mathrm{rel}}(-\boldsymbol{x})\chi(\sigma_2, \sigma_1) \tag{10.23}$$

が成り立たなければならない．

スピン自由度の波動関数 $\chi(\sigma_1, \sigma_2)$ に関しては，合成スピン 1 の状態 (8.116) は σ_1 と σ_2 の入れ替えで対称，合成スピン 0 の状態 (8.117) は反対称である．したがって，(10.23) より，合成スピン 1 では $\phi_{\mathrm{rel}}(\boldsymbol{x}) = -\phi_{\mathrm{rel}}(-\boldsymbol{x})$，合成スピン 0 では $\phi_{\mathrm{rel}}(\boldsymbol{x}) = \phi_{\mathrm{rel}}(-\boldsymbol{x})$ を満たさなければならない．

— **例題 10.1** —

2 個の電子が相対距離 $|\boldsymbol{x}| = |\boldsymbol{x}_1 - \boldsymbol{x}_2|$ のみによるポテンシャル中を運動している場合,相対座標の波動関数 $\phi_{\rm rel}(\boldsymbol{x})$ は中心力ポテンシャル $V(|\boldsymbol{x}|)$ 中のシュレーディンガー方程式 (10.16) の解であり,球面調和関数 $Y_{lm}(\theta, \varphi)$ を用いて表せる.この軌道量子数 l と合成スピン s((8.116) なら 1,(8.117) なら 0)の満たすべき関係を求めよ.

【解答】 $\boldsymbol{x} \to -\boldsymbol{x}$ は極座標で $r \to r$, $\theta \to \pi - \theta$, $\varphi \to \varphi + \pi$ と表され,このもとで球面調和関数 (5.32) は $Y_{lm}(\theta, \varphi) \to (-1)^l Y_{lm}(\theta, \varphi)$ と変換される.よって,(10.23) は $(-1)^{l+s} = 1$ と表せる. $\qquad\square$

10.2.1 スピン統計関係

電子,陽子,中性子などはスピン量子数 $s = \frac{1}{2}$ を持ち,光子などは $s = 1$ を持つ.8.5 節での角運動量演算子の表現の一般論から,スピン量子数 s は整数もしくは半整数の値をとる.実は

> 整数スピン($s = 0, 1, 2, \ldots$)の粒子はボース粒子
> 半整数スピン($s = \frac{1}{2}, \frac{3}{2}, \ldots$)の粒子はフェルミ粒子

であることが知られている.この対応関係は,相対論的な場の量子論では自然な仮定から導出することができ,**スピン統計定理**と呼ばれている.

参　考

物質は原子からなり,原子は原子核と電子からなり,原子核は陽子と中性子からなる.20 世紀初頭には,電子,陽子,中性子が最も基本的な粒子と思われていた.しかし 20 世紀半ばに陽子や中性子の仲間が多数見つかり,それらは**クォーク**と呼ばれるさらに基本的な粒子からなることがわかってきた.また,電子の仲間であるミュー粒子,タウ粒子,ニュートリノも見つかり,これらを総称して**レプトン**という.結局現代の標準的な考えでは,物質を構成する最も基本的な粒子はクォークとレプトンである.クォークとレプトンはスピン $\frac{1}{2}$ のフェルミ粒子である.

電磁気現象は電磁場,すなわち光子を媒介して生じる.実は電磁気以外にも核力や原子核崩壊を引き起こす相互作用が存在し,強い相互作用,弱い相互作用と呼ばれているが,場の量子論ではそれらの相互作用も光子のような粒子の媒介で生じると記述

される．これらの媒介粒子はスピン 1 のボース粒子である．この他近年ヒッグス粒子が見つかったが，これはスピン 0 のボース粒子である．

　以上が今日までに実験で存在が確認された素粒子であるが，確かにスピン統計関係が成り立っている．理論的にはより大きなスピンを持つ素粒子も予言されているが，場の量子論で記述できるものならば，必ずスピン統計関係が成り立つ．

10.2.2　複　合　粒　子

　水素原子は陽子と電子の束縛状態であるが，このようにより基本的な粒子が集まってできた粒子を**複合粒子**という．b 個のボース粒子と f 個のフェルミ粒子からなる複合粒子を考えよう（これらの構成粒子は互いに同種でも異種でもよい）．この複合粒子が 2 個ある系の波動関数は次のように表される．

$$\psi(\xi_1^{(1)},\ldots,\xi_b^{(1)},\eta_1^{(1)},\ldots,\eta_f^{(1)};\xi_1^{(2)},\ldots,\xi_b^{(2)},\eta_1^{(2)},\ldots,\eta_f^{(2)};t) \tag{10.24}$$

ここで，ξ と η はそれぞれボース粒子，フェルミ粒子を表す座標で，$^{(1)}$, $^{(2)}$ の添え字は 2 つの複合粒子を識別する．複合粒子を入れ替えるということは，それぞれの構成粒子を入れ替えることに他ならないので（図 10.3 参照），

$$\psi(\xi_1^{(2)},\ldots,\xi_b^{(2)},\eta_1^{(2)},\ldots,\eta_f^{(2)};\xi_1^{(1)},\ldots,\xi_b^{(1)},\eta_1^{(1)},\ldots,\eta_f^{(1)};t)$$
$$= (-1)^f\psi(\xi_1^{(1)},\ldots,\xi_b^{(1)},\eta_1^{(1)},\ldots,\eta_f^{(1)};\xi_1^{(2)},\ldots,\xi_b^{(2)},\eta_1^{(2)},\ldots,\eta_f^{(2)};t) \tag{10.25}$$

が導かれる．したがって，

> 偶数個のフェルミ粒子からなる複合粒子はボース粒子
> 奇数個のフェルミ粒子からなる複合粒子はフェルミ粒子

であることがわかる．この対応関係は，構成粒子のボース粒子の個数 b によらない．

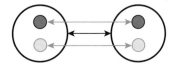

図 10.3　複合粒子の入れ替えは，構成粒子の入れ替えで得られる．

例題 10.2

以下の複合粒子はボース粒子, フェルミ粒子のいずれかを答えよ.

(1) ^{4}He 原子   (2) ^{3}He 原子

(3) D (重水素) 原子   (4) ^{12}C^{16}O$_2$ 分子

(5) ポジトロニウム (電子と陽電子の束縛状態)

【解答】 (1) 陽子 2 個, 中性子 2 個, 電子 2 個の, 合計 6 個 (偶数個) のフェルミ粒子からなるので, ボース粒子.

(2) 陽子 2 個, 中性子 1 個, 電子 2 個からなるので, フェルミ粒子.

(3) 陽子 1 個, 中性子 1 個, 電子 1 個からなるので, フェルミ粒子.

(4) 陽子 22 個, 中性子 22 個, 電子 22 個からなるので, ボース粒子.

(5) 電子 1 個, 陽電子 1 個からなるので, ボース粒子.   □

角運動量の合成則 (8.108) より, 偶数個の半整数スピン (と任意の数の整数スピン) の合成は整数スピン, 奇数個の半整数スピン (と任意の数の整数スピン) の合成は半整数スピンを与える. したがって, 構成粒子にスピン統計関係が成り立てば, それからなる複合粒子にもスピン統計関係が成り立つ. 構成粒子が互いに回転運動し軌道角運動量を持つ場合も, 軌道量子数は整数なので, この関係は保たれる.

10.3 独立粒子近似

互いに相互作用しない N 個の同種粒子が, 共通のポテンシャル中で運動している場合を考えよう. 例えば, 多電子原子を考え, 各電子が原子核から受けるクーロンポテンシャルは考慮に入れるが, 電子間に作用するクーロンポテンシャルは無視する近似がこれに該当する. または, 多電子原子での各電子への, 原子核と他の電子からの平均的な作用を有効ポテンシャルを用いて表す近似もこれに該当する.

この場合のハミルトニアンは

$$\hat{H} = \sum_{i=1}^{N}\left(\frac{\hat{\boldsymbol{p}}_i^2}{2m} + V(\hat{\boldsymbol{x}}_i)\right) = \sum_{i=1}^{N}\hat{h}_i \tag{10.26}$$

のように，それぞれの粒子に作用する 1 体のハミルトニアン $\hat{h}_i$ の和として書くことができる．1 体のハミルトニアン $\hat{h}_i$ の固有値 ε_a と固有関数 u_a が与えられているとする．固有方程式は

$$\hat{h}_i u_a(\xi_i) = \varepsilon_a u_a(\xi_i) \tag{10.27}$$

となる．ここで，ξ_i は各粒子の座標で，a は 1 粒子の固有状態をラベルする量子数である．このとき，N 体のハミルトニアン (10.26) の固有値，固有関数は

$$E_{a_1, a_2, \ldots, a_N} = \varepsilon_{a_1} + \varepsilon_{a_2} + \cdots + \varepsilon_{a_N} \tag{10.28}$$

$$\phi_{a_1, a_2, \ldots, a_N}(\xi_1, \xi_2, \ldots, \xi_N) = u_{a_1}(\xi_1) u_{a_2}(\xi_2) \cdots u_{a_N}(\xi_N) \tag{10.29}$$

で与えられる．N 個の量子数の組 $\{a_1, a_2, \ldots, a_N\}$ が N 粒子系の 1 つの状態を指定する．

前節で見たように，同種粒子の波動関数は，ボース粒子の場合は完全対称，フェルミ粒子の場合は完全反対称でなければならない．したがって，(10.29) を対称化，もしくは反対称化して

$$\phi^B_{a_1, \ldots, a_N}(\xi_1, \ldots, \xi_N) = \frac{1}{\sqrt{N!}} \sum_{\tau \in S_N} u_{a_{\tau(1)}}(\xi_1) \cdots u_{a_{\tau(N)}}(\xi_N) \tag{10.30}$$

$$\phi^F_{a_1, \ldots, a_N}(\xi_1, \ldots, \xi_N) = \frac{1}{\sqrt{N!}} \sum_{\tau \in S_N} \mathrm{sgn}(\tau) u_{a_{\tau(1)}}(\xi_1) \cdots u_{a_{\tau(N)}}(\xi_N)$$

$$\tag{10.31}$$

としなければならない．ここで，τ は $\{1, 2, \ldots, N\}$ の置換，S_N はその全体の集合であり，$\mathrm{sgn}(\tau)$ は τ が偶置換か奇置換かに応じて $+1$ もしくは -1 をとる．例えば，2 粒子系（つまり $N = 2$）の場合，

$$\phi^B_{a_1, a_2}(\xi_1, \xi_2) = \frac{1}{\sqrt{2}} \big(u_{a_1}(\xi_1) u_{a_2}(\xi_2) + u_{a_2}(\xi_1) u_{a_1}(\xi_2) \big) \tag{10.32}$$

$$\phi^F_{a_1, a_2}(\xi_1, \xi_2) = \frac{1}{\sqrt{2}} \big(u_{a_1}(\xi_1) u_{a_2}(\xi_2) - u_{a_2}(\xi_1) u_{a_1}(\xi_2) \big) \tag{10.33}$$

となる．とくに，$a_1 = a_2$ のとき，フェルミ粒子の波動関数は零になる．このことは，フェルミ粒子の場合，1 つの準位（1 粒子の固有状態）に 2 つ以上の粒子が入ることができないことを意味している．フェルミ粒子の満たすこのような性質は，**パウリの排他原理**と呼ばれている．

● **粒子数表示** 各準位（1粒子の固有状態）a に入る粒子の数を n_a と表そう．ボース粒子の場合，n_a は任意の非負の整数値 $n_a = 0, 1, 2, \ldots$ を取り得る．フェルミ粒子の場合はパウリの排他原理のため，n_a は $n_a = 0, 1$ のいずれかの値をとる．(10.30), (10.31) で見たように，同種多粒子系の波動関数は対称化もしくは反対称化され，どの粒子がどの準位に入っているかは意味がないので，各準位に何個の粒子が入っているか，つまり，全ての a についての n_a の値の組 $\{n_a\}$ を指定すれば，多粒子系の波動関数が定まる．この $\{n_a\}$ のことを**粒子数表示**という．

● **交換相互作用** 独立粒子近似での 2 電子の波動関数は

$$\phi_{a_1, a_2}^1(\xi_1, \xi_2) = \frac{1}{\sqrt{2}}\big(u_{a_1}(\boldsymbol{x}_1)u_{a_2}(\boldsymbol{x}_2) - u_{a_2}(\boldsymbol{x}_1)u_{a_1}(\boldsymbol{x}_2)\big)\chi_1(\sigma_1, \sigma_2)$$
(10.34)

$$\phi_{a_1, a_2}^0(\xi_1, \xi_2) = \frac{1}{\sqrt{2}}\big(u_{a_1}(\boldsymbol{x}_1)u_{a_2}(\boldsymbol{x}_2) + u_{a_2}(\boldsymbol{x}_1)u_{a_1}(\boldsymbol{x}_2)\big)\chi_0(\sigma_1, \sigma_2)$$
(10.35)

となる．ここで，一体のハミルトニアン h_i はスピン自由度によらないとし，$u_a(\boldsymbol{x})$ は位置座標 $\boldsymbol{x}$ にのみよるとした．スピン自由度の波動関数 $\chi_1(\sigma_1, \sigma_2)$ は合成スピン 1 の (8.116)，$\chi_0(\sigma_1, \sigma_2)$ は合成スピン 0 の (8.117) を表し，σ_1 と σ_2 の入れ替えについてそれぞれ対称，反対称であるので，対応する位置座標の波動関数は $\boldsymbol{x}_1$ と $\boldsymbol{x}_2$ の入れ替えについて反対称，対称にし，全体で反対称になるようにしている．

一体のハミルトニアン h_i に比べ，電子間に働く相互作用の影響は小さいと仮定し，その効果を評価しよう．このとき，波動関数として独立粒子近似のものを用いてよく，それによる電子間のクーロンポテンシャルの期待値を求め

$$\langle \phi_{a_1, a_2}^1 | \frac{e^2}{4\pi\varepsilon_0}\frac{1}{|\boldsymbol{x}_1 - \boldsymbol{x}_2|} | \phi_{a_1, a_2}^1 \rangle = K - J$$
(10.36)

$$\langle \phi_{a_1, a_2}^0 | \frac{e^2}{4\pi\varepsilon_0}\frac{1}{|\boldsymbol{x}_1 - \boldsymbol{x}_2|} | \phi_{a_1, a_2}^0 \rangle = K + J$$
(10.37)

が得られる．ここで，

$$K = \frac{e^2}{4\pi\varepsilon_0} \int \frac{1}{|\boldsymbol{x}_1 - \boldsymbol{x}_2|} |u_{a_1}(\boldsymbol{x}_1)|^2 |u_{a_2}(\boldsymbol{x}_2)|^2 \, d^3\boldsymbol{x}_1 d^3\boldsymbol{x}_2 \tag{10.38}$$

$$J = \frac{e^2}{4\pi\varepsilon_0} \int \frac{1}{|\boldsymbol{x}_1 - \boldsymbol{x}_2|} u_{a_1}^*(\boldsymbol{x}_1) u_{a_2}(\boldsymbol{x}_1) u_{a_2}^*(\boldsymbol{x}_2) u_{a_1}(\boldsymbol{x}_2) \, d^3\boldsymbol{x}_1 d^3\boldsymbol{x}_2$$
$$\tag{10.39}$$

である. K を**直接積分**, J を**交換積分**という.

$J > 0$ の場合, 合成スピン 1 での期待値 (10.36) が合成スピン 0 での期待値 (10.37) より低くなり, スピンがそろっている方が好まれる. 逆に $J < 0$ の場合は, 合成スピン 0, すなわちスピンが逆を向いている方が好まれる. このように, スピンとスピンの間に見かけ上の相互作用が生じる. これは波動関数の反対称性という量子力学の特性に起因しており, **交換相互作用**と呼ばれている. 交換相互作用は, 1 つの原子中の電子間のみならず, 隣の原子の電子の間にも生じ, 原子間の共有結合や強磁性体でのスピン間相互作用などを引き起こす.

このような交換相互作用の大きさはおよそ $\frac{e^2}{4\pi\varepsilon_0 r_0}$ 程度である. ここで,

$$r_0 = \frac{4\pi\varepsilon_0 \hbar^2}{me^2}$$

はボーア半径 (5.72) である. 9.4 節で見たようにスピン角運動量は固有磁気モーメントを持ち, 2 つの磁気モーメントの間には磁場を媒介した相互作用が生じるが, その大きさは

$$\mu_0 \left(\frac{e\hbar}{2m}\right)^2 \frac{1}{r_0^3} = \pi \left(\frac{e^2}{4\pi\varepsilon_0 \hbar c}\right)^2 \frac{e^2}{4\pi\varepsilon_0 r_0}$$
$$\simeq \pi \left(\frac{1}{137}\right)^2 \frac{e^2}{4\pi\varepsilon_0 r_0} \tag{10.40}$$

(ただし, μ_0 は真空中の透磁率) 程度であり, 交換相互作用に比べてとても小さい.

演 習 問 題

演習 10.1　2体系の問題について以下の問に答えよ.

(1)　(10.10) を解いて

$$\boldsymbol{x}_1 = \boldsymbol{X} + \frac{m_2}{m_1 + m_2}\boldsymbol{x}\,, \quad \boldsymbol{x}_2 = \boldsymbol{X} - \frac{m_1}{m_1 + m_2}\boldsymbol{x} \tag{10.41}$$

を示せ.

(2)

$$\hat{\boldsymbol{P}} = -i\hbar\nabla_{\boldsymbol{X}}\,, \quad \hat{\boldsymbol{p}} = -i\hbar\nabla_{\boldsymbol{x}}\,, \quad \hat{\boldsymbol{p}}_1 = -i\hbar\nabla_{\boldsymbol{x}_1}\,, \quad \hat{\boldsymbol{p}}_2 = -i\hbar\nabla_{\boldsymbol{x}_2}$$

を用いて (10.11) を示せ.

(3)　ハミルトニアン演算子 (10.9) と (10.12) が等しいことを示せ.

演習 10.2　独立粒子近似での N 体の同種フェルミ粒子の波動関数 (10.31) は,行列式を用いて

$$\frac{1}{\sqrt{N!}}\begin{vmatrix} u_{a_1}(\xi_1) & u_{a_1}(\xi_2) & \cdots & u_{a_1}(\xi_N) \\ u_{a_2}(\xi_1) & u_{a_2}(\xi_2) & \cdots & u_{a_2}(\xi_N) \\ \vdots & \vdots & \vdots & \vdots \\ u_{a_N}(\xi_1) & u_{a_N}(\xi_2) & \cdots & u_{a_N}(\xi_N) \end{vmatrix} \tag{10.42}$$

と表せることを示せ. この行列式を**スレーター行列式**という.

演習 10.3　統計力学の一般論によると,温度 T,化学ポテンシャル μ の熱浴とエネルギーおよび粒子をやりとりしている系では,エネルギー E,粒子数 N の状態が実現される確率は

$$\exp\left(-\frac{E - \mu N}{kT}\right)$$

に比例する. これに従う統計集団を**大正準集団**(grand canonical ensemble)という. 独立粒子近似で同種多粒子系を考えると,各準位(1粒子の固有状態)a に入る粒子の数 n_a の平均値が

$$\bar{n}_a = \frac{1}{\exp\left(\frac{\varepsilon_a - \mu}{kT}\right) \mp 1} \tag{10.43}$$

で与えられることを示せ. ここで,ε_a は準位 a のエネルギー固有値で,複号 $\mp$ は,ボース粒子の場合 $-$,フェルミ粒子の場合 $+$ をとる. この分布をそれぞれ**ボース分布**,**フェルミ分布**といい,それに従う統計を**ボース統計**,**フェルミ統計**という.

演習 10.4 交換相互作用について以下の問に答えよ.

(1) (10.36) と (10.37) を合わせて

$$E = K - \frac{1}{2}J(1 + 4\hat{\boldsymbol{s}}_1 \cdot \hat{\boldsymbol{s}}_2) \tag{10.44}$$

と書けることを示せ. ただし, スピン演算子を $\hat{\boldsymbol{S}} = \hbar\hat{\boldsymbol{s}}$ と表した.

(2) クーロン斥力の場合, 交換積分 (10.39) は正 $(J \geq 0)$ であることを示せ.

付　録

特 殊 関 数

　この付録では，本書で用いた特殊関数についての数式をまとめる．証明や補足は各節の後半の項に示す．より詳しい内容は数学の本を参照されたい．

A.1　エルミートの多項式

　エルミート多項式 $H_n(x)$ は

$$H_n(x) = (-1)^n e^{x^2} \frac{d^n}{dx^n} e^{-x^2} \tag{A.1}$$

で与えられる n 次の多項式である．これはエルミートの微分方程式

$$\left(\frac{d^2}{dx^2} - 2x\frac{d}{dx} + 2n \right) H_n(x) = 0 \tag{A.2}$$

を満たし，最高次が $2^n x^n$ になるよう規格化され，規格直交関係

$$\int_{-\infty}^{\infty} H_m(x)H_n(x)e^{-x^2}\, dx = \sqrt{\pi}\, 2^n n!\, \delta_{mn} \tag{A.3}$$

を満たす．

A.1.1　証 明 と 補 足

　(1)　エルミート多項式 (A.1) は微分方程式 (A.2) を満たす．

【証明】　微分方程式

$$\left(\frac{d}{dx} + 2x \right) y = 0 \tag{A.4}$$

の解は

$$y = ce^{-x^2} \tag{A.5}$$

である．ここで c は任意定数．(A.4) の両辺を x で $n+1$ 回微分すると，

$$\left[\frac{d^2}{dx^2} + 2x\frac{d}{dx} + 2(n+1) \right] w = 0 \tag{A.6}$$

となる．ここで，w は

$$w = \frac{d^n}{dx^n}y = c\frac{d^n}{dx^n}e^{-x^2} \tag{A.7}$$

であり，

$$w = ve^{-x^2} \tag{A.8}$$

の形をとることがわかる．ただし，v は n 次の多項式．(A.8) を (A.6) に代入すると，

$$\left(\frac{d^2}{dx^2} - 2x\frac{d}{dx} + 2n\right)v = 0 \tag{A.9}$$

が得られる．よって，(A.1) は (A.2) を満たす． □

(2)　**補足**　エルミート多項式 (A.1) と異なる，微分方程式 (A.2) のもう 1 つの解は，有限次の多項式でなく無限級数で表され，$x \to \pm\infty$ で e^{x^2} のように振る舞う．n が偶数（奇数）の場合，(3.72) で $c_1 \neq 0$（$c_0 \neq 0$）として得られる奇関数（偶関数）がそれに対応する．

(3)　エルミート多項式 (A.1) は規格直交関係 (A.3) を満たす．

【証明】　(A.1) を (A.3) の左辺に代入し，n 回部分積分を実行して，

$$\int_{-\infty}^{\infty} H_m(x)(-1)^n\frac{d^n}{dx^n}e^{-x^2}\,dx = \int_{-\infty}^{\infty}\left(\frac{d^n}{dx^n}H_m(x)\right) \cdot e^{-x^2}\,dx \tag{A.10}$$

を得る．ここで，$\left(\frac{d}{dx}\right) \cdot$ は微分演算子が括弧の中だけに作用し，$\cdot$ の右には作用しないことを意味する．また，$e^{-x^2} \to 0$（$x \to \pm\infty$）より，部分積分の表面項はすべて零である．$n > m$ の場合，$H_m(x)$ は m 次の多項式なので，

$$\frac{d^n}{dx^n}H_m(x) = 0$$

となり，(A.10) は零となる．同様に，$m > n$ の場合，(A.1) のように書かれた $H_m(x)$ を (A.3) の左辺に代入し，m 回部分積分を実行することにより，零になる．$m = n$ の場合，

$$\frac{d^n}{dx^n}H_n(x) = 2^n n!$$

なので，(A.10) は $2^n n!\sqrt{\pi}$ になる．よって，(A.3) が示された． □

A.2 ルジャンドルの多項式

ルジャンドルの多項式 $P_l(x)$ は

$$P_l(x) = \frac{1}{2^l l!} \frac{d^l}{dx^l} (x^2 - 1)^l \tag{A.11}$$

で与えられる l 次の多項式である．これはルジャンドルの微分方程式

$$\left[\frac{d}{dx}(1 - x^2)\frac{d}{dx} + l(l+1) \right] P_l(x) = 0 \tag{A.12}$$

を満たし，$P_l(1) = 1$ となるよう規格化され，規格直交関係

$$\int_{-1}^{1} P_l(x) P_n(x)\, dx = \frac{2}{2l+1} \delta_{ln} \tag{A.13}$$

を満たす．

ルジャンドルの陪多項式 $P_l^m(x)$ は

$$P_l^m(x) = (1 - x^2)^{\frac{m}{2}} \frac{d^m}{dx^m} P_l(x)$$

$$= \frac{1}{2^l l!}(1 - x^2)^{\frac{m}{2}} \frac{d^{l+m}}{dx^{l+m}}(x^2 - 1)^l \tag{A.14}$$

で与えられる．ただし，l, m は $0 \leq m \leq l$ を満たす整数である．これはルジャンドルの陪微分方程式

$$\left[\frac{d}{dx}(1 - x^2)\frac{d}{dx} + l(l+1) - \frac{m^2}{1 - x^2} \right] P_l^m(x) = 0 \tag{A.15}$$

を満たし，規格直交関係

$$\int_{-1}^{1} P_l^m(x) P_n^m(x)\, dx = \frac{2}{2l+1} \frac{(l+m)!}{(l-m)!} \delta_{ln} \tag{A.16}$$

を満たす．

A.2.1 証明と補足

(1) ルジャンドルの多項式 (A.11) は，微分方程式 (A.12) を満たす．

【証明】 関数 $y = (x^2 - 1)^l$ は

$$\frac{d}{dx} y = 2lx(x^2 - 1)^{l-1}$$

より，微分方程式

$$\left[(x^2 - 1)\frac{d}{dx} - 2lx \right] y = 0 \tag{A.17}$$

を満たす. この両辺を x で $l+1$ 回微分すると,

$$\left[(x^2-1)\frac{d^2}{dx^2} + 2x\frac{d}{dx} - l(l+1)\right]w = 0 \tag{A.18}$$

となる. ここで w は

$$w = \frac{d^l}{dx^l}y = \frac{d^l}{dx^l}(x^2-1)^l \tag{A.19}$$

である. よって, (A.11) は (A.12) を満たす. □

(2) ルジャンドルの陪多項式 (A.14) は微分方程式 (A.15) を満たす.

【証明】 (A.18), または (A.12) を x で m 回微分すると,

$$\left[(x^2-1)\frac{d^2}{dx^2} + 2(m+1)x\frac{d}{dx} - l(l+1) + m(m+1)\right]v = 0 \tag{A.20}$$

となる. ここで,

$$v = \frac{d^m}{dx^m}w \propto \frac{d^m}{dx^m}P_l(x) \tag{A.21}$$

である. $v = (1-x^2)^{-\frac{m}{2}}u$ を (A.20) に代入して,

$$\left[(x^2-1)\frac{d^2}{dx^2} + 2x\frac{d}{dx} - l(l+1) + \frac{m^2}{1-x^2}\right]u = 0 \tag{A.22}$$

を得る. よって, (A.14) は (A.15) を満たす. □

(3) **補足** ルジャンドルの微分方程式 (A.12) の解として, 冪級数の形

$$P_l(x) = \sum_{i=0} c_i x^i$$

を考える. これを (A.12) に代入して,

$$\sum_{i=0} [(i+2)(i+1)c_{i+2} - \{i^2 + i - l(l+1)\}c_i]x^i = 0 \tag{A.23}$$

を得る. これが任意の値の x について成り立つためには, 全ての i に対する x^i の係数が零でなければならない. よって,

$$(i+2)(i+1)c_{i+2} = \{i(i+1) - l(l+1)\}c_i \tag{A.24}$$

が得られる. (A.24) を繰り返し用いることにより, $c_0 \neq 0$ を与えれば $c_2, c_4, \ldots$ が求まり, $c_1 \neq 0$ を与えれば $c_3, c_5, \ldots$ が求まる.

$i = l$ で (A.24) の右辺の係数が零になるので, l 次の多項式が得られる. これがルジャンドル多項式 (A.11) に他ならない. l が偶数 (奇数) の場合は, 偶数 (奇数) の

i の c_i が非零になるので，級数 $\sum_{i=0} c_i x^i$ は偶関数（奇関数）となる.

一方，l が偶数（奇数）の場合の，$c_1 \neq 0$（$c_0 \neq 0$）の解では，(A.24) の右辺の係数が零になることはなく，$\sum_{i=0} c_i x^i$ は無限級数となる. 同様に，l が整数でない場合も，(A.24) の右辺の係数が零になることはなく，$\sum_{i=0} c_i x^i$ は無限級数になる. このとき (A.24) より $i \to \infty$ で $\frac{c_{i+2}}{c_i} \to 1$ となり，これは冪級数 $\sum_{i=0} c_i x^i$ の収束半径が 1 であることを意味する. 実は，これらの関数は $x \to \pm 1$ で発散する.

(4) ルジャンドルの多項式 (A.11) は規格直交関係 (A.13) を満たす.

【証明】 (A.11) を (A.13) の左辺に代入し，l 回部分積分を実行すると

$$\frac{1}{2^l l! \, 2^n n!} \int_{-1}^{1} \left(\frac{d^l}{dx^l}(x^2-1)^l \right) \cdot \frac{d^n}{dx^n}(x^2-1)^n \, dx$$

$$= \frac{(-1)^l}{2^l l! \, 2^n n!} \int_{-1}^{1} (x^2-1)^l \frac{d^{l+n}}{dx^{l+n}}(x^2-1)^n \, dx \tag{A.25}$$

となる. $l > n$ の場合，

$$\frac{d^{l+n}}{dx^{l+n}}(x^2-1)^n = 0$$

より，(A.25) は零となる. 同様に，$n > l$ の場合，逆の部分積分を実行することにより，零になる. $l = n$ の場合，(A.25) は

$$\frac{(-1)^l}{(2^l l!)^2} \int_{-1}^{1} (x^2-1)^l \frac{d^{2l}}{dx^{2l}}(x^2-1)^l \, dx = \frac{(-1)^l (2l)!}{(2^l l!)^2} \int_{-1}^{1} (x^2-1)^l \, dx \tag{A.26}$$

となる. $x = 2t - 1$ と変数変換すると，(A.26) は

$$\frac{(-1)^l (2l)!}{(2^l l!)^2} 2^{2l+1} \int_{0}^{1} (t^2-t)^l \, dt = \frac{2(2l)!}{(l!)^2} \int_{0}^{1} t^l (1-t)^l \, dt \tag{A.27}$$

となる. (A.27) の積分はベータ関数やガンマ関数を用いて評価でき，

$$\int_{0}^{1} t^l (1-t)^l \, dt = B(l+1, l+1) = \frac{\Gamma(l+1)\Gamma(l+1)}{\Gamma(2l+2)} = \frac{(l!)^2}{(2l+1)!} \tag{A.28}$$

となる. よって (A.27) は $\frac{2}{2l+1}$ となる. 以上より (A.13) が示された. □

(5) ルジャンドルの陪多項式 (A.14) は規格直交関係 (A.16) を満たす.

【証明】 (A.16) の左辺を $f_{ln}(m)$ と書く. (A.14) を (A.16) の左辺に代入し，1 回部分積分を実行し，

$$f_{ln}(m) = -\int_{-1}^{1} \left(\frac{d^{m-1}}{dx^{m-1}} P_l(x) \right) \cdot \frac{d}{dx} (1-x^2)^m \frac{d^m}{dx^m} P_n(x) \, dx \tag{A.29}$$

となる．ここで，$m \geq 1$ とし，部分積分での表面項は零となる．ところで，ルジャンドルの微分方程式 (A.12) の両辺を x で $m-1$ 回微分して，

$$\left[(1-x^2)\frac{d^{m+1}}{dx^{m+1}} - 2mx\frac{d^m}{dx^m} + \{-m(m-1) + n(n+1)\}\frac{d^{m-1}}{dx^{m-1}}\right]P_n(x) = 0 \tag{A.30}$$

を得る．これに $(1-x^2)^{m-1}$ をかけて，

$$\left[(1-x^2)^m \frac{d^{m+1}}{dx^{m+1}} - 2mx(1-x^2)^{m-1}\frac{d^m}{dx^m}\right]P_n(x)$$

$$= \{m(m-1) - n(n+1)\}(1-x^2)^{m-1}\frac{d^{m-1}}{dx^{m-1}}P_n(x) \tag{A.31}$$

となる．(A.31) の左辺が，(A.29) の右辺の後半の因子に一致している．(A.31) の右辺を (A.29) に代入し，

$$f_{ln}(m) = -\{m(m-1) - n(n+1)\}f_{ln}(m-1)$$
$$= (n+m)(n-m+1)f_{ln}(m-1) \tag{A.32}$$

を得る．(A.32) を繰り返し用いることにより，

$$f_{ln}(m) = \frac{(n+m)!}{n!}\frac{n!}{(n-m)!}f_{ln}(0) = \frac{(n+m)!}{(n-m)!}f_{ln}(0) \tag{A.33}$$

が得られる．(A.13) より

$$f_{ln}(0) = \frac{2}{2l+1}\delta_{ln}$$

なので，(A.16) が成り立つ． □

A.3 ラゲールの多項式

ラゲールの多項式 $L_q(x)$ は

$$L_q(x) = e^x \frac{d^q}{dx^q}(x^q e^{-x}) \tag{A.34}$$

$$= \sum_{j=0}^{q}(-1)^j \frac{(q!)^2}{(q-j)!\,(j!)^2}x^j \tag{A.35}$$

で与えられる q 次の多項式である．これはラゲールの微分方程式

$$\left[x\frac{d^2}{dx^2} + (1-x)\frac{d}{dx} + q\right]L_q(x) = 0 \tag{A.36}$$

を満たし，規格直交関係

$$\int_0^\infty L_q(x)L_r(x)e^{-x}\,dx = (q!)^2\delta_{qr} \tag{A.37}$$

を満たす．

ラゲールの陪多項式 $L_q^p(x)$ は

$$L_q^p(x) = \frac{d^p}{dx^p}L_q(x) = \frac{d^p}{dx^p}e^x\frac{d^q}{dx^q}(x^q e^{-x}) \tag{A.38}$$

$$= \sum_{j=0}^{q-p}(-1)^{j+p}\frac{(q!)^2}{(q-p-j)!\,(p+j)!\,j!}x^j \tag{A.39}$$

で与えられる $q-p$ 次の多項式である．ただし，q, p は $0 \le p \le q$ を満たす整数である．これはラゲールの陪微分方程式

$$\left[x\frac{d^2}{dx^2} + (p+1-x)\frac{d}{dx} + (q-p)\right]L_q^p(x) = 0 \tag{A.40}$$

を満たし，規格直交関係

$$\int_0^\infty L_q^p(x)L_r^p(x)x^p e^{-x}\,dx = \frac{(q!)^3}{(q-p)!}\delta_{qr} \tag{A.41}$$

を満たす．また，次のような関係式も満たされる．

$$\int_0^\infty L_q^p(x)L_r^p(x)x^{p+1}e^{-x}\,dx \tag{A.42}$$

$$= \frac{(q!)^3}{(q-p)!}(2q-p+1)\delta_{qr} - \frac{\{(q+1)!\}^2 q!}{(q-p)!}\delta_{q+1,r} - \frac{\{(r+1)!\}^2 r!}{(r-p)!}\delta_{q,r+1}$$

$$\int_0^\infty L_q^p(x)L_r^p(x)x^{p+2}e^{-x}\,dx \tag{A.43}$$

$$= \frac{(q!)^3}{(q-p)!}\{2(q-p)q + (2q-p+1)(2q-p+2)\}\delta_{qr}$$

$$- 2\frac{\{(q+1)!\}^2 q!}{(q-p)!}(2q-p+2)\delta_{q+1,r} + \frac{\{(q+2)!\}^2 q!}{(q-p)!}\delta_{q+2,r}$$

$$- 2\frac{\{(r+1)!\}^2 r!}{(r-p)!}(2r-p+2)\delta_{q,r+1} + \frac{\{(r+2)!\}^2 r!}{(r-p)!}\delta_{q,r+2}$$

A.3.1 証 明 と 補 足

(1) ラゲールの多項式 (A.34) は微分方程式 (A.36) を満たす.

【証明】 関数 $y = x^q e^{-x}$ は,

$$\frac{d}{dx}y = (qx^{q-1} - x^q)e^{-x}$$

より,微分方程式

$$\left[x\frac{d}{dx} + (x - q)\right]y = 0 \tag{A.44}$$

を満たす.この両辺を x で $q + 1$ 回微分すると,

$$\left[x\frac{d^2}{dx^2} + (x + 1)\frac{d}{dx} + (q + 1)\right]w = 0 \tag{A.45}$$

となる.ここで,w は

$$w = \frac{d^q}{dx^q}y = \frac{d^q}{dx^q}(x^q e^{-x}) \tag{A.46}$$

であり,

$$w = ve^{-x} \tag{A.47}$$

の形をとることがわかる.ただし,v は q 次の多項式.(A.47) を (A.45) に代入すると,

$$\left[x\frac{d^2}{dx^2} + (1 - x)\frac{d}{dx} + q\right]v = 0 \tag{A.48}$$

が得られる.よって,(A.34) は (A.36) を満たす. □

(2) ラゲールの陪多項式 (A.38) は微分方程式 (A.40) を満たす.

【証明】 (A.48), または (A.36) を x で p 回微分すると,

$$\left[x\frac{d^2}{dx^2} + (p + 1 - x)\frac{d}{dx} + (q - p)\right]u = 0 \tag{A.49}$$

となる.ただし,

$$u = \frac{d^p}{dx^p}v \tag{A.50}$$

である.よって,(A.38) は (A.40) を満たす. □

(3) ラゲールの多項式 (A.34) は規格直交関係 (A.37) を満たす.

【証明】 (A.34) を (A.37) の左辺に代入し, q 回部分積分を実行し,

$$\int_0^\infty \left(\frac{d^q}{dx^q} x^q e^{-x} \right) \cdot e^x \frac{d^r}{dx^r} x^r e^{-x} \, dx$$

$$= (-1)^q \int_0^\infty x^q e^{-x} \frac{d^q}{dx^q} e^x \frac{d^r}{dx^r} x^r e^{-x} \, dx \tag{A.51}$$

を得る. $q > r$ の場合, $e^x \frac{d^r}{dx^r} x^r e^{-x}$ が r 次の多項式なので,

$$\frac{d^q}{dx^q} e^x \frac{d^r}{dx^r} x^r e^{-x} = 0$$

となり, (A.51) は零となる. $q < r$ の場合も, 逆の部分積分を実行することにより, (A.51) は零となる. $q = r$ の場合,

$$\frac{d^q}{dx^q} e^x \frac{d^q}{dx^q} x^q e^{-x} = \frac{d^q}{dx^q} (-1)^q x^q = (-1)^q q!$$

となり, (A.51) は $(q!)^2$ となる. よって, (A.37) が成り立つ. $\qquad\square$

(4) ラゲールの陪多項式 (A.38) は規格直交関係 (A.41) を満たす.

【証明】 (A.38) を (A.41) の左辺に代入して, 1 回部分積分を実行して,

$$\int_0^\infty \left(\frac{d^p}{dx^p} L_q(x) \right) \cdot \left(\frac{d^p}{dx^p} L_r(x) \right) \cdot x^p e^{-x} \, dx$$

$$= -\int_0^\infty \left(\frac{d^{p-1}}{dx^{p-1}} L_q(x) \right) \cdot \frac{d}{dx} e^{-x} x^p \frac{d^p}{dx^p} L_r(x) \, dx \tag{A.52}$$

となる. ところで, ラゲールの微分方程式 (A.36) の両辺を x で $p-1$ 回微分して,

$$\left[x \frac{d^{p+1}}{dx^{p+1}} + (p-x) \frac{d^p}{dx^p} + (r-p+1) \frac{d^{p-1}}{dx^{p-1}} \right] L_r(x) = 0 \tag{A.53}$$

を得る. これに x^{p-1} をかけて,

$$\left[x^p \frac{d^{p+1}}{dx^{p+1}} + (px^{p-1} - x^p) \frac{d^p}{dx^p} \right] L_r(x) = -(r-p+1) x^{p-1} \frac{d^{p-1}}{dx^{p-1}} L_r(x)$$

$$\tag{A.54}$$

となる. (A.54) の左辺が, (A.52) の右辺の後半の因子に対応している. (A.54) の右辺を (A.52) の右辺に代入して,

$$(r-p+1)\int_0^\infty \left(\frac{d^{p-1}}{dx^{p-1}}L_q(x)\right)\cdot\left(\frac{d^{p-1}}{dx^{p-1}}L_r(x)\right)\cdot x^{p-1}e^{-x}\,dx \qquad (A.55)$$

を得る．これは (A.52) の左辺で p を $p-1$ に置き換えたものに等しい．この式を繰り返し用いることにより，

$$(r-p+1)(r-p+2)\cdots r\int_0^\infty L_q(x)L_r(x)e^{-x}\,dx = \frac{(r!)^3}{(r-p)!}\delta_{qr} \qquad (A.56)$$

が得られる．最後の等式で (A.37) を用いた．よって，(A.41) が示された．　　　□

(5)　ラゲールの多項式 (A.35) の母関数は

$$\sum_{q=0}^\infty L_q(x)\frac{t^q}{q!} = \frac{1}{1-t}\exp\left(-\frac{xt}{1-t}\right) \qquad (A.57)$$

で与えられる．

【証明】　(A.35) を (A.57) の左辺に代入して，

$$\sum_{q=0}^\infty \sum_{j=0}^q (-1)^j \frac{(q!)^2}{(q-j)!\,(j!)^2}x^j\frac{t^q}{q!} \qquad (A.58)$$

となる．(A.58) での和の取り方は，図 A.1 での $j+k=q$ 一定の斜めの線に沿って j の和をとってから q の和をとることに対応するが，和の取り直しをすると，これは

$$\sum_{j=0}^\infty \sum_{k=0}^\infty (-1)^j \frac{(j+k)!}{k!\,(j!)^2}x^j t^{j+k} \qquad (A.59)$$

に等しい．ところで，$(1-t)^{-(j+1)}$ の $t=0$ のまわりの展開は

$$(1-t)^{-(j+1)} = \sum_{k=0}^\infty \frac{(j+k)!}{k!\,j!}t^k \qquad (A.60)$$

となる．これを (A.59) に代入して，

$$\sum_{j=0}^\infty (-1)^j \frac{1}{j!}x^j t^j (1-t)^{-(j+1)} = \frac{1}{1-t}\exp\left(-\frac{xt}{1-t}\right) \qquad (A.61)$$

となる．

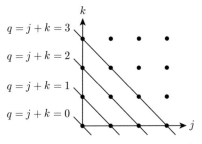

図 A.1　ラゲール多項式の母関数の計算

(6)　ラゲールの陪多項式 (A.38) の母関数は

$$\sum_{q=p}^{\infty} L_q^p(x)\frac{t^{q-p}}{q!} = \sum_{q=0}^{\infty} L_{q+p}^p(x)\frac{t^q}{(q+p)!}$$

$$= \frac{(-1)^p}{(1-t)^{p+1}} \exp\left(-\frac{xt}{1-t}\right) \tag{A.62}$$

で与えられる.

【証明】　(A.57) の両辺を x で p 回微分して, t^{-p} をかければ, (A.62) が得られる.

□

(7)　ラゲールの陪多項式 (A.38) は次の漸化式を満たす.

$$\frac{q-p+1}{q+1} L_{q+1}^p(x) - (2q-p+1-x)L_q^p(x) + q^2 L_{q-1}^p(x) = 0 \tag{A.63}$$

$$\frac{1}{q+1}\frac{d}{dx}L_{q+1}^p(x) = \frac{d}{dx}L_q^p(x) - L_q^p(x) \tag{A.64}$$

【証明】　母関数 (A.62) の両辺を t で微分して,

$$\sum_{q=p}^{\infty} L_q^p(x)\frac{q-p}{q!}t^{q-p-1}$$

$$= \frac{(-1)^p(p+1)}{(1-t)^{p+2}}e^{-\frac{xt}{1-t}} - \frac{(-1)^p x}{(1-t)^{p+3}}e^{-\frac{xt}{1-t}}$$

$$= \frac{p+1}{1-t}\sum_{q=p}^{\infty} L_q^p(x)\frac{t^{q-p}}{q!} - \frac{x}{(1-t)^2}\sum_{q=p}^{\infty} L_q^p(x)\frac{t^{q-p}}{q!} \tag{A.65}$$

を得る．この両辺に $(1-t)^2$ をかけ，t の冪の係数を比較すれば，(A.63) が得られる．次に，母関数 (A.62) の両辺を x で微分して，

$$\sum_{q=p}^{\infty} \frac{d}{dx} L_q^p(x) \frac{t^{q-p}}{q!} = -\frac{(-1)^p t}{(1-t)^{p+2}} e^{-\frac{xt}{1-t}}$$

$$= -\frac{t}{1-t} \sum_{q=p}^{\infty} L_q^p(x) \frac{t^{q-p}}{q!} \tag{A.66}$$

を得る．この両辺に $(1-t)$ をかけ，t の冪の係数を比較すれば，(A.64) が得られる．
□

(8)　ラゲールの陪多項式 (A.38) は関係式 (A.42), (A.43) を満たす．

【証明】　漸化式 (A.63) を用いて

$$\int_0^{\infty} L_q^p(x) L_r^p(x) x^{p+1} e^{-x}\, dx$$

$$= \int_0^{\infty} \left(-\frac{q-p+1}{q+1} L_{q+1}^p(x) + (2q-p+1) L_q^p(x) - q^2 L_{q-1}^p(x) \right)$$

$$\times L_r^p(x) x^p e^{-x}\, dx \tag{A.67}$$

が得られる．これに規格直交関係 (A.41) を用いれば，(A.42) が得られる．同様に，漸化式 (A.63) を2度用いて規格直交関係 (A.41) を用いることにより，(A.43) が示される．
□

付　表

基礎的な物理定数

　　以下における括弧内の数値は標準不確かさを示す．例えば $6.67430(15) \times 10^{-11}$ は，$(6.67430 \pm 0.00015) \times 10^{-11}$ という意味である．括弧のない数値は定義値とされている．

真空中の光速	$c = 2.99792458 \times 10^8 \, \mathrm{m \, s^{-1}}$
真空の透磁率	$\mu_0 = 1.25663706212(19) \times 10^{-6} \, \mathrm{N \, A^{-2}}$
	$\frac{\mu_0}{4\pi} = 1.00000000055(15) \times 10^{-7} \, \mathrm{N \, A^{-2}}$
真空の誘電率	$\varepsilon_0 = \frac{1}{\mu_0 c^2} = 8.8541878128(13) \times 10^{-12} \, \mathrm{F \, m^{-1}}$
プランク定数	$h = 6.62607015 \times 10^{-34} \, \mathrm{J \, s}$
	$\hbar = \frac{h}{2\pi} = 1.054571817 \cdots \times 10^{-34} \, \mathrm{J \, s}$
電気素量	$e = 1.602176634 \times 10^{-19} \, \mathrm{C}$
ボルツマン定数	$k = 1.380649 \times 10^{-23} \, \mathrm{J \, K^{-1}}$
アボガドロ定数	$N_\mathrm{A} = 6.02214076 \times 10^{23} \, \mathrm{mol^{-1}}$
電子の質量	$m_\mathrm{e} = 9.1093837015(28) \times 10^{-31} \, \mathrm{kg}$
陽子の質量	$m_\mathrm{p} = 1.67262192369(51) \times 10^{-27} \, \mathrm{kg}$
中性子の質量	$m_\mathrm{n} = 1.67492749804(95) \times 10^{-27} \, \mathrm{kg}$

ただし，$\mathrm{N = kg \, m \, s^{-2}}$, $\mathrm{J = kg \, m^2 \, s^{-2}}$, $\mathrm{A = C \, s^{-1}}$, $\mathrm{F = C \, V^{-1} = C^2 \, J^{-1}}$.

上記の数値は 2018 CODATA 推奨値による．

　　https://physics.nist.gov/cuu/Constants/index.html

この他，必要に応じて Particle Data Group も参照されたい．

　　http://pdg.lbl.gov/

また，インターネットで「物理定数」で検索すれば，より平易なサイトが見つかる．

演習問題解答

第 1 章

演習 1.1 与えられた数値を (1.6) に代入し,

$$0.271\,\mathrm{eV} = \frac{3.00 \times 10^8\,\mathrm{m/s} \times h}{4.86 \times 10^{-7}\,\mathrm{m}} - W$$

$$0.843\,\mathrm{eV} = \frac{3.00 \times 10^8\,\mathrm{m/s} \times h}{3.97 \times 10^{-7}\,\mathrm{m}} - W$$

これを解いて,

$$W = 2.28\,\mathrm{eV}\ ,\quad h = 4.13 \times 10^{-15}\,\mathrm{eV\,s} = 6.62 \times 10^{-34}\,\mathrm{J\,s}$$

演習 1.2 (1.10) より, $\theta = 0°, 45°, 90°, 135°$ のときそれぞれ

$$\lambda' - \lambda = 0\ ,\quad 0.711\ ,\quad 2.43\ ,\quad 4.14\ (\times 10^{-12}\,\mathrm{m})$$

となる.

演習 1.3 (1) $E = \sqrt{m^2 c^4 + p^2 c^2}$ より

$$p = \frac{\sqrt{E^2 - m^2 c^4}}{c}$$

よって, (1.11) より

$$\lambda = \frac{ch}{\sqrt{E^2 - m^2 c^4}}$$

(2) $p \ll mc, p \gg mc$ のとき, それぞれ

$$E \simeq mc^2 + \frac{p^2}{2m}\ ,\quad E \simeq pc + \frac{m^2 c^3}{2p}$$

と近似できる.

(3) 問 (1) の結果に (2.29), (2.30) を代入して, $E = 0.51100000\,\mathrm{MeV}$, $E = 0.800$ MeV, $E = 1.00\,\mathrm{GeV}$ のとき, それぞれ

$$\lambda = 2.00 \times 10^{-9}\,\mathrm{m}\ ,\quad 2.01 \times 10^{-12}\,\mathrm{m}\ ,\quad 1.24 \times 10^{-15}\,\mathrm{m}$$

となる. $E = 0.511\,\mathrm{MeV}$, $E = 1\,\mathrm{GeV}$ のときはそれぞれ $p \ll mc, p \gg mc$ を満たすので, 問 (2) で得た近似式を用いても同じ結果が得られる.

演習 1.4 (1) 振動数 ν の光のエネルギーの平均値は

$$\bar{E} = \frac{\sum_{n=0}^{\infty} nh\nu e^{-\frac{nh\nu}{kT}}}{\sum_{n=0}^{\infty} e^{-\frac{nh\nu}{kT}}}$$

となる. 分母は無限等比級数の和の公式より

$$\sum_{n=0}^{\infty} e^{-\frac{nh\nu}{kT}} = \frac{1}{1 - e^{-\frac{h\nu}{kT}}} = \frac{e^{\frac{h\nu}{kT}}}{e^{\frac{h\nu}{kT}} - 1}$$

となる. 分子は分母を次のように微分すれば求まり,

$$\sum_{n=0}^{\infty} nh\nu e^{-\frac{nh\nu}{kT}} = -kTh\frac{\partial}{\partial h}\sum_{n=0}^{\infty} e^{-\frac{nh\nu}{kT}}$$

$$= -kTh\frac{\partial}{\partial h}\frac{e^{\frac{h\nu}{kT}}}{e^{\frac{h\nu}{kT}} - 1} = \frac{h\nu e^{\frac{h\nu}{kT}}}{\left(e^{\frac{h\nu}{kT}} - 1\right)^2}$$

となる. 分子を分母で割り

$$\bar{E} = \frac{h\nu}{e^{\frac{h\nu}{kT}} - 1}$$

が得られる.

(2) x 軸方向の周期性 $e^{ik(x+L)} = e^{ikx}$ より, 許される k は

$$k = \frac{2\pi}{L}n$$

となる. ただし, n は整数. 同様に, y, z 軸方向にも周期性を課すと, 許される $\boldsymbol{k}$ は

$$\boldsymbol{k} = \frac{2\pi}{L}\boldsymbol{n}$$

となる. ただし, $\boldsymbol{n} = (n_x, n_y, n_z)$ で, n_x, n_y, n_z は整数. よって, このような $\boldsymbol{k}$ は, $\boldsymbol{k}$ 空間の単位体積当たり $\left(\frac{L}{2\pi}\right)^3 = \frac{V}{(2\pi)^3}$ 個存在する. ここで, $V = L^3$ は立方体の体積を表す. よって, k から $k + dk$ の間の球殻に

$$\frac{V}{(2\pi)^3}4\pi k^2\,dk = \frac{V}{2\pi^2}k^2\,dk$$

個存在する.

(3) 光の波数と振動数は, 光速 c を用いて

$$k = \frac{2\pi}{\lambda} = \frac{2\pi\nu}{c}$$

と関係づけられるので, $dk = \frac{2\pi}{c}\,d\nu$ となり, 問 (2) の結果より

$$D(\nu)\,d\nu = 2 \cdot \frac{V}{2\pi^2}k^2\,dk = 2 \cdot \frac{V}{2\pi^2}\left(\frac{2\pi}{c}\right)^3\nu^2\,d\nu$$

$$= \frac{8\pi V}{c^3}\nu^2\,d\nu$$

が得られる. ここで, 光は横波で偏極方向が 2 つあるので, その自由度をかけた.

(4) 問 (1), (3) の結果より,

$$U(\nu, T)\,d\nu = \frac{1}{V}\bar{E}D(\nu)\,d\nu = \frac{8\pi h}{c^3}\frac{\nu^3}{e^{\frac{h\nu}{kT}}-1}\,d\nu$$

が得られる.

演習 1.5 (1) 単位体積当たりのエネルギーは (1.2) を用いて

$$\begin{aligned}
E &= \int_0^\infty U(\nu, T)\,d\nu = \int_0^\infty \frac{8\pi h}{c^3}\frac{\nu^3}{e^{\frac{h\nu}{kT}}-1}\,d\nu\\
&= \frac{8\pi k^4 T^4}{c^3 h^3}\int_0^\infty \frac{x^3}{e^x-1}\,dx\\
&= \frac{8\pi^5 k^4 T^4}{15 c^3 h^3}
\end{aligned}$$

となる. 2 行目に移る際 $x = \frac{h\nu}{kT}$ のように積分変数を置換した. 最後の等号で積分の公式を用いた. 比熱は

$$C = \frac{dE}{dT} = \frac{32\pi^5 k^4 T^3}{15 c^3 h^3}$$

となる.

(2) $\nu = \frac{c}{\lambda}$ より, $d\nu = -\frac{c}{\lambda^2}\,d\lambda$. これらの式と (1.2) を $U(\nu, T)\,d\nu = -V(\nu, T)\,d\lambda$ に代入すれば (1.4) が得られる.

(3) $x = \frac{h\nu}{kT}$, $y = \frac{kT\lambda}{ch}$ とおくと

$$U(\nu, T) = \frac{8\pi k^3 T^3}{c^3 h^2}\frac{x^3}{e^x-1} \equiv \frac{8\pi k^3 T^3}{c^3 h^2}f(x)$$

$$V(\lambda, T) = \frac{8\pi k^5 T^5}{c^4 h^4}\frac{y^{-5}}{e^{\frac{1}{y}}-1} \equiv \frac{8\pi k^5 T^5}{c^4 h^4}g(y)$$

と書ける. $f(x)$ が最大になるのは $\frac{df}{dx} = 0$, すなわち $3 - x = 3e^{-x}$ を満たすときで, これを数値的に解くと $x \simeq 2.82144$ となる. $g(y)$ が最大になるのは $\frac{dg}{dy} = 0$, すなわち $5 - \frac{1}{y} = 5e^{-\frac{1}{y}}$ を満たすときで,

$$y \simeq 0.201405 \simeq \frac{1}{4.96511}$$

となる. よって, $U(\nu, T)$ と $V(\lambda, T)$ がそれぞれ最大となる振動数および波長は

$$\nu \simeq 2.82144\frac{kT}{h}\,,\quad \lambda \simeq 0.201405\frac{ch}{kT}$$

となる.

(4)　$T = 5800\,\mathrm{K}$ のとき

$$E = \frac{8\pi^5 (1.38 \times 10^{-23}\,\mathrm{J/K})^4 (5800\,\mathrm{K})^4}{15(3.00 \times 10^8\,\mathrm{m/s})^3 (6.63 \times 10^{-34}\,\mathrm{J\,s})^3} = 8.5 \times 10^{-1}\,\mathrm{J\,m^{-3}}$$

$$C = \frac{32\pi^5 (1.38 \times 10^{-23}\,\mathrm{J/K})^4 (5800\,\mathrm{K})^3}{15(3.00 \times 10^8\,\mathrm{m/s})^3 (6.63 \times 10^{-34}\,\mathrm{J\,s})^3} = 5.9 \times 10^{-4}\,\mathrm{J\,K^{-1}\,m^{-3}}$$

$$\nu = 2.82 \frac{1.38 \times 10^{-23}\,\mathrm{J/K} \times 5800\,\mathrm{K}}{6.63 \times 10^{-34}\,\mathrm{J\,s}} = 3.4 \times 10^{14}\,\mathrm{Hz}$$

$$\lambda = 0.201 \frac{3.00 \times 10^8\,\mathrm{m/s} \times 6.63 \times 10^{-34}\,\mathrm{J\,s}}{1.38 \times 10^{-23}\,\mathrm{J/K} \times 5800\,\mathrm{K}} = 5.0 \times 10^{-7}\,\mathrm{m}$$

同様に，$T = 300\,\mathrm{K}$ のとき

$$E = 6.1 \times 10^{-6}\,\mathrm{J\,m^{-3}}\ ,\quad C = 8.1 \times 10^{-8}\,\mathrm{J\,K^{-1}\,m^{-3}}$$
$$\nu = 1.8 \times 10^{13}\,\mathrm{Hz}\ ,\quad \lambda = 9.7 \times 10^{-6}\,\mathrm{m}$$

$T = 2.7\,\mathrm{K}$ のとき

$$E = 4.0 \times 10^{-14}\,\mathrm{J\,m^{-3}}\ ,\quad C = 5.9 \times 10^{-14}\,\mathrm{J\,K^{-1}\,m^{-3}}$$
$$\nu = 1.6 \times 10^{11}\,\mathrm{Hz}\ ,\quad \lambda = 1.1 \times 10^{-3}\,\mathrm{m}$$

● 第2章

演習 2.1　(1)　$\psi(x,t) = \sin\left(\frac{px - Et}{\hbar}\right)$ を (2.9) に代入し，

$$-iE \cos\left(\frac{px - Et}{\hbar}\right) \neq \frac{(k\hbar)^2}{2m} \sin\left(\frac{px - Et}{\hbar}\right)$$

(2)　(2.7) の 2 つの式に代入し，

$$p \sin\left(\frac{px - Et}{\hbar}\right) \neq -ip \cos\left(\frac{px - Et}{\hbar}\right)$$

$$E \sin\left(\frac{px - Et}{\hbar}\right) \neq -iE \cos\left(\frac{px - Et}{\hbar}\right)$$

演習 2.2　運動の等方性より，$\langle p \rangle = 0$, $\langle x \rangle = 0$ なので，

$$\langle H \rangle = \frac{\langle p^2 \rangle}{2m} + \frac{m\omega^2 \langle x^2 \rangle}{2} = \frac{(\Delta p)^2}{2m} + \frac{m\omega^2 (\Delta x)^2}{2}$$

となる．相加相乗平均の不等式，および不確定性関係 (2.28) を用いて

$$\langle H \rangle \geq \sqrt{\frac{(\Delta p)^2}{m} \cdot m\omega^2 (\Delta x)^2} \geq \frac{1}{2}\hbar\omega$$

を得る．この下限値は，基底状態（$n = 0$）での 3.4 節の (3.77) に一致する．

演習 2.3 (1)

$$\langle H \rangle = \frac{\langle p^2 \rangle}{2m} - \frac{e^2}{4\pi\varepsilon_0}\left\langle \frac{1}{r} \right\rangle \gtrsim \frac{\hbar^2}{2ma^2} - \frac{e^2}{4\pi\varepsilon_0 a} \equiv E(a)$$

$\frac{dE}{da} = 0$ より

$$a = \frac{4\pi\varepsilon_0 \hbar^2}{me^2}$$

(2)　これを $E(a)$ に代入し

$$\langle H \rangle \gtrsim -\frac{m}{2\hbar^2}\left(\frac{e^2}{4\pi\varepsilon_0}\right)^2$$

となる．これらは，基底状態（$n = 1$）での (1.20), (1.22) に一致する．

演習 2.4　フーリエ変換の式 (2.21) を微分して

$$-i\hbar\frac{\partial}{\partial x}\psi(x) = \frac{1}{\sqrt{2\pi}}\int \hbar k \tilde{\psi}(k)e^{ikx}\,dk$$

となる．よって

$$\int \psi(x)^*\left(-i\hbar\frac{\partial}{\partial x}\psi(x)\right)dx = \frac{1}{2\pi}\int \tilde{\psi}(k')^* \hbar k \tilde{\psi}(k)e^{i(k-k')x}\,dk'\,dk\,dx$$

$$= \int \psi(k')^* \hbar k \tilde{\psi}(k)\delta(k-k')\,dk'\,dk = \hbar\int k|\tilde{\psi}(k)|^2\,dk$$

となる．2 番目の等号で 4.4 節の (4.56) を用いた．

演習 2.5　(1)　$i\hbar\dfrac{\partial}{\partial t}\tilde{\psi}(k,t) = \dfrac{\hbar^2 k^2}{2m}\tilde{\psi}(k,t)$

(2)　この微分方程式の解は

$$\tilde{\psi}(k,t) = \tilde{\psi}(k,0)\exp\left(-\frac{i}{\hbar}\frac{\hbar^2 k^2}{2m}t\right)$$

となる．初期条件が (2.25) で与えられていればそれを $\tilde{\psi}(k,0)$ に代入すればよい．

$$|\tilde{\psi}(k,t)|^2 = |\tilde{\psi}(k,0)|^2$$

なので，Δk は時間とともに変化せず，(2.26) のままである．

(3)　(2.25) を上式に代入したものを (2.39) に代入し，

$$\psi(x,t) = \frac{1}{\sqrt{2\pi}}\int \frac{a^{\frac{1}{2}}}{\pi^{\frac{1}{4}}}\exp\left(-\frac{a^2 k^2}{2} - \frac{i}{\hbar}\frac{\hbar^2 k^2}{2m}t + ikx\right)dk$$

$$= \frac{1}{\sqrt{2\pi}}\frac{a^{\frac{1}{2}}}{\pi^{\frac{1}{4}}}\int \exp\left[-\frac{1}{2}\left(a^2 + i\frac{\hbar t}{m}\right)\left(k - \frac{ix}{a^2 + i\frac{\hbar t}{m}}\right)^2 - \frac{x^2}{2\left(a^2 + i\frac{\hbar t}{m}\right)}\right]dk$$

$$= \frac{1}{\pi^{\frac{1}{4}}\left(a + i\frac{\hbar t}{ma}\right)^{\frac{1}{2}}} \exp\left(-\frac{x^2}{2\left(a^2 + i\frac{\hbar t}{m}\right)}\right)$$

となる．2番目の等号で指数を平方完成し，3番目の等号でガウス積分を行った．よって

$$|\psi(x,t)|^2 = \frac{1}{\pi^{\frac{1}{2}}\left(a^2 + \frac{\hbar^2 t^2}{m^2 a^2}\right)^{\frac{1}{2}}} \exp\left(-\frac{x^2}{a^2 + \frac{\hbar^2 t^2}{m^2 a^2}}\right)$$

を得る．したがって

$$\Delta x = \frac{1}{\sqrt{2}}\left(a^2 + \frac{\hbar^2 t^2}{m^2 a^2}\right)^{\frac{1}{2}}$$

となる．時間とともに波束が拡散するのがわかる．

(4) 問 (2), (3) の結果より，

$$\Delta x \cdot \Delta k = \frac{1}{2}\left(1 + \frac{\hbar^2 t^2}{m^2 a^4}\right)^{\frac{1}{2}}$$

となる．時間とともに不確定性の度合いが増大する．

演習 2.6 演習 2.5 (3) と同様にして

$$\psi(x,t) = \frac{1}{\sqrt{2\pi}} \int \frac{a^{\frac{1}{2}}}{\pi^{\frac{1}{4}}} \exp\left\{-\frac{a^2}{2}(k - k_0)^2\right.$$
$$\left. - i\left(\omega_0 + v_{\mathrm{g}}(k - k_0) + \frac{1}{2}\xi(k - k_0)^2\right)t + ikx\right\} dk$$

$$= \frac{1}{\sqrt{2\pi}}\frac{a^{\frac{1}{2}}}{\pi^{\frac{1}{4}}} \int \exp\left\{-\frac{1}{2}(a^2 + i\xi t)\left((k - k_0) - i\frac{x - v_{\mathrm{g}}t}{a^2 + i\xi t}\right)^2\right.$$
$$\left. - \frac{(x - v_{\mathrm{g}}t)^2}{2(a^2 + i\xi t)} + ik_0 x - i\omega_0 t\right\} dk$$

$$= \frac{1}{\pi^{\frac{1}{4}}\left(a + i\frac{\xi t}{a}\right)^{\frac{1}{2}}} \exp\left(-\frac{(x - v_{\mathrm{g}}t)^2}{2(a^2 + i\xi t)} + ik_0 x - i\omega_0 t\right)$$

が得られる．よって

$$|\psi(x,t)|^2 = \frac{1}{\pi^{\frac{1}{2}}\left(a^2 + \frac{\xi^2 t^2}{a^2}\right)^{\frac{1}{2}}} \exp\left(-\frac{(x - v_{\mathrm{g}}t)^2}{a^2 + \frac{\xi^2 t^2}{a^2}}\right)$$

となり，波束は速さ v_{g} で $+x$ 方向に進みつつ，演習 2.5 で見た拡散をする．

● 第3章

演習 3.1 境界条件 $\phi(0) = 0$ より，井戸型ポテンシャルでの奇関数の解 (3.34) と同じになるので，(3.42) と (3.52) を連立して解けばよい．解が ℓ 個存在するための条件は (3.56) になる．

演習 3.2 (3.33), (3.34) より，$x \geq a$ で $|\phi(x)|^2 = |C|^2 e^{-2\kappa x}$ なので，$e^{-2\kappa\delta} = e^{-1}$ より，

$$\delta = \frac{1}{2\kappa} = \frac{\hbar}{2\sqrt{2m(V_0 - E)}} = \frac{c\hbar}{2\sqrt{2mc^2(V_0 - E)}}$$

$$= \frac{197 \text{ eV nm}}{2\sqrt{2 \times 0.511 \text{ MeV} \times (20 - 10) \text{ eV}}} = 3.08 \times 10^{-2} \text{ nm}$$

となる．2番目の等号で (3.24) を用い，4番目の等号で (2.29), (2.30) の値を用いた．

演習 3.3 シュレーディンガー方程式の両辺を，$x = x_0$ の近傍 $x_0 - \varepsilon \leq x \leq x_0 + \varepsilon$ で積分すると

$$\int_{x_0-\varepsilon}^{x_0+\varepsilon} \frac{d^2\phi(x)}{dx^2} \, dx = \frac{2m}{\hbar^2} \int_{x_0-\varepsilon}^{x_0+\varepsilon} \{\alpha\delta(x - x_0) - E\}\phi(x) \, dx$$

が得られる．右辺は $\varepsilon \to 0$ で $\frac{2m\alpha}{\hbar^2}\phi(x_0)$ になる．よって，(3.83) が得られる．これを用いて $\frac{d}{dx}\phi(x)$ を積分することにより (3.84) が得られる．

演習 3.4 領域 $x < x_0$, $x > x_0$ でシュレーディンガー方程式を解き，規格化可能条件を課すと，波動関数はそれぞれの領域で $Ae^{\kappa x}$, $Be^{-\kappa x}$ となる．ただし，κ は

$$E = -\frac{\hbar^2\kappa^2}{2m}$$

である．これに接続条件 (3.83), (3.84) を課すと，

$$\kappa = \frac{-m\alpha}{\hbar^2}$$

が得られる．束縛状態は1つのみ存在する．エネルギー固有値は

$$E = -\frac{\hbar^2\kappa^2}{2m} = -\frac{m\alpha^2}{2\hbar^2}$$

となる．定数 A, B は規格化条件 (3.8) も課すことにより，$A = \sqrt{\kappa} \, e^{-\kappa x_0}$, $B = \sqrt{\kappa} \, e^{\kappa x_0}$ と求まる．よって，固有関数は

$$\phi(x) = \begin{cases} \sqrt{\kappa} \, e^{\kappa(x - x_0)} & (x < x_0) \\ \sqrt{\kappa} \, e^{-\kappa(x - x_0)} & (x > x_0) \end{cases}$$

となる．

演習 3.5 円 (3.42) の半径は

$$\sqrt{\frac{2mV_0 a^2}{\hbar^2}} = \sqrt{\frac{-m\alpha a}{\hbar^2}} \to 0$$

となる．よって，表 3.1 より，束縛状態は 1 個存在する．(3.41) と (3.42) の解は $\xi \ll 1, \eta \ll 1$ となるので，(3.41) は $\eta \simeq \xi^2$ と近似でき，これを (3.42) に代入して $\eta \simeq \frac{-m\alpha a}{\hbar^2}$ となる．(3.40) より

$$\kappa = \frac{-m\alpha}{\hbar^2}$$

が得られ，演習 3.4 の結果と一致する．

エネルギー固有値は (3.24) より

$$V_0 - E = \frac{m\alpha^2}{2\hbar^2}$$

固有関数は $x < 0$ で $\sqrt{\kappa}\, e^{\kappa x}$，$x > 0$ で $\sqrt{\kappa}\, e^{-\kappa x}$ となる．問題の設定をそろえれば演習 3.4 の結果と一致する．

● 第 4 章

演習 4.1 (4.15) より，

$$\frac{k'}{k} = \sqrt{\frac{E - V_0}{E}} = \sqrt{\frac{(8-6)\,\text{eV}}{8\,\text{eV}}} = \frac{1}{2}$$

(4.20), (4.21) より，反射率 $R = \frac{1}{9}$，透過率 $T = \frac{8}{9}$．

演習 4.2 (1) 土手型ポテンシャル (4.29) での $E > V_0$ の場合と同様に計算でき，その結果を $V_0 \to -V_0$ と置き換えたものになる．反射率，透過率も (4.48), (4.49) で $V_0 \to -V_0$ と置き換えたものになる．

(2) 土手型ポテンシャルでは $k'a = \frac{\sqrt{2m(E-V_0)}}{\hbar}a = n\pi$ を満たす整数 n が存在するとき，井戸型ポテンシャルでは $\frac{\sqrt{2m(E+V_0)}}{\hbar}a = n\pi$ を満たす整数 n が存在するとき，反射率が零になる．

演習 4.3 (4.45) より

$$T = \exp\left(-\frac{2}{\hbar}\int_0^b \sqrt{2m(V_0 - eE_0 x - E)}\, dx\right)$$

$$= \exp\left(-\frac{4\sqrt{2m}}{3\hbar eE_0}(V_0 - E)^{\frac{3}{2}}\right)$$

となる．ただし，b は $V(b) = E$ となる位置で，$b = \frac{V_0 - E}{eE_0}$ である．電場 E_0 を強くすると，ポテンシャル障壁が薄くなり，透過率が大きくなることがわかる．(2.29),

(2.30) などの数値を代入して,

$$T = \exp\left(-\frac{4\sqrt{2 \times 0.511\,\text{MeV}}}{3 \times 197\,\text{eV nm} \times 10^{10}\,\text{eV/m}}(4.5\,\text{eV})^{\frac{3}{2}}\right) = 1.4 \times 10^{-3}$$

となる.

演習 4.4 まず, $E > V_0$ の場合を考える. シュレーディンガー方程式の一般解は

$$\phi(x) = \begin{cases} Ae^{ikx} + Be^{-ikx} & (-b < x < 0) \\ Ce^{ik'x} + De^{-ik'x} & (0 \le x \le a) \end{cases}$$

となる. ブロッホの定理 (7.120) より, 次の周期では

$$\phi(x) = \begin{cases} e^{i\theta}\left(Ae^{ik(x-\ell)} + Be^{-ik(x-\ell)}\right) & (a < x < a+b) \\ e^{i\theta}\left(Ce^{ik'(x-\ell)} + De^{-ik'(x-\ell)}\right) & (a+b \le x \le 2a+b) \end{cases}$$

となる. $x = 0$ での接続条件より

$$A + B = C + D$$
$$k(A - B) = k'(C - D)$$

$x = a$ での接続条件より

$$Ce^{ik'a} + De^{-ik'a} = e^{i\theta}(Ae^{-ikb} + Be^{ikb})$$
$$k'(Ce^{ik'a} - De^{-ik'a}) = e^{i\theta}k(Ae^{-ikb} - Be^{ikb})$$

が得られる. これらの係数が非自明な解を持つための条件は

$$\begin{vmatrix} 1 & 1 & -1 & -1 \\ k & -k & -k' & k' \\ e^{i\theta}e^{-ikb} & e^{i\theta}e^{ikb} & -e^{ik'a} & -e^{-ik'a} \\ e^{i\theta}ke^{-ikb} & -e^{i\theta}ke^{ikb} & -k'e^{ik'a} & k'e^{-ik'a} \end{vmatrix} = 0$$

である. これより求める条件式が得られる. $0 \le E \le V_0$ の場合は, 上の結果で $k' = i\kappa$ と置き換えたものになる.

● 第5章

演習 5.1 動径方向の方程式は, (5.56) の左辺第 2 項で $e^2 \to Ze^2$ という置き換えをしたものになる. 換算質量は電子の質量で近似してよい. したがって, エネルギー固有値は, (5.68) で $e^2 \to Ze^2$ と置き換えた

$$E'_n = -\frac{mZ^2e^4}{2(4\pi\varepsilon_0)^2\hbar^2}\frac{1}{n^2} = -Z^2\frac{13.6\,\text{eV}}{n^2}$$

になる. 固有関数は, (5.73) において, ボーア半径 r_0 を (5.72) で $e^2 \to Ze^2$ とした

$$r_0' = \frac{4\pi\varepsilon_0\hbar^2}{mZe^2} = \frac{1}{Z}5.29 \times 10^{-11} \text{ m}$$

に置き換えたものになる.

演習 5.2　ミュー粒子と陽子の換算質量は

$$\mu_\mu = \frac{m_\mu}{1 + \frac{m_\mu}{m_p}} \simeq \frac{207m_e}{1 + \frac{207}{1840}} \simeq 186m_e$$

となる. エネルギー固有値は (5.68) で $m \to \mu_\mu \simeq 186m$ に置き換えたものになり, 水素原子の場合の 186 倍となる. ボーア半径は (5.72) で $m \to \mu_\mu \simeq 186m$ としたものになり, 水素原子の場合の $\frac{1}{186}$ 倍になる. 固有関数はそのボーア半径を (5.73) に代入したものになる.

演習 5.3　(1)　$l = 0$ での $\chi_l(r)$ についての方程式 (5.49) は, (3.20), (3.21) で $x \to r$ に置き換え $r \geq 0$ に制限したものになる. $r = 0$ での境界条件 (5.54) より, 1 次元での奇関数の解 (3.34) の場合と同じになり, (3.42) と (3.52) を連立して解けばよい.

(2)　$l \geq 1$ の場合は, $R_l(r)$ についての方程式 (5.47) を用いた方が便利である. $0 \leq r \leq a$ での方程式は, $\rho = kr$ とおくと

$$\left[\frac{d^2}{d\rho^2} + \frac{2}{\rho}\frac{d}{d\rho} + 1 - \frac{l(l+1)}{\rho^2}\right]R_l(\rho) = 0$$

となる. この方程式の解は球ベッセル関数 $j_l(\rho)$ と球ノイマン関数 $n_l(\rho)$ で与えられる. これらとベッセル関数 $J_l(\rho)$ との関係は

$$j_l(\rho) = \left(\frac{\pi}{2\rho}\right)^{\frac{1}{2}}J_{l+\frac{1}{2}}(\rho) , \quad n_l(\rho) = (-1)^{l+1}\left(\frac{\pi}{2\rho}\right)^{\frac{1}{2}}J_{-l-\frac{1}{2}}(\rho)$$

である. $\rho \to 0$ での漸近形は

$$j_l(\rho) \to \frac{\rho^l}{(2l+1)!!} , \quad n_l(\rho) \to -(2l-1)!!\,\rho^{-l-1}$$

なので, $r = 0$ での境界条件 (5.54) より, $Aj_l(\rho)$ が選ばれる. ただし, A は定数.

$r > a$ での方程式およびその解は, 上の式で $\rho = i\kappa r$ に置き換えたものとなる. ハンケル関数もベッセル関数の一種であり, 第 1 種球ハンケル関数および第 2 種球ハンケル関数は, 球ベッセル関数および球ノイマン関数と

$$h_l^{(1)}(\rho) = j_l(\rho) + in_l(\rho) , \quad h_l^{(2)}(\rho) = j_l(\rho) - in_l(\rho)$$

と関係づけられる. これらの $\rho \to \infty$ での漸近形は

$$h_l^{(1)}(\rho) \to (-i)^{l+1}\frac{1}{\rho}e^{i\rho} , \quad h_l^{(2)}(\rho) \to i^{l+1}\frac{1}{\rho}e^{-i\rho}$$

なので，$r \to \infty$ での境界条件 (5.52)（規格化可能性）より，$Bh_l^{(1)}(i\kappa r)$ が選ばれる．ただし，B は定数．

$r = a$ での接続条件より，

$$Aj_l(ka) = Bh_l^{(1)}(i\kappa a) \ , \quad Akj_l'(ka) = Bi\kappa h_l^{(1)\prime}(i\kappa a)$$

が得られ，これが非自明な解を持つための条件は

$$\begin{vmatrix} j_l(ka) & -h_l^{(1)}(i\kappa a) \\ kj_l'(ka) & -i\kappa h_l^{(1)\prime}(i\kappa a) \end{vmatrix} = 0$$

となる．これを解けば，離散的なエネルギー固有値が求まる．

演習 5.4　(1)　$\phi(x,y,z) = X(x)Y(y)Z(z)$ をシュレーディンガー方程式に代入し，両辺を $\phi(x,y,z) = X(x)Y(y)Z(z)$ で割れば，3 項それぞれが定数であることがわかる．エネルギー固有関数は 1 次元での (3.81) の積 $\phi_{n_1}(x)\phi_{n_2}(y)\phi_{n_3}(z)$，エネルギー固有値は 1 次元での (3.77) の和 $E_{n_1} + E_{n_2} + E_{n_3}$ となる．縮退度は n の $n_1 + n_2 + n_3$ への分割の数 $_3H_n = {}_{n+2}C_2$ で与えられる．

(2)　動径方向の方程式 (5.49) は，(3.63) と同様の計算により，

$$\left[\frac{d^2}{d\rho^2} - \frac{l(l+1)}{\rho^2} + \varepsilon - \rho^2 \right] \chi_l\left(\frac{\rho}{\alpha}\right) = 0$$

となる．これに $\chi_l\left(\frac{\rho}{\alpha}\right) = \rho^{l+1} f_l(\rho) e^{-\frac{\rho^2}{2}}$ を代入すると，$f_l(\rho)$ に対する方程式

$$\left[\frac{d^2}{d\rho^2} + \left(\frac{2l+2}{\rho} - 2\rho \right) \frac{d}{d\rho} + \varepsilon - 2l - 3 \right] f_l(\rho) = 0$$

が得られる．これに冪級数展開の式 $f_l(\rho) = \sum_{i=0}^{\infty} c_i \rho^i$ を代入し，係数 c_i が

$$(i+2)(i+2l+3)c_{i+2} = (2i+2l+3-\varepsilon)c_i$$

という漸化式を満たさなければならないことがわかる．これが多項式になるための条件は $\varepsilon = 4j + 2l + 3$ を満たす $j = 0, 1, 2, \ldots$ が存在することである．このとき $f_l(\rho)$ は $2j$ 次の多項式になる．$n = 2j + l$ としたものが問 (1) の結果に対応する．

演習 5.5　(1)　(5.73) より

$$\langle r \rangle = \frac{nr_0}{2} \frac{(n-l-1)!}{2n\{(n+l)!\}^3} \int_0^\infty [L_{n+l}^{2l+1}(\rho)]^2 \rho^{2l+3} e^{-\rho} \, d\rho$$

となる．(A.43) より (5.76) が求まる．

(2)　(5.73) より

$$\left\langle \frac{1}{r} \right\rangle = \frac{2}{nr_0} \frac{(n-l-1)!}{2n\{(n+l)!\}^3} \int_0^\infty [L_{n+l}^{2l+1}(\rho)]^2 \rho^{2l+1} e^{-\rho} \, d\rho$$

となる．(A.41) より (5.77) が求まる．

● 第6章

演習 6.1 別の係数 c_i' で $\psi(x) = \sum_i c_i' f_i(x)$ のように展開できたとすると, これと (6.9) の差をとり $\sum_i (c_i' - c_i) f_i(x) = 0$ が成り立つ. $f_i(x)$ は線形独立なので, 全ての i について $c_i' - c_i = 0$ となる.

演習 6.2 (1) シュレーディンガー方程式を解いて

$$\psi(x,t) = \frac{1}{\sqrt{2}} \left(e^{-i\frac{E_1 t}{\hbar}} \phi_1(x) + e^{-i\frac{E_2 t}{\hbar}} \phi_2(x) \right)$$

となる. ただし, E_1 と E_2 はエネルギー固有値 (3.18).

(2) 確率振幅および確率は次のようになる.

$$(\psi_0, \psi(t)) = \frac{1}{2} \int_0^L (\phi_1(x) + \phi_2(x))^* \left(e^{-i\frac{E_1 t}{\hbar}} \phi_1(x) + e^{-i\frac{E_2 t}{\hbar}} \phi_2(x) \right) dx$$

$$= \frac{1}{2} \left(e^{-i\frac{E_1 t}{\hbar}} + e^{-i\frac{E_2 t}{\hbar}} \right)$$

$$|(\psi_0, \psi(t))|^2 = \frac{1}{2} \left[1 + \cos \frac{(E_2 - E_1) t}{\hbar} \right]$$

● 第7章

演習 7.1 固有方程式の両辺を (7.18), (7.25) に従って行列で表現すれば得られる. 連立一次方程式 $\sum_j (A_{ij} - a\delta_{ij}) c_j = 0$ が非自明な解を持つための条件は, 係数行列の行列式が零であることである.

演習 7.2 次のようにして示せる.

$$i\hbar \frac{d}{dt} \langle \hat{A} \rangle = i\hbar \frac{d}{dt} (\psi, \hat{A}\psi) = \left(-i\hbar \frac{d}{dt} \psi, \hat{A}\psi \right) + \left(\psi, \hat{A} i\hbar \frac{d}{dt} \psi \right)$$

$$= -(\hat{H}\psi, \hat{A}\psi) + (\psi, \hat{A}\hat{H}\psi) = -(\psi, \hat{H}\hat{A}\psi) + (\psi, \hat{A}\hat{H}\psi)$$

$$= \langle [\hat{A}, \hat{H}] \rangle$$

2番目の等号で (6.5), (6.6), 3番目の等号でシュレーディンガー方程式, 4番目の等号で $\hat{H}$ のエルミート性を用いた.

演習 7.3 (1) $\hat{p} = -i\hbar \frac{d}{dx}$ より,

$$\hat{U} = \exp\left(\ell \frac{d}{dx} \right) = \sum_{n=0}^{\infty} \frac{\ell^n}{n!} \frac{d^n}{dx^n}$$

よって,

$$\hat{U} f(x) = \sum_{n=0}^{\infty} \frac{\ell^n}{n!} \frac{d^n}{dx^n} f(x) = f(x + \ell)$$

(2)　$\hat{U}\hat{H}\hat{U}^{-1} = \hat{H}$ を示せばよい．$\hat{U}\frac{\hat{p}^2}{2m}\hat{U}^{-1} = \frac{\hat{p}^2}{2m}$ は明らか．恒等式

$$e^A B e^{-A} = \sum_{n=0}^{\infty} \frac{1}{n!} \mathcal{A}^n B$$

が成り立つことが知られている．ただし，$\mathcal{A}B = [A, B]$．ここで，$A = \ell\frac{d}{dx}$, $B = V(x)$ とおくと，

$$\mathcal{A}B = [A, B] = \left[\ell\frac{d}{dx}, V(x)\right] = \ell V'(x)$$

$$\mathcal{A}^2 B = [A, [A, B]] = \left[\ell\frac{d}{dx}, \ell V'(x)\right] = \ell^2 V''(x)$$

$$\vdots$$

より，

$$\hat{U}V(x)\hat{U}^{-1} = \sum_{n=0}^{\infty} \frac{\ell^n}{n!} V^{(n)}(x) = V(x+\ell)$$

$V(x)$ は周期性 $V(x+\ell) = V(x)$ を持つので，$\hat{U}V(x)\hat{U}^{-1} = V(x)$．以上より，$\hat{U}\hat{H}\hat{U}^{-1} = \hat{H}$ が示された．

(3)　$\hat{p}$ がエルミート演算子なので $\hat{U}$ はユニタリ演算子．よって，その固有値は絶対値 1 の複素数．

(4)　問 (2) より $\hat{U}$ と $\hat{H}$ は可換なので，定理 7.6 より，$\hat{U}$ と $\hat{H}$ は同時対角化可能である．よって，$\hat{H}$ の固有関数として $\hat{U}$ の固有関数をとることができる．問 (3) の固有方程式の左辺に問 (1) の結果を適用して，(7.120) が得られる．

演習 7.4　$\langle f_i|\hat{A}|\psi\rangle$ に恒等演算子を挿入し，完全性の関係式 (7.113) を用いると，

$$\langle f_i|\hat{A}|\psi\rangle = \langle f_i|\hat{A}\hat{1}|\psi\rangle = \langle f_i|\hat{A}\sum_j |f_j\rangle\langle f_j|\psi\rangle = \sum_j \langle f_i|\hat{A}|f_j\rangle\langle f_j|\psi\rangle$$

が得られる．最後の等号で，演算子 $\hat{A}$ の線形性 (6.3) および内積の線形性 (6.5) を用いた．これは (7.22) に他ならない．同様に，$\langle g_i|\hat{A}|g_j\rangle$ に恒等演算子を挿入し，完全性の関係式 (7.113) を用いると，

$$\langle g_i|\hat{A}|g_j\rangle = \langle g_i|\hat{1}\hat{A}\hat{1}|g_j\rangle = \sum_{kl} \langle g_i|f_k\rangle\langle f_k|\hat{A}|f_l\rangle\langle f_l|g_j\rangle$$

が得られる．これは (7.35) に他ならない．

● **第8章**

演習 8.1 (8.62) より,

$$\hat{j}_x = \frac{1}{2}(\hat{j}_+ + \hat{j}_-) \,, \quad \hat{j}_y = \frac{1}{2i}(\hat{j}_+ - \hat{j}_-)$$

なので,

$$\langle j,m|\hat{j}_x|j,m\rangle = \langle j,m|\hat{j}_y|j,m\rangle = 0$$

(8.68), (8.85) より,

$$\begin{aligned}
\langle j,m|\hat{j}_x^2|j,m\rangle &= \frac{1}{4}\langle j,m|(\hat{j}_+ + \hat{j}_-)^2|j,m\rangle \\
&= \frac{1}{4}(C_{j,m-1}^+ C_{j,m}^- + C_{j,m+1}^- C_{j,m}^+) \\
&= \frac{1}{4}\Big(\sqrt{(j-m+1)(j+m)}\sqrt{(j+m)(j-m+1)} \\
&\qquad + \sqrt{(j+m+1)(j-m)}\sqrt{(j-m)(j+m+1)}\Big) \\
&= \frac{1}{2}\big(j(j+1) - m^2\big)
\end{aligned}$$

同様に, $\langle j,m|\hat{j}_y^2|j,m\rangle = \frac{1}{2}\big(j(j+1) - m^2\big)$.

演習 8.2 (1) $M(\boldsymbol{\varphi})\boldsymbol{e}_z = \boldsymbol{n}$ を満たす回転変換を考える. $\hat{U}_j(\boldsymbol{\varphi})$ は, (8.45), (8.47) と同様に,

$$\hat{U}_j(\boldsymbol{\varphi})^\dagger \hat{\boldsymbol{J}} \hat{U}_j(\boldsymbol{\varphi}) = M(\boldsymbol{\varphi})\hat{\boldsymbol{J}}$$

を満たす. この $\hat{U}_j(\boldsymbol{\varphi})^\dagger$ で $\hat{U}_j(2\pi\boldsymbol{e}_z) = a\hat{1}$ の両辺を変換すれば, $\hat{U}_j(2\pi\boldsymbol{n}) = a\hat{1}$ が得られる.

(2) (8.82) より,

$$\exp\Big(-\frac{i}{\hbar}2\pi\hat{j}_z\Big)|j,m\rangle = \exp(-i2\pi m)|j,m\rangle$$

となる. j が整数(半整数)なら, m も整数(半整数)なので, $a=1$ ($a=-1$) となる.

演習 8.3 (1) 省略.

(2) $\hat{l}_z Y_{ll}(\theta,\varphi) = lY_{ll}(\theta,\varphi)$ より $Y_{ll}(\theta,\varphi) = f(\theta)e^{il\varphi}$ となる. $\hat{l}_+ Y_{ll}(\theta,\varphi) = 0$ より, 問 (1) の結果を用いて, $Y_{ll}(\theta,\varphi) \propto (\sin\theta)^l e^{il\varphi}$ となる. 規格化因子を

$$Y_{ll}(\theta,\varphi) = \frac{(-1)^l}{2^l l!}\sqrt{\frac{(2l+1)!}{4\pi}}(\sin\theta)^l e^{il\varphi}$$

のように決めると, これは (5.32) での $Y_{ll}(\theta,\varphi)$ に一致する.

(3) 問 8.4 (1) と同様に，(8.68), (8.85) を繰り返し用いて

$$Y_{lm}(\theta, \varphi) = \frac{1}{C_{l,m+1}^- \cdots C_{l,l}^-}(\hat{l}_-)^{l-m}Y_{ll}(\theta, \varphi)$$

$$= \sqrt{\frac{(l+m)!}{(2l)!\,(l-m)!}}(\hat{l}_-)^{l-m}Y_{ll}(\theta, \varphi)$$

となる．問 (1), (2) の結果を用いて

$$Y_{lm}(\theta, \varphi) = \frac{(-1)^m}{2^l l!}\sqrt{\frac{(2l+1)(l+m)!}{4\pi(l-m)!}}(\sin\theta)^{-m}\left(\frac{1}{\sin\theta}\frac{\partial}{\partial\theta}\right)^{l-m}(\sin\theta)^{2l}e^{im\varphi}$$

$$= \frac{1}{2^l l!}\sqrt{\frac{(2l+1)(l+m)!}{4\pi(l-m)!}}(1-z^2)^{-\frac{m}{2}}\frac{\partial^{l-m}}{\partial z^{l-m}}(z^2-1)^l e^{im\varphi}$$

が得られる．同様に，$Y_{l,-l}(\theta, \varphi)$ に $\hat{l}_+$ を繰り返し作用させることにより，

$$Y_{lm}(\theta, \varphi) = \frac{1}{2^l l!}\sqrt{\frac{(2l+1)(l-m)!}{4\pi(l+m)!}}(\sin\theta)^m\left(\frac{1}{\sin\theta}\frac{\partial}{\partial\theta}\right)^{l+m}(\sin\theta)^{2l}e^{im\varphi}$$

$$= \frac{(-1)^m}{2^l l!}\sqrt{\frac{(2l+1)(l-m)!}{4\pi(l+m)!}}(1-z^2)^{\frac{m}{2}}\frac{\partial^{l+m}}{\partial z^{l+m}}(z^2-1)^l e^{im\varphi}$$

が得られる．実は，この 2 つの表式は，$-l \le m \le l$ の整数で等しく，(5.32) に一致している．とくに，$m \le 0$ では前者，$m \ge 0$ では後者が明白に (5.32) に一致している．

　演習 8.4　(1)　(8.85) より

$$C_{j,j}^- \cdots C_{j,m+1}^- = \sqrt{(2j)\cdots(j+m+1)\cdot 1 \cdots(j-m)} = \sqrt{\frac{(2j)!\,(j-m)!}{(j+m)!}}$$

(2)　$\hat{j}_{2-}^2\left|\frac{1}{2}\right\rangle = 0$ に注意して，問 (1) の結果を用いると，

$$\sqrt{\frac{(2l+1)!\left(l+\frac{1}{2}-m\right)!}{\left(l+\frac{1}{2}+m\right)!}}\left|l+\tfrac{1}{2}, m\right\rangle\!\!\rangle = (\hat{j}_{1-}+\hat{j}_{2-})^{l+\frac{1}{2}-m}|l,l\rangle\left|\tfrac{1}{2}\right\rangle$$

$$= \hat{j}_{1-}^{l+\frac{1}{2}-m}|l,l\rangle\left|\tfrac{1}{2}\right\rangle + \left(l+\tfrac{1}{2}-m\right)\hat{j}_{1-}^{l-\frac{1}{2}-m}|l,l\rangle\hat{j}_{2-}\left|\tfrac{1}{2}\right\rangle$$

$$= \sqrt{\frac{(2l)!\left(l-m+\frac{1}{2}\right)!}{\left(l+m-\frac{1}{2}\right)!}}\left|l, m-\tfrac{1}{2}\right\rangle\left|\tfrac{1}{2}\right\rangle$$

$$+ \left(l+\frac{1}{2}-m\right)\sqrt{\frac{(2l)!\left(l-m-\frac{1}{2}\right)!}{\left(l+m+\frac{1}{2}\right)!}}\left|l, m+\tfrac{1}{2}\right\rangle\left|-\tfrac{1}{2}\right\rangle$$

が導かれる．これより (8.118) が得られる．

(3) (8.118) に直交する状態として (8.119) が得られる. (8.119) は, 異なる m の状態の間の相対位相まで含めて正しい. 実際, (8.119) の両辺に $\hat{j}_- = \hat{j}_{1-} + \hat{j}_{2-}$ を作用させたものが, (8.119) の m を $m-1$ に置き換えたもの (の定数倍) に等しくなる.

● 第9章

演習 9.1 (1) ラグランジアン (9.2) は

$$L \to L' = \frac{1}{2}m\dot{\boldsymbol{x}}^2 + q\boldsymbol{A}' \cdot \dot{\boldsymbol{x}} - q\phi' = L + q\left(\nabla\lambda \cdot \dot{\boldsymbol{x}} + \frac{\partial}{\partial t}\lambda\right) = L + q\frac{d}{dt}\lambda$$

のように変わるが, 変化分が時間の全微分なので, 運動には影響を与えない.

(2) ハミルトニアン (9.7) はゲージ変換で

$$H \to H' = \frac{1}{2m}(\boldsymbol{p} - q\boldsymbol{A} - q\nabla\lambda)^2 + q\phi - q\frac{\partial}{\partial t}\lambda$$

となる. これは母関数 $F(x,p') = \sum_i x_i p'_i - q\lambda(x,t)$ による正準変換 $x,p \to x',p'$ で与えられる. 実際, $H' = H + \frac{\partial F}{\partial t} = H - q\frac{\partial\lambda}{\partial t}$ の x,p に

$$p_i = \frac{\partial F}{\partial x_i} = p'_i - q\frac{\partial\lambda}{\partial x_i} \ , \quad x'_i = \frac{\partial F}{\partial p'_i} = x_i$$

を代入し, x',p' を x,p と読み替えたものが, 上で求めたゲージ変換後のハミルトニアンに一致する.

演習 9.2 (1) xy 面内の運動のみを議論する. $\hat{H}$ と $\hat{p}_y$ は可換なので, 同時固有関数 $\psi(x)e^{ik_y y}$ を考える. xy 面内のハミルトニアンは $\psi(x)$ に

$$\frac{1}{2m}\{\hat{p}_x^2 + (\hbar k_y - qB\hat{x})^2\} = \frac{1}{2m}\hat{p}_x^2 + \frac{m}{2}\left(\frac{qB}{m}\right)^2\left(\hat{x} - \frac{\hbar k_y}{qB}\right)^2$$

のように作用するが, これは x 座標の中心が $\frac{\hbar k_y}{qB}$ で角振動数が $\omega = \frac{qB}{m}$ の1次元調和振動子のハミルトニアンに等しい. よって, その固有値は

$$\hbar\omega\left(n + \frac{1}{2}\right) = \frac{\hbar qB}{m}\left(n + \frac{1}{2}\right) \quad (n = 0,1,2,\dots)$$

となる.

(2) y 方向に長さ L_y の周期的境界条件を課すと, $k_y = \frac{2\pi}{L_y}l$ となる. ただし, l は整数. x 方向の波動関数の中心

$$\frac{\hbar k_y}{qB} = \frac{2\pi\hbar}{qBL_y}l$$

が 0 と L_x の間にあるという条件から，l は $\frac{qBL_xL_y}{2\pi\hbar}$ 通りの値を取り得る．よって，xy 面の単位面積当たりの縮退度は $\frac{qB}{2\pi\hbar}$ である．

演習 9.3 (1) シュレーディンガー方程式 $i\hbar\frac{d}{dt}|\psi(t)\rangle = \hat{H}|\psi(t)\rangle$ より

$$i\hbar\dot{a}(t) = -\frac{1}{2}\mu B\hbar a(t) , \quad i\hbar\dot{b}(t) = \frac{1}{2}\mu B\hbar b(t)$$

が得られ，これを解いて $a(t) = a(0)e^{i\frac{\mu B}{2}t}$，$b(t) = e^{-i\frac{\mu B}{2}t}$ となり，

$$|\psi(t)\rangle = a(0)e^{i\frac{\mu B}{2}t}\left|\tfrac{1}{2}\right\rangle + b(0)e^{-i\frac{\mu B}{2}t}\left|-\tfrac{1}{2}\right\rangle$$

が得られる．よって，状態（波動関数）の時間変動についての角振動数および周期は

$$\omega' = \frac{|\mu B|}{2} , \quad T' = \frac{2\pi}{\omega'} = \frac{4\pi}{|\mu B|}$$

となる．

(2) $a = a(0)$，$b = b(0)$ と表すと

$$\langle S_x\rangle = \frac{\hbar}{2}(a^* b\, e^{-i\mu Bt} + ab^*\, e^{i\mu Bt})$$

$$\langle S_y\rangle = \frac{\hbar}{2}i(-a^* b\, e^{-i\mu Bt} + ab^*\, e^{i\mu Bt})$$

$$\langle S_z\rangle = \frac{\hbar}{2}(|a|^2 - |b|^2)$$

となる．この歳差運動の角振動数（角速度）および周期は

$$\omega = |\mu B| , \quad T = \frac{2\pi}{\omega} = \frac{2\pi}{|\mu B|}$$

である．この振動数は，$\hbar\omega = \frac{1}{2}\hbar|\mu B| - \left(-\frac{1}{2}\hbar|\mu B|\right)$ のように，$m_s = \pm\frac{1}{2}$ の 2 準位間のエネルギー差に相当し，2 準位間の遷移に伴いこの振動数の光が吸収，放出される．この振動数の電磁波を外部からかけると共鳴が起こる．

(3) 8.4.2 項で見たスピン波動関数の二価性より，スピン角運動量が 2 回転してスピン波動関数がもとに戻るから．

演習 9.4 (1) (8.8)，(9.46) より

$$[\hat{\mu}_i, \hat{\mu}_j] = i\hbar\mu \sum_k \varepsilon_{ijk}\hat{\mu}_k$$

なので，ハイゼンベルク方程式は

$$i\hbar\frac{d}{dt}\hat{\mu}_i = [\hat{\mu}_i, \hat{H}] = \left[\hat{\mu}_i, -\sum_j \hat{\mu}_j B_j\right] = -i\hbar\mu \sum_{jk} \varepsilon_{ijk}\hat{\mu}_k B_j$$

$$\Leftrightarrow \frac{d}{dt}\hat{\boldsymbol{\mu}} = \mu\hat{\boldsymbol{\mu}} \times \boldsymbol{B}$$

となる．

(2) 磁荷 q_m と $-q_\mathrm{m}$ が $\boldsymbol{r}$ だけ離れて置かれているとき，それは磁気モーメント $\boldsymbol{\mu} = q_\mathrm{m}\boldsymbol{r}$ を持つ．それが一様磁場 $\boldsymbol{B}$ の中に置かれているとき，トルク

$$\boldsymbol{T} = \boldsymbol{r} \times q_\mathrm{m}\boldsymbol{B} = \boldsymbol{\mu} \times \boldsymbol{B}$$

を受ける．(9.46) を用いると，磁気モーメントの従う古典運動方程式は

$$\frac{d}{dt}\boldsymbol{\mu} = \mu\frac{d}{dt}\boldsymbol{S} = \mu\boldsymbol{T} = \mu\boldsymbol{\mu} \times \boldsymbol{B}$$

となり，問 (1) で求めたハイゼンベルク方程式と同じ形になる．

(3) 磁場が z 軸を向いているとき，問 (1), (2) で得た方程式は

$$\frac{d}{dt}\begin{pmatrix}\mu_x\\\mu_y\\\mu_z\end{pmatrix} = \mu\begin{pmatrix}\mu_x\\\mu_y\\\mu_z\end{pmatrix} \times \begin{pmatrix}0\\0\\B\end{pmatrix} = \mu B\begin{pmatrix}\mu_y\\-\mu_x\\0\end{pmatrix}$$

となり，その解は

$$\begin{cases}\begin{pmatrix}\mu_x(t)\\\mu_y(t)\end{pmatrix} = \begin{pmatrix}\cos\mu Bt & \sin\mu Bt\\-\sin\mu Bt & \cos\mu Bt\end{pmatrix}\begin{pmatrix}\mu_x & (t=0)\\\mu_y & (t=0)\end{pmatrix}\\ \mu_z(t) = 一定\end{cases}$$

となる．この両辺を μ で割れば $\boldsymbol{S}$ の時間発展の式が得られ，演習 9.3 (2) の結果で

$$\hbar ab^* = \langle S_x(t=0)\rangle - i\langle S_y(t=0)\rangle, \quad \frac{\hbar}{2}(|a|^2 - |b|^2) = \langle S_z(t=0)\rangle$$

と置いたものに一致する．

演習 9.5 (1) トルクは $\boldsymbol{T} = 4Ir^2\boldsymbol{n} \times \boldsymbol{B}$ となる．磁気モーメントは $\boldsymbol{\mu} = 4Ir^2\boldsymbol{n}$ とみなせる．

(2) $\boldsymbol{L} = mrv\boldsymbol{n}$, $I = \dfrac{qv}{8r}$ より $\boldsymbol{\mu} = \dfrac{q}{2m}\boldsymbol{L}$ となり，(9.21) と同じ結果が得られた．

● **第 10 章**

演習 10.1 (1) 省略．

(2) 合成関数の微分法より

$$\frac{\partial}{\partial X_i} = \sum_j\left(\frac{\partial x_{1j}}{\partial X_i}\frac{\partial}{\partial x_{1j}} + \frac{\partial x_{2j}}{\partial X_i}\frac{\partial}{\partial x_{2j}}\right) = \frac{\partial}{\partial x_{1i}} + \frac{\partial}{\partial x_{2i}}$$

$$\frac{\partial}{\partial x_i} = \sum_j\left(\frac{\partial x_{1j}}{\partial x_i}\frac{\partial}{\partial x_{1j}} + \frac{\partial x_{2j}}{\partial x_i}\frac{\partial}{\partial x_{2j}}\right) = \frac{m_2}{m_1 + m_2}\frac{\partial}{\partial x_{1i}} - \frac{m_1}{m_1 + m_2}\frac{\partial}{\partial x_{2i}}$$

となり，(10.11) が得られる．

(3) (10.11) と (10.13) を (10.12) に代入すると，$\hat{H}$ の運動項は

$$\frac{1}{2(m_1+m_2)}(\hat{\boldsymbol{p}}_1+\hat{\boldsymbol{p}}_2)^2 + \frac{m_1+m_2}{2m_1m_2}\left(\frac{m_2\hat{\boldsymbol{p}}_1-m_1\hat{\boldsymbol{p}}_2}{m_1+m_2}\right)^2$$

となり，(10.9) が得られる．

演習 10.2 行列式の定義より明らか．

演習 10.3 粒子間の相互作用が無視できるときは，状態 $\{n_b\}$ はエネルギー $E = \sum_b \varepsilon_b n_b$ および粒子数 $N = \sum_b n_b$ を持つ．よって，系がそのような状態をとる確率は

$$\exp\left(-\frac{E-\mu N}{kT}\right) = \exp\left(-\frac{1}{kT}\sum_b(\varepsilon_b-\mu)n_b\right)$$

$$= \prod_b \exp\left(-\frac{\varepsilon_b-\mu}{kT}n_b\right)$$

に比例する．よって，n_a の平均値は

$$\bar{n}_a = \frac{\sum_{\{n_b\}} n_a \prod_b \exp\left(-\frac{\varepsilon_b-\mu}{kT}n_b\right)}{\sum_{\{n_b\}} \prod_b \exp\left(-\frac{\varepsilon_b-\mu}{kT}n_b\right)} = \frac{\sum_{n_a} n_a \exp\left(-\frac{\varepsilon_a-\mu}{kT}n_a\right)}{\sum_{n_a} \exp\left(-\frac{\varepsilon_a-\mu}{kT}n_a\right)}$$

となる．2番目の等号で，$b \neq a$ についての因子が分子分母で相殺された．ボース粒子の場合 $n_a = 0,1,2\ldots$，フェルミ粒子の場合 $n_a = 0,1$ をとるので，上式の分母は

$$分母 = \left\{1 \mp \exp\left(-\frac{\varepsilon_a-\mu}{kT}\right)\right\}^{\mp 1}$$

となる．複号は上がボース粒子，下がフェルミ粒子を表す．分子は

$$分子 = kT\frac{\partial}{\partial\mu}[分母]$$

$$= \begin{cases} \exp\left(-\frac{\varepsilon_a-\mu}{kT}\right)\left\{1-\exp\left(-\frac{\varepsilon_a-\mu}{kT}\right)\right\}^{-2} & （ボース粒子） \\ \exp\left(-\frac{\varepsilon_a-\mu}{kT}\right) & （フェルミ粒子） \end{cases}$$

となる．分子を分母で割って (10.43) が得られる．

演習 10.4 (1) 演算子

$$\hat{\boldsymbol{s}}_1\cdot\hat{\boldsymbol{s}}_2 = \frac{1}{2}\{(\hat{\boldsymbol{s}}_1+\hat{\boldsymbol{s}}_2)^2 - \hat{\boldsymbol{s}}_1^2 - \hat{\boldsymbol{s}}_2^2\}$$

の固有値が

$$\frac{1}{2}\left[s(s+1) - \frac{3}{4} - \frac{3}{4}\right] = \begin{cases} \frac{1}{4} & (s=1) \\ -\frac{3}{4} & (s=0) \end{cases}$$

となるので，$\frac{1}{2}(1+4\hat{\boldsymbol{s}}_1\cdot\hat{\boldsymbol{s}}_2)$ の固有値は ± 1 となる．

(2)　$\frac{1}{|\boldsymbol{x}_1-\boldsymbol{x}_2|}$ をフーリエ変換して

$$\frac{1}{|\boldsymbol{x}_1-\boldsymbol{x}_2|} = \frac{1}{2\pi^2} \int \frac{1}{k^2} e^{i\boldsymbol{k}\cdot(\boldsymbol{x}_1-\boldsymbol{x}_2)} d^3\boldsymbol{k}$$

となる. よって, 交換積分 (10.39) は

$$J = \frac{e^2}{4\pi\varepsilon_0} \frac{1}{2\pi^2}$$
$$\times \int \frac{1}{k^2} u_{a_1}^*(\boldsymbol{x}_1) u_{a_2}(\boldsymbol{x}_1) e^{i\boldsymbol{k}\cdot\boldsymbol{x}_1} \cdot u_{a_2}^*(\boldsymbol{x}_2) u_{a_1}(\boldsymbol{x}_2) e^{-i\boldsymbol{k}\cdot\boldsymbol{x}_2} d^3\boldsymbol{x}_1 d^3\boldsymbol{x}_2 d^3\boldsymbol{k}$$

となる. $\boldsymbol{x}_1$ 積分の因子と $\boldsymbol{x}_2$ 積分の因子が互いに複素共役なので, その積は正もしくは零となり, $J \geq 0$ となる.

さらに勉強するために

本書は量子力学の初歩的な入門書であり，高度な内容は割愛してある．本書を読み終えて，さらに高度な量子力学の教科書を読みたい方には

- 猪木慶治，川合光，「量子力学 I, II」，講談社，1994 年
- J. J. サクライ（桜井明夫訳），「現代の量子力学」，吉岡書店，2014 年（第 2 版），（初版は 1989 年）

をお勧めしたい．現代的視点から詳しく量子力学の概念が説明されている．

また，古くからのの名著として

- L. D. ランダウ，E. M. リフシッツ（佐々木健，好村滋洋訳），「量子力学」，東京図書，1983 年（改定新版），（初版は 1947 年）

を挙げておこう．様々な内容が詳しく書かれていると同時に，著者の物理への造詣の深さの感じられる本である．残念ながらこの日本語版は絶版となったが，ちくま学芸文庫から 2008 年にダイジェスト版が出版されている．ランダウ−リフシッツの教科書は復刊されることもあるのでそれを期待するとともに，図書館には必ず置かれているので参照されたい．

この他にもこのような名著がいくつかあり標準的教科書として長く愛読されてきた．また，最近は見やすくわかりやすい本も多く出版されている．自分の好みや要望に合った教科書があるはずなので，インターネットで検索したり，周囲の友人や先生に相談したり，または図書館や書店で眺めながら見つけて頂きたい．

索　引

● あ 行 ═══════

アハロノフ–ボーム効果　　153

異常ゼーマン効果　　158
位相速度　　28

宇宙大規模構造　　27
宇宙背景放射　　17, 27

エネルギー量子仮説　　4
エルミート演算子　　103
エルミート共役　　103
エルミート多項式　　50, 177
演算子　　20, 91, 95
　　──の行列表現　　109

● か 行 ═══════

可換　　111
可換な演算子　　114
角運動量演算子　　136
確率解釈　　21, 98
確率振幅　　97
確率の流れ　　55
確率密度　　55
重ね合わせの原理　　21, 96
換算プランク定数　　19
関数空間　　91
完全性　　124
完全対称　　168
完全反対称　　168
完全反対称テンソル　　127
完備性　　124

規格化　　22
　　デルタ関数──　　66
規格化条件　　22
期待値　　22, 98
基底　　93
基底状態　　13, 33
軌道角運動量　　78, 126
球面スピノル　　149
球面調和関数　　76

空洞放射　　2
クォーク　　169
グラム–シュミットの正規直交化法
　　94
クロネッカーのデルタ　　76
群速度　　29

ゲージ対称性　　152
ゲージ不変性　　152
ゲージ変換　　152, 154
ケット　　122

交換可能　　111
交換関係　　111
交換子　　111
交換積分　　174
交換相互作用　　174
光子　　6
光電効果　　5
光電子　　5
光量子　　6
光量子仮説　　6

黒体放射　　2
古典的極限　　23
固有関数　　33
固有磁気モーメント　　157
固有値　　33
固有方程式　　33
コンプトン効果　　7
コンプトン散乱　　7

● さ　行 ═══════

磁気回転効果　　159
次元　　93
仕事関数　　6
実線形空間　　91
実ベクトル空間　　91
縮退　　37, 86
シュテファン–ボルツマンの放射法則　　17
シュテルン–ゲルラッハの実験　　158
シュレーディンガー方程式　　19, 95
　　3次元の——　　69
　　時間に依存しない——　　33
　　時間に依存する——　　33
　　定常状態の——　　33
巡回対称性　　127
昇降演算子　　139
状態の収縮　　98
消滅演算子　　117, 121

水素型イオン　　88
水素類似原子　　88
数演算子　　118
スピノル　　129
スピン　　127
スピン角運動量　　127

スピン軌道相互作用　　160
スピン座標　　131
スピン統計定理　　169
スピン波動関数の二価性　　136
スレーター行列式　　175

正規直交　　93
正規直交基底　　93
静止エネルギー　　26
正準交換関係　　111
正準集団　　17
正常ゼーマン効果　　156
生成演算子　　117, 121
生成子　　21, 135
正定値　　92
ゼーマン効果　　156
線形演算子　　92
線形空間　　91
線形独立　　92
線形方程式　　21

双線形性
　　交換子の——　　116
　　内積の——　　92
束縛状態　　37

● た　行 ═══════

大正準集団　　175

超関数　　66
直接積分　　174

定常状態　　12, 33
デルタ関数　　65
展開係数　　93

透過率　　58, 61
同種多粒子系　　166

トーマス因子　162
ド・ブロイの関係式　8
ド・ブロイ波長　8
トンネル効果　60, 62

● な　行

内積　92
内部自由度　127

二重性　2

ノルム　92

● は　行

ハイゼンベルク描像　163
ハイゼンベルク方程式　163
パウリ行列　130
パウリの排他原理　172
波束の収縮　98
波動関数　21, 94
波動関数の収縮　98
波動性　2
ハミルトニアン演算子　20
反エルミート演算子　103
反交換関係　130
反交換子　130
半古典近似　23, 64
反射率　58, 61

微細構造定数　26, 160
表現行列　109

フェルミオン　168
フェルミ統計　175
フェルミ分布　175
フェルミ粒子　168
フォトン　6
不確定性関係　24, 113

不確定性原理　24
複合粒子　170
複素線形空間　91
複素ベクトル空間　91
ブラ　122
プランク定数　3, 19
プランクの放射公式　3
ブロッホの定理　68, 125

変換行列　109

ポアソン括弧　112
ボーア磁子　156
ボーア半径　13, 85
ボース統計　175
ボース分布　175
ボース粒子　168
ボソン　168

● ま　行

ミューオニック原子　88
ミュー粒子　88

無限小変換　132

● ら　行

ラーモアの歳差運動　163
ラゲール多項式　182
ラゲールの陪多項式　85, 183
ランダウ準位　163

粒子数表示　173
粒子性　2
リュードベリ定数　12
量子数　35
　　軌道——　79
　　磁気——　79
　　主——　84

スピン——　128
スピン磁気——　　128
動径——　　85
方位——　　79
量子揺らぎ　27
両立する演算子　　114

ルジャンドル多項式　　179
ルジャンドルの陪多項式　　75, 179

励起状態　　13, 33
レプトン　　169
連続の方程式　　55

● 欧　字 ══════════════

AB 効果　　153
g 因子　　157
LS 相互作用　　160
WKB 法　　64

著者略歴

青木　一
あおき　　　　　はじめ

1995 年　東京大学大学院理学系研究科博士課程修了
現　　在　佐賀大学理工学部教授
　　　　　博士（理学）

ライブラリ 新物理学基礎テキスト＝ **Q6**

レクチャー 量子力学

2020 年 3 月 10 日 ⓒ　　　　　　　　　初 版 発 行

著　者　青　木　　一　　　　発行者　森 平 敏 孝
　　　　　　　　　　　　　　印刷者　大 道 成 則

発行所　　　株式会社　サイエンス社

〒151-0051　東京都渋谷区千駄ヶ谷 1 丁目 3 番 25 号
営業　☎ (03)5474–8500（代）　振替 00170–7–2387
編集　☎ (03)5474–8600（代）
FAX　☎ (03)5474–8900

印刷・製本　太洋社

《検印省略》

ISBN978-4-7819-1471-8
PRINTED IN JAPAN

サイエンス社のホームページのご案内
https://www.saiensu.co.jp
ご意見・ご要望は
rikei@saiensu.co.jp　まで．